Photoshop CS4

中文版教程

郑海波　编著

上海科学普及出版社

图书在版编目（CIP）数据

Photoshop CS4中文版教程／郗海波编著.－上海：上海科学普及出版社，2010.6
ISBN 978-7-5427-4536-1

I.①P... II.①郗... III.①图形软件，Photoshop CS4－教材 IV.①TP391.41

中国版本图书馆CIP数据核字（2010）第041579号

策　　划 胡名正
责任编辑 徐丽萍

Photoshop CS4中文版教程
郗海波 编著
上海科学普及出版社出版发行
（上海中山北路832号 邮政编码200070）
http://www.pspsh.com

各地新华书店经销　　三河市德利印刷有限公司印刷
开本 787×1092 1/16　　印张 17　　字数 377000
2010年6月第1版　　2010年6月第1次印刷

ISBN 978-7-5427-4536-1　　定价：28.00元
ISBN 978-7-89991-058-0（光盘）

说　　明

本书目的

快速掌握 Photoshop CS4 中文版，熟练使用该软件从事实际工作。

内容

本书对 Photoshop CS4 中文版的主要功能和用法作了详细的介绍。全书 12 章，包括了 Photoshop CS4 基础知识、Photoshop CS4 基础操作、工具、选区、色彩、图层、路径、蒙版和通道、动作和 3D、滤镜、打印及综合实例等内容。

使用方法

读者在学习时，应当启动 Photoshop CS4 软件，并根据书中讲解按部就班地进行操作。有基础的读者，可以直接阅读本书的实例部分。

读者对象

学习 Photoshop CS4 的电脑爱好者；
电脑培训班学员；
美术院校的学生。

本书特点

基础知识与实例教学相结合，实现从入门到精通。
手把手教学，步骤完整清晰。
本书实例的操作步骤全部经过验证，正确无误，无遗漏。

著作者

本书由北京子午信诚科技发展有限责任公司郏海波编著，赵娟、杨瀛审校。

封面设计

本书封面由乐章工作室金钊设计。

售后服务

本书读者在阅读过程中如有问题，可登录售后服务网站（http：//www.todayonline.cn），点击“学习论坛”，进入“今日学习论坛”，注册后将问题写明，我们将在一周内予以解答。同时，可在资源共享栏目中下载相关素材及电子教案。

声明：本书经零起点的读者试读，已达到上述目的。

目　录

第 1 章　Photoshop CS4 基础知识

本章内容提要：

- 关于 Photoshop CS4 软件
- Photoshop CS4 的应用范围
- Photoshop CS4 中的新增功能
- 关于图像基本概念
- 色彩基础和颜色模式
- 常用文件格式

1.1　关于 Photoshop CS4 软件

Photoshop CS4 软件是 Adobe 公司目前最新的 Photoshop 版本，其强大的功能不仅可以用来处理图像，而且还可以进行平面设计。Photoshop CS4 版本也是 Adobe 公司历史上最大规模的一次产品升级，其不但具有两个版本，而且对软件的改变也很大。首先是对界面作了较大的修改，去掉了 Windows 默认的标题栏和前版本的面板阴影；其次是在 Photoshop 中加入了创建和编辑三维物体的功能，现在用户可以在 Photoshop 中直接创建和编辑一些简单三维物体了；然后是一些其他功能，如“旋转视图工具”、“排列文档”、“调整”面板等。新的 Photoshop CS4 版本越来越实用，特别注重简化工作流程和提高设计效率，使用起来也更加人性化。

提示

Adobe 公司简介：Adobe 公司创立于 1982 年，是美国最大的个人电脑软件公司之一。目前是广告、印刷、出版和 Web 领域首屈一指的图形设计、出版和成像软件设计公司。Adobe 公司研发的版本中除了 Adobe Photoshop 图形图像处理软件外，还包括 Adobe Illustrator、Adobe PageMaker 和 Adobe Acrobat、Adobe FrameMaker 等软件，我们今天在报纸、杂志、书籍和 Web 上所看到的大多数图像都是用一个或多个 Adobe 产品来设计和制作的。

1.2　Photoshop CS4 的应用范围

Photoshop CS4 的应用范围非常广泛，如修复照片、影像创意、绘画、照片设计、网页制作、建筑效果图后期修饰、平面设计等。最新发布的 Photoshop CS4 软件程序包含两个版本，分别是 Photoshop CS4 标准版和 Photoshop CS4 Extended（扩展）版。如果你是摄影师、图形设计师或 Web 设计人员，使用 Photoshop CS4 标准版即可；如

果你从事电影、视频、多媒体、三维、动画、图形设计、Web 设计，是制造专业，医疗专业，建筑专业、工程专业或科研工作人员，则 Photoshop CS4 Extended 版本更适合你，因为 Photoshop CS4 Extended 版包含了 Photoshop 软件的所有功能。图 1-2-1 所示就是使用 Photoshop 设计的几幅作品。

封面设计

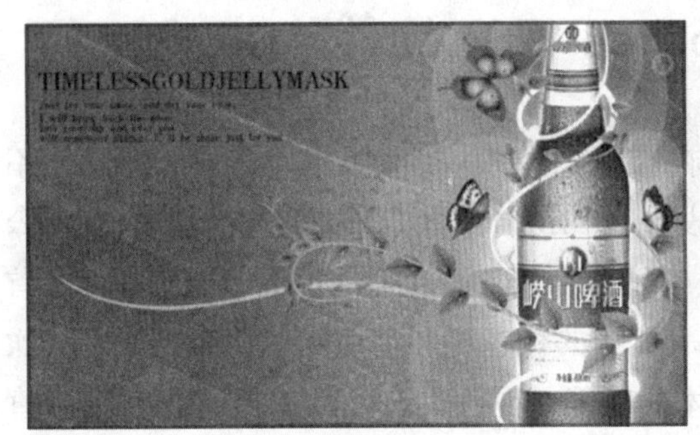

啤酒海报

照片处理

图 1-2-1

1.3 Photoshop CS4 中的新增功能

（1）调整面板

Photoshop CS4 最大的新特征之一就是这个“调整”面板了，使用它时，它会自动在“图层”中自动增加一个调整图层，可以非破坏性地调整图像的颜色和色调。在“调整”面板中还有很多的预置，用户可以很方便地调用。可以这么说，“调整”面板是一个非常智能化的优秀工具。

（2）蒙版面板

新版本中的“蒙版”面板的加入也给了我们不少的惊喜。它不但可以使创建蒙版更加精确快速，还可以创建基于像素和矢量的可编辑蒙版，并且在编辑时可方便调整蒙版的浓度、羽化等，这使得用户在对蒙版的边缘或质量有了更加不错的控制方法。

（3）自动对齐图层

使用增强的“自动对齐图层”命令可以创建出更加精确的合成内容。移动、旋转或

变形各层图像，可以更精确地对齐图像。用户还可以使用球体对齐创建出令人惊叹的全景图。

（4）自动混合图层

使用增强的自动混合层命令可以根据焦点不同的一系列照片轻松创建一幅图像，该命令可以顺畅地混合图像的颜色和底纹，并通过校正晕影和镜头扭曲来扩展景深，如图1-3-1所示。

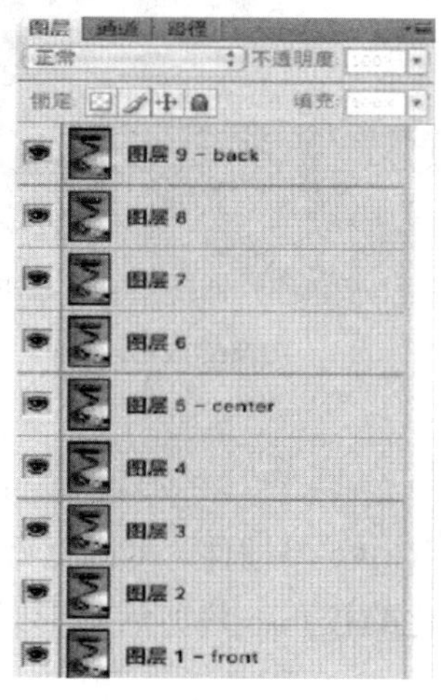

一系列照片　　创建的图像

图1-3-1

（5）旋转视图工具

新增加的“旋转视图工具”可以将画布旋转至任何角度，并且不会破坏图像。这样用户在绘画的过程中就再也不用斜着头去观看了，像在现实中使用画板绘画一样，如图1-3-2所示。

旋转视图前

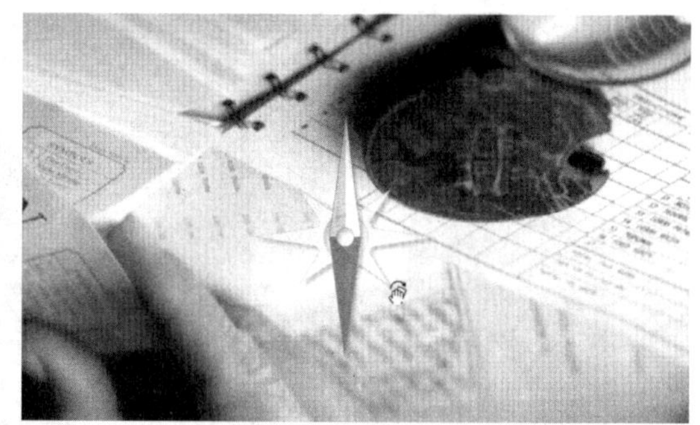

旋转视图后

图1-3-2

（6）更平滑地平移和缩放

在新版本中使用“抓手工具”和“缩放工具”可以更平滑地的平移和缩放图像，顺畅地浏览到图像的任意区域。在缩放到单个像素时仍能保持清晰度，并且可以使用新的像素网格，轻松地在最高放大级别下进行编辑。

（7）智能感知缩放方式

智能感知缩放方式顾名思义是一种智能式的缩放，它可以对细节部分比较少的区域进行较大的缩放，而对细节比较多的地方不会进行大的缩放，这在图像缩放方面是一个非常大的进步，所以我们称之为智能感知缩放方式，效果对比如图1-3-3所示。

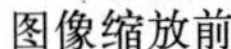

图像缩放前

图像缩放后

图1-3-3

（8）更好的原始图像处理功能

在新版本中，Photoshop使用了Camera Raw5.0插件，可以更好地处理原始图像，使图像的效果更加出色。该插件现在提供本地化的校正、裁剪后晕影以及TIFF和JPEG格式图像的处理，并支持190多种相机型号。

（9）改进的Lightroom工作流程

新版本的Photoshop CS4与Photoshop Lightroom 2的集成可以使用户直接在Photoshop中打开Lightroom中的照片，并且可以重新使用Lightroom进行处理。用户还可以自动将 Lightroom中的多张照片合并成全景图，并作为高动态光照渲染（HDR）图像或多图层Photoshop文件打开，如图1-3-4所示。需要注意的是：新版本的Lightroom软件是单独进行出售的，不包含在Photoshop的安装程序包中。

图1-3-4

(10) 使用Bridge CS4管理文件

使用新的Bridge CS4可以进行高效的可视化素材管理。改进的Bridge程序具有以下新特性：更快速的启动、具有适合处理各项任务的工作区，以及创建Web画廊和PDF格式图片集合的超强功能。

(11) 更强大的打印选项

Photoshop CS4打印引擎能够与所有最流行的打印机紧密集成，并可预览图像的溢色区域，使打印效果更加优秀。此外，Photoshop CS4还支持在Mac OS上进行16位图像的打印，提高了图像的颜色深度和清晰度。

(12) 新的3D加速功能

在新版本中，用户可以启用OpenGL绘图以加速3D操作。OpenGL是一种软件和硬件标准，可在处理大型或复杂图像（如3D文件）时加速视频处理过程。不过使用OpenGL功能需要你的显卡支持OpenGL的标准。

(13) 全新的3D功能

在Photoshop CS4版本中，用户可以直接创建出3D模型了，并可在3D模型上绘画、创建和编辑3D纹理，以及将2D图像和3D图像组合。新的3D功能支持多种3D文件格式，如U3D、3DS、OBJ、KMZ以及DAE，并且可将三维模型和贴图输出，以供其他三维软件继续使用。图1-3-5所示是在3D模型上绘画前后的对比效果。

在3D模型上绘制前的效果

在3D模型上绘制后的效果

图1-3-5

提示

以上所讲只是Photoshop CS4版本中的一些主要改进和新增功能，还有一些更改的功能，其使用方法与早期版本的Photoshop略有不同，这些知识将在后面的内容中有所涉及，在此就不一一列举。

1.4　关于图像基本概念

对于初次使用Photoshop的用户来说，首先需要对有关图像的基本概念有一个了解。知道图像是由什么组成的，分为哪几种类型等，从整体上对图像有一个大概的认识。

1.4.1 像素和分辨率

像素和分辨率是Photoshop软件中决定文件大小和图像质量的两个概念。理解它们不仅对处理图像有帮助，而且对理解图像也起着十分重要的作用。

1.像素

在位图图像中，像素是其基本的组成单位。一幅位图图像就是由许多像素以行和列的方式排列组成的，将图像放大到一定程度后，所看到的一个个小方块就是像素，如图1-4-1所示。

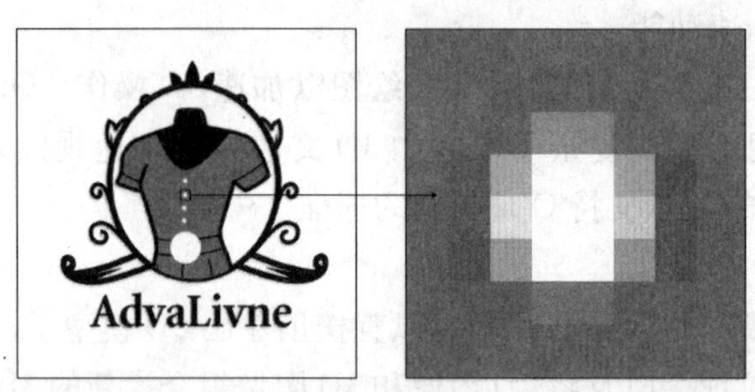

图像放大到一定程度后所看到的一个个小方块就是像素

图1-4-1

2.分辨率

分辨率是指在单位长度内含有点（dot）或像素（pixel）的多少。分辨率的单位是“点/英寸”或“像素/英寸”，即dpi（dots per inch）或ppi（pixels per inch），意思是每英寸所包含的点的数量或每英寸所包含的像素数量。

（1）图像分辨率

图像分辨率的单位是ppi（pixels per inch），即每英寸所包含的像素数量。单位长度内的像素越多，分辨率越高，图像效果就越好。在相同尺寸的情况下，高分辨率的图像比低分辨率的图像包含更多的像素，能更细致地表现图像。图1-4-2（a）和图1-4-2（b）所示分别为相同尺寸、不同分辨率的图像，通过对比可以发现，300像素/英寸的图像质量比72像素/英寸的图像质量要好许多。

（a）分辨率为72像素/英寸的图像　图像放大至200%后的局部图像　（b）分辨率为300像素/英寸的图像　图像放大至200%后的局部图像

图1-4-2

（2）屏幕分辨率

屏幕分辨率即显示器上每单位长度显示的像素或点的数目，通常以“点／英寸(dpi)”为度量单位。屏幕分辨率取决于显示器大小及其像素设置。PC显示器的常用分辨率约为96dpi，Mac显示器的常用分辨率为72dpi。

（3）输出分辨率

输出分辨率是指输出设备在输出图像时每英寸所产生的油墨点数。输出分辨率以dpi（dots per inch，即每英寸所含的点）为单位，是针对输出设备而言的。为获得最佳效果，文件中设置的图像分辨率应与打印机分辨率成正比（但不相同)。大多数激光打印机的输出分辨率为300dpi到600dpi，当图像分辨率为72dpi到150dpi时，其打印效果较好。高档照排机能够以1200dpi或者更高精度打印，此时将图像分辨率设为150dpi到350dpi之间，容易获得较好的输出效果。

（4）颜色深度

颜色深度用来度量图像中有多少颜色信息可用于显示或打印，其单位是“位(bit)”，所以颜色深度有时也称位深度。常用的颜色深度是1位、8位、24位和32位。拥有较大颜色深度的数字图像，其具有较多的可用颜色，显示效果也较好。

1.4.2 位图图像和矢量图形

根据图像产生、记录、描述、处理方式的不同，图像文件可以分为两大类——位图图像和矢量图形。在绘图或图像处理过程中，这两种类型的图像可以被相互交叉运用，取长补短。

1.位图图像

点阵图图像也称像素图像，是由称作像素的单个点组成。当放大位图时，可以看见构成图像的单个图片元素（一个个小方格)。扩大点阵图尺寸就是增大单个像素，会使线条和形状显得参差不齐。但是如果从稍远一点的位置去看，点阵图图像的颜色和形状又是连续的，这就是位图的特点。一张100%显示的位图图像，放大到400%后，图像就会出现失真现象，如图1－4－3（a）和图1－4－3（b）所示。

（a）100%显示的点阵图效果

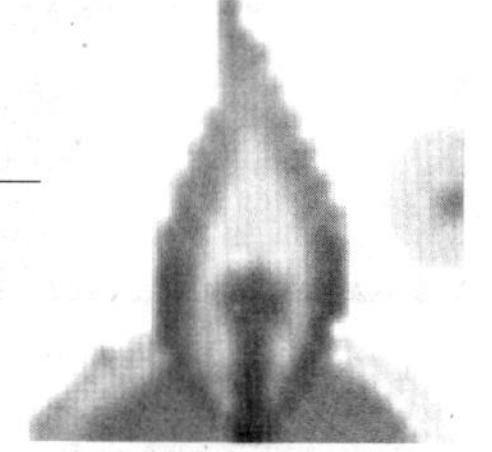

（b）400%显示的局部点阵图效果

图1－4－3

2.矢量图形

矢量图形也称绘图图形，可由诸如Illustrator、CorelDRAW等矢量图形软件生成，它是由一些用数学方式描述的曲线组成，其基本组成单元是锚点和路径。矢量图像不仅有缩放不失真的优点，而且占用空间较小，特别适用于制作企业标志。不论这些标志是用于商业信笺，还是用于户外广告，只需一个电子文件就可传递，省时省力，且图形的显示清晰。

矢量图形同分辨率无关。这意味着矢量图可以被任意放大或缩小，而图形不会出现失真现象，如图 1-4-4（a）和图 1-4-4（b）所示。

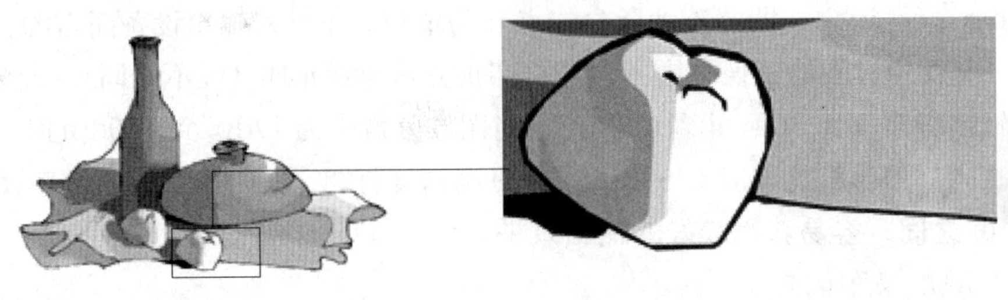

（a）100% 显示的矢量图效果　（b）400% 显示的局部矢量图效果

图 1-4-4

1.5 色彩基础和颜色模式

色彩基础知识包括色彩 3 要素、色彩属性、色彩类型等。根据 Photoshop 的实际需要，本节将对色彩中的相关概念和颜色模式进行讲解。

1.5.1 色彩基础

要调整色彩，首先必须理解色彩，要理解色彩，就必须理解色彩的描述。Photoshop 用色相、亮度、饱和度以及对比度和色调来描述色彩，阐述色彩之间的关系，下面对这几个色彩基础概念分别进行介绍。

图 1-5-1 色彩的色相变化

色相：指色彩的相貌，也就是色彩的基本特征，图 1-5-1 是色彩的色相变化关系。

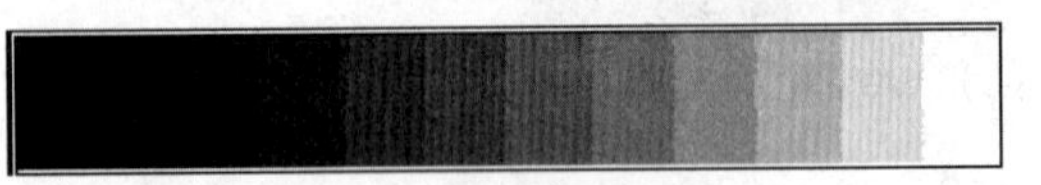

图 1-5-2 色彩的明度变化

亮度：指颜色明暗、浓淡的程度，如一个黄色的梨子比一个深红的苹果要亮一些，所谓亮就是颜色对比的结果，图 1-5-2 是色彩的明度变化关系。

饱和度：又叫纯度，指颜色的饱和程度。纯净鲜艳的颜色饱和度最高，灰色饱和度最低，图1-5-3是一个红色的纯度变化关系。

图1-5-3 红色的纯度变化

对比度：指不同颜色之间的差异程度。两种颜色之间的差异越大，对比度就越大，如红对绿、黄对紫、蓝对橙是3组对比度较大的颜色。没有美术基础的读者可能有些不太理解，但可以牢记黑色和白色是对比度最大的颜色。冷色和暖色放在一起，对比度都比较大。

提示

色环中蓝绿一边的色相称冷色，红橙一边的色相称为暖色。

色调：色调是一幅画的总体色彩取向，是上升到一种艺术高度的色彩概括。经常听到有人这么说，他们家装修得很温馨，他们的结婚照特浪漫等，都是对色彩的一种概括——即色调。

1.5.2 颜色模式

Photoshop中的色彩模式决定了用于显示和打印图像的颜色模型。色彩模式不同，色彩范围也就不同，色彩模式还影响图像的默认颜色通道的数量和图像文件的大小。

（1）RGB模式

RGB模式也称为加色模式。RGB的含义为：R（红色）、G（绿色）、B（蓝色）。通过红、绿、蓝3种颜色的混合，生成所需颜色。

Photoshop的RGB颜色模式使用RGB模型，为彩色图像中每个像素的RGB分量指定一个介于0～255之间的强度值。例如，亮红色可能R值为246，G值为20，而B值为50。当所有这3个分量的值相等时，结果是中性灰色。当所有分量的值均为255时，结果是纯白色；当所有分量的值为0时，结果是纯黑色。

RGB图像通过3种颜色或通道，可以在屏幕上重新生成多达1670万种颜色；这3个通道转换为每像素24（8 × 3）位的颜色信息（在16位／通道的图像中，这些通道转换为每像素48位的颜色信息，具有再现更多颜色的能力）。新建的Photoshop图像的默认模式为RGB，计算机显示器使用RGB模式显示颜色。这意味着使用非RGB颜色模式（如CMYK）时，Photoshop将使用RGB模式显示屏幕上的颜色。图1-5-4所示就是一幅RGB颜色模式的图像。

（2）CMYK模式

CMYK模式也被称为减色模式。CMYK的含义为：C（青色）、M（洋红）、Y（黄色）、K（黑色）。这4种颜色都以百分比的形式进行描述，每一种颜色百分比范围均为0%～100%，百分比越高，颜色越深。

CMYK模式是大多数打印机用作打印全色或者4色文档的一种方法，Photoshop及其他应用程序将4色分解成模板，每种模板对应一种颜色。打印机然后按比率一层叠一层地打印全部色彩，最终得到想要的色彩。图1-5-5所示即是一幅CMYK模式的图像。

图1-5-4

图1-5-5

(3) Lab模式

Lab模式的原型是由CIE协会在1931年制定的一个衡量颜色的标准，在1976年被重新定义并命名为CIELab。Lab颜色与设备无关，无论使用何种设备（如显示器、打印机、计算机或扫描仪）创建或输出图像，这种模型都能生成一致的颜色。

Lab模式是以一个亮度分量L及两个颜色分量a与b来表示颜色的。其中L的取值范围为0～100，a分量代表由绿色到红色的光谱变化，b分量代表由蓝色到黄色的光谱变化，a和b的取值范围为－120～120。

提示

Lab模式所包含的颜色范围最广，能够包含所有的RGB和CMYK模式中的颜色。CMYK模式所包含的颜色最少，有些在屏幕上能看到的颜色在印刷品上是实现不了的。

(4) 多通道模式

多通道模式包含多种灰阶通道，每一通道均有256级灰阶组成。这种模式对有特殊打印需求的图像非常有用。当RGB或CMYK色彩模式的文件中任何一个通道被删除时，即会变成多通道色彩模式。另外，在此模式中的彩色图像由多种专色复合而成，大多数设备不支持多通道模式的图像，但存为Photoshop DC2.0格式后就可以输出。

(5) 位图模式

位图模式只包含两种颜色，所以其图像也称作黑白图像。由于位图模式只由黑、白两色表示图像的像素，在进行图像模式的转换时会失去大量的细节，因此Photoshop提

供了几种算法来模拟图像中丢失的细节。

在宽、高和分辨率相同的情况下，位图模式的图像尺寸最小，约为灰度模式的1/7和RGB模式的1/22（或以下）。要将图像转换为位图模式，必须先将图像转换成灰度模式，然后才能转换为位图模式。

（6）灰度模式

灰度模式可以使用多达256级的灰度来表示图像，使图像的灰阶过渡更趋平滑细腻。图像的每个像素有一个0（黑色）到255（白色）之间的亮度值。灰度值也可以用黑色油墨覆盖的百分比来表示（0%等于白色，100%等于黑色）。

（7）双色调模式

双色调模式是使用2～4种彩色油墨创建双色调（2种颜色）、3色调（3种颜色）和4色调（4种颜色）的灰度图像。

提示

要将图像转换成双色调模式，需要先将图像转换成灰度模式，再选择“图像/模式/双色调”命令。

（8）索引颜色模式

索引颜色模式是网上和动画中常用的色彩模式，该模式最多使用256种颜色。当其他模式图像转换为索引颜色图像时，Photoshop将构建一个颜色查找表（CLUT），用以存放并索引图像中的颜色。如果原图像中的某种颜色没有出现在该表中，程序将选取与现有颜色中最接近的颜色来模拟该种颜色。

1.6 常用文件格式

文件格式即文件的存储形式，它决定了文件存储时所能保留的文件信息及文件特征，也直接影响文件的大小与使用范围。设定图像的格式，一般在完成图像的编辑和修改后进行，用户可以根据需要选择不同的存储格式。下面介绍几种常用的文件存储格式。

（1）PSD格式

这是Photoshop软件的专用格式，它支持网络、通道、图层等所有Photoshop的功能，可以保存图像数据的每一个细节。PSD格式虽然可以保存图像中的所有信息，但用该格式存储的图像文件较大。

（2）BMP格式

这种格式也是Photoshop最常用的点阵图格式，此种格式的文件几乎不压缩，占用磁盘空间较大，存储格式可以为1bit、4bit、8bit、24bit，支持RGB、索引、灰度和位图色彩模式，但不支持Alpha通道。这是Windows环境下最不容易出问题的格式。

（3）GIF格式

这种格式的文件压缩比比较大，占用磁盘空间小，存储格式为1～8bit，支持位图模式、灰度模式和索引颜色模式的图像。

(4) EPS格式

EPS格式为压缩的PostScript格式，是为在PostScript打印机上输出图像开发的格式。其最大优点在于可以在排版软件中以低分辨率预览，而在打印时以高分辨率输出。它不支持Alpha通道，可以支持裁切路径。

EPS格式支持Photoshop所有颜色模式，可以用来存储位图图像和矢量图形，在存储位图图像时，还可以将图像的白色像素设置为透明的效果，它在位图模式下也支持透明。

(5) JPEG格式

压缩比可大可小，支持CMYK、RGB和灰度的色彩模式，但不支持Alpha通道。此种格式可以用不同的压缩比对图像文件进行压缩，可根据需要设定图像的压缩比。

(6) PDF格式

PDF格式是Adobe公司开发的用于Windows、MAC OS、UNIX和DOS系统的一种电子出版软件的文档格式，适用于不同的平台。该格式基于PostScript Level 2语言，因此可以覆盖矢量图像和位图图像，并且支持超链接。

PDF文件是由Adobe Acrobat软件生成的文件格式，该格式文件可以存储多页信息，其中包含图形和文件的查找与导航功能，因此是网络下载经常使用的文件格式。

PDF格式除支持RGB、Lab、CMYK、索引颜色、灰度、位图的颜色模式外，还支持通道、图层等数据信息。此外，PDF格式还支持JPEG和ZIP的压缩格式（位图颜色模式不支持ZIP压缩格式保存），用户可在保存对话框中选择压缩方式，当选择JPEG压缩时，还可以选择不同的压缩比例来控制图像品质。若勾选保存透明区域（Save Transparency）复选项，则可以保存图像的透明属性。

(7) PNG格式

PNG格式是Netscape公司开发出来的格式，可以用于网络图像，不同于GIF格式图像的是，它可以保存24bit的真彩色图像，并且支持透明背景和消除锯齿边缘的功能，可以在不失真的情况下压缩保存图像。但由于并不是所有的浏览器都支持PNG格式，所以该格式在网页中的使用远比GIF和JPEG格式的少。相信随着网络的发展和因特网传输速度的提高，PNG格式将会是未来网页中使用的一种标准图像文件存储格式。

PNG格式的文件在RGB和灰度模式下支持Alpha通道，但在索引颜色和位图模式下不支持Alpha通道。在保存PNG格式的图像时，屏幕上会弹出对话框，如果在对话框中选中Interlaced（交错的）按钮，那么在用浏览器欣赏该图片时，图片将会以从模糊逐渐转为清晰的效果进行显示。

(8) TIFF格式

这是最常用的图像文件格式之一。它既能用于MAC也能用于PC。它是PSD格式外惟一能存储多个通道的文件格式。

(9) Targa

Targa（TGA）格式专用于使用Truevision视频板的系统，MS-DOS色彩应用程序普遍支持这种格式。Targa格式支持16位RGB图像、24位RGB图像和32位RGB图像。Targa格式也支持无Alpha通道的索引颜色和灰度图像。当以这种格式存储RGB图像时，可以选取像素深度，并选择使用RLE编码来压缩图像。

（10）PSB格式

大型文档格式（PSB）支持宽度或高度最大为300 000像素的文档。支持所有Photoshop功能（如图层、效果和滤镜）。可以将高动态范围32位／通道图像存储为PSB文件。目前，如果以PSB格式存储文档，存储的文档只能在Photoshop CS或更高版本中才能打开。其他应用程序和Photoshop的早期版本无法打开以PSB格式存储的文档。

提示

Photoshop所兼容的格式有20余种之多，但并不是对任何格式的图像都能处理。所以在使用其他程序制作完图像后，需要将图像存储为Photoshop能处理的格式，如TIFF、JPEG、GIF、EPS、BMP、PNG等。

1.7 小结

通过对本章的学习，读者应了解Photoshop CS4软件的相关概况、应用范围和新增功能，以及图像的一些基本概念、色彩基础、常用文件格式等知识，为深入学习Photoshop打下坚实的基础。

1.8 练习

一、填空题

（1）饱和度又叫__________，指颜色的__________。纯净鲜艳的颜色饱和度最高，灰色饱和度最低。

（2）在Photoshop中，__________模式所包含的颜色范围最广，__________模式所包含的颜色最少。

（3）PSD格式是Photoshop软件的专用格式，它支持__________、通道、__________等所有Photohsop的功能。

二、选择题

（1）下列哪个是photoshop图像最基本的组成单位（　）。

A．节点　B．色彩空间　C．像素　D．路径

（2）下面对矢量图和位图描述正确的是（　）。

A．矢量图的基本组成单元是像素

B．位图的基本组成单元是锚点和路径

C．Adobe Illustrator图形软件能够生成矢量图

D．Adobe photoshop能够生成矢量图

(3) 图像分辨率的单位是（ ）。

A．dpi　B．ppi　C．lpi　D．pixel

三、问答题

(1) 位图和矢量图有什么区别?

(2) 在Photoshop CS4版本中新增加了哪些功能（至少说出3项）？

(3) 不同的存储格式，是否影响图像的使用范围？请说出两种格式的具体应用范围。

第2章　Photoshop CS4基本操作

本章内容提要：

- Photoshop CS4的启动和退出
- Photoshop CS4界面
- 文件基本操作
- 图像基本编辑
- 常用辅助功能

2.1　Photoshop CS4的启动和退出

Photoshop CS4启动和退出虽然比较简单，但对于初次接触Photoshop的用户来说还是有必要介绍一下的。

2.1.1　启动Photoshop CS4

在计算机中安装Photoshop CS4软件后，单击Windows左下角的“开始”开始按钮，在弹出的“开始”菜单中选择“所有程序/Adobe Photoshop CS4”命令，即可启动Photoshop CS4。

如果在桌面上建立了Photoshop CS4快捷方式图标，双击该图标也可启动Photoshop CS4，如图2-1-1所示。

图2-1-1

2.1.2　退出Photoshop CS4

使用Photoshop CS4处理完图像后，应该退出程序。退出Photoshop CS4的方法是单击工作界面右上角的“关闭”按钮×，或选择“文件/退出”命令。

提示

按“Ctrl+Q”组合键或“Alt+F4”组合键，也可以退出Photoshop CS4。

2.2 Photoshop CS4 的工作界面

用户在理解Photoshop的工作界面时，可以把它理解为工作时的写字台，写字台有着工作所需的一切用品，有的放在台面上，有的放在抽屉里，工作时直接取用台面上或抽屉里的用品即可。下面就对 Photoshop CS4 软件的界面和其基本操作进行介绍。

2.2.1 界面基本介绍

Photoshop CS4 的工作界面和以前版本的相比有了一些较明显的改进，如直接以快捷按钮的形式代替了 Windwos 本身的“蓝条”样式，面板取消了 Photoshop CS3 版本那种看似豪华其实没有实际意义的阴影等。启动Photoshop CS4 软件系统后，将打开其工作界面，如图 2-2-1 所示。

图 2-2-1

从上图可以看出，Photoshop CS4 软件的界面主要由 A 应用程序栏、B 菜单栏、C 选项栏、D 工具箱、E 面板组、F 文档窗口等 6 部分组成，下面分别对各个组成部分进行介绍。

（1） 应用程序栏

应用程序栏左侧显示了应用程序的图标 。右侧显示了最小化、最大化 / 向下还原和关闭操作的快捷按钮。双击应用程序栏左侧的图标，可关闭应用程序；双击应用程序栏中间的空白部位，可在向下还原和最大化之间来回切换。

(2) 菜单栏

菜单栏包括11个命令菜单，它提供了编辑图像和控制工作界面的命令。在Photoshop CS4版本中新增加了一个“3D”菜单，并且在其他菜单中也增加了一些新的或改进的菜单选项。单击目标命令所在的命令菜单，在弹出的菜单中选择目标命令即可应用该功能。

提示

某些菜单命令后面标注了该命令的快捷键，如“图像／调整／色彩平衡”命令的快捷键就是“Ctrl+B”，用户直接按“Ctrl+B”组合键就可执行“色彩平衡”的命令。

(3) 选项栏

选项栏中显示了当前所选工具的各项属性，其中的选项随当前所选工具的不同而变化。如果在选项栏中更改了参数或者其他设置，要想恢复到默认值，只需用鼠标右键单击选项栏最左侧的工具图标，在随即弹出的菜单中选择“复位工具”或“复位所有工具”即可。如果选择的是“复位工具”命令，将把当前工具选项栏上的参数恢复至默认值，如果选择的是“复位所有工具”命令，则会将所用工具的选项栏上的参数恢复到默认值。

(4) 工具箱

在Photoshop CS4版本中，工具箱的变化还是很大的，不但取消了上方的软件图标，还增加了3D工具，并且将屏幕模式按钮也移到了界面上方的应用程序栏中，更加节省了工作空间。用户要想选择某工具，单击工具箱中的目标工具图标即可。

(5) 面板窗口

在CS4版本中又新增加了几个面板，如“调整面板”、“蒙版面板”、“注释面板”等。默认情况下，Photoshop中的面板都被放在界面的右侧，这有助于提高工作效率。Photoshop中的面板可全部浮动在工作窗口中，用户可以根据实际需要显示或隐藏面板，也可以将面板放置在屏幕的任意位置或将其缩为图标的形式。

(6) 文档窗口

文档窗口是图像文件的显示区域，也是编辑与处理图像的区域。文档窗口的上端显示的是图像文件名、图像格式、显示比例和颜色模式等信息。另外，Photoshop CS4版本的文档窗口是一种选项卡式“文档” 窗口，用户如果同时打开多个文件，可以将其以选项卡的方式罗列，以方便在不同文件间切换，如图2-2-2所示。

图2-2-2

2.2.2 界面基本操作

对Photoshop CS4界面的各部分作用有了初步了解后，接下来还需要掌握一些界面的基本操作，以应对将来设计任务时能根据实际情况调整界面。

1.改变界面大小

在Photoshop界面的右上角有3个控制按钮，分别是“最小化”按钮、“还原”按钮和“关闭”按钮。

单击“最小化”按钮时，工作界面将变为最小化显示状态，并且显示在Windows系统的任务栏中。在Windows系统的任务栏中单击其最小化图标，可使Photoshop界面还原到其原先的显示状态。

单击“还原”按钮，可以使工作界面变为还原状态。此时移动鼠标指针到界面4角或周围，等指针变成双向箭头时按住鼠标拖动，还可细调整界面的大小。

单击“关闭”按钮，可将界面关闭，退出Photoshop软件系统。

2.显示与隐藏控制面板

在Photoshop软件的菜单中，选择“窗口”菜单下的相应命令即可在工作界面中显示或隐藏所选择的控制面板。

提示

①按一下键盘上的Tab键可以同时将工作界面中的工具箱、属性栏和控制面板隐藏，连续按Tab键则可以使它们在显示和隐藏之间来回切换。

②按住“Shift+Tab”组合键可以单独将控制面板隐藏，连续按“Shift+Tab”组合键则可以使其在显示和隐藏之间来回切换。

3.拆分与组合控制面板

在很多时候，为了操作方便常常需要调整控制面板的位置，有时还需要将其组合或拆分，下面把Photoshop CS4中的面板拆分与组合方法简要说明一下。

(1) 控制面板的拆分

将鼠标指针指向目标面板选项卡，按住鼠标左键将目标面板拖动出来即可，如图2-2-3所示。

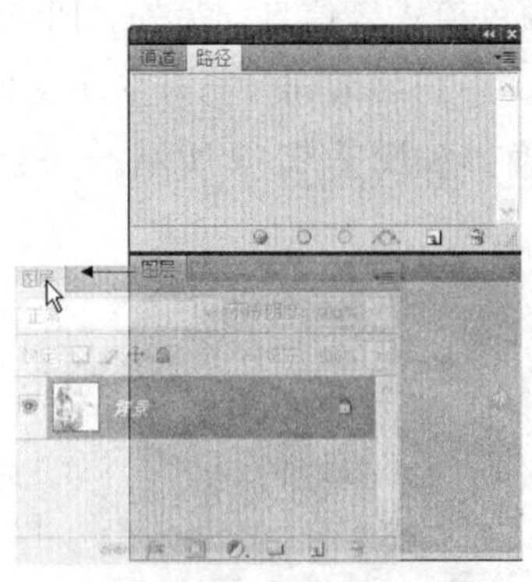

图2-2-3 拆分面板

(2) 控制面板的组合

移动鼠标指针到一个目标面板的选项卡上，按住鼠标左键将其拖动到要组合在其中的目标面板位置即可，如图 2-2-4 所示。

图 2-2-4 组合面板

4. 折叠与展开控制面板

折叠与展开控制面板可以有效利用界面空间。其中包括两种方法，一种是普通的折叠方式，另一种是折叠为图标的方式，下面分别对它们进行介绍。

(1) 连续单击控制面板上方的空白处可以分别将控制面板折叠或展开，如图 2-2-5 所示。

(2) 移动鼠标指针到面板右上方的“折叠为图标”按钮上单击，可以将面板折叠为图标的形式，如图 2-2-6 所示。再次单击此按钮则可以将其恢复到原状。

图 2-2-5

“折叠为图标”按钮

折叠图标后

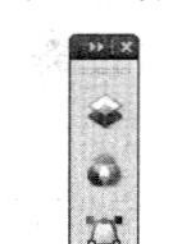

图 2-2-6

2.3 文件基本操作

处理图像的方式有很多，无论是新建一个空白图像文件进行绘制，还是打开一个半成品图像文件进行编辑，都免不了使用到文件的新建、关闭、打开和保存这些基本操作。

2.3.1 新建文件

选择“文件/新建”命令，调出图 2-3-1 所示的“新建”对话框。在对话框中设置参数后，单击“确定”按钮，完成文件建立。

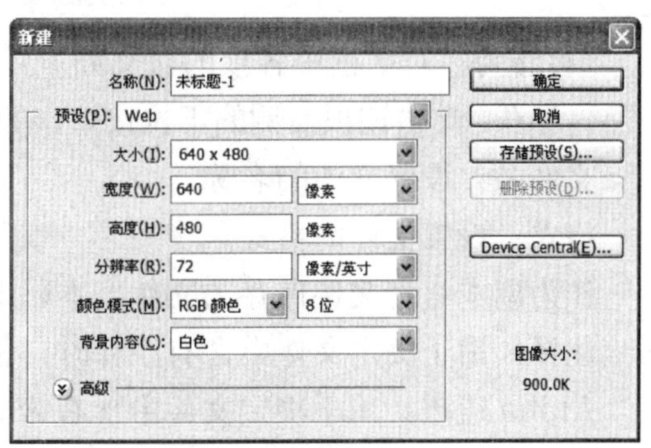

图 2-3-1

“新建”对话框中各项的含义如下：

名称：在此文本框中可以输入新建文件的名称。

预设：单击右侧的下拉按钮，从弹出的菜单中可选择预先设置的文件类型。

宽度：用于自定义宽度。单击右侧的下拉按钮，可以选择不同的度量单位。

高度：用于自定义高度。单击右侧的下拉按钮，可以选择不同的度量单位。

分辨率：用于设置分辨率。默认分辨率为96像素／英寸，单击右侧的下拉按钮，可以选择不同的分辨率单位。

颜色模式：单击右侧的下拉按钮，可以选择文件的颜色模式和颜色深度。

背景内容：用于设置新建文件的背景图层颜色。选择“白色”选项，新建的文件将以白色填充背景；选择“背景色”选项，新建的文件将以工具箱上的背景色作为新建文件的背景色；选择“透明”选项，新建文件的背景将以透明状态显示。

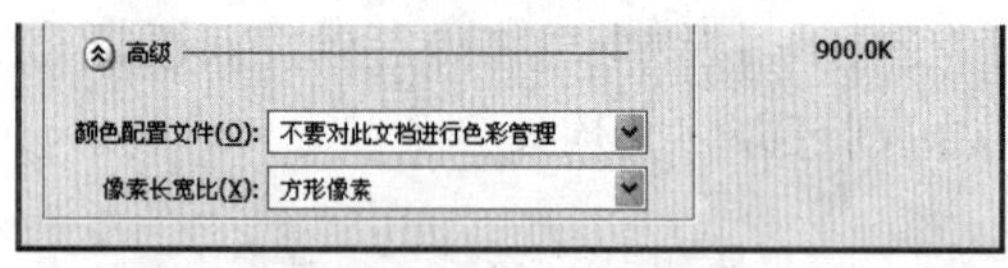

图 2-3-2

高级：单击“高级”按钮展开图2-3-2所示的高级设置选项。

通过高级选项可以设置新建文件采用的颜色配置文件和像素排列方式。

2.3.2 保存文件

当一个作品创作完成后，应当及时对创作的成果进行保存，以免造成不必要的损失。保存文件的方法有好几种，下面介绍两种常用的保存文件方法。

1.使用“存储”命令存储

“存储”命令可以将当前打开的文件保存在其原存储位置上。使用“新建”命令建立的新文件，第一次使用存储命令时会打开“存储为”对话框，当再次使用存储命令时，会以上一次存储设置保存该文件，不会再弹出“存储为”对话框。

对新建文件第一次选择“存储”命令的操作如下：

(1) 选择“文件／存储”命令，打开“存储为”对话框，如图2-3-3所示。

(2) 在“存储为”对话框中将各个选项设置好后，单击“保存”按钮，即可保存该文件。

“存储为”对话框中各项的含义如下：

保存在：单击该项右侧的下拉按钮，在弹出的下拉列表中设置保存图形文件的位置。

文件名：设置文件的名称。

格式：设置文件的格式。

作为副本：将文件保存为文件副本，即在原文件名称基础上加“副本”两字保存。

注释：用于决定文件中含有注释时，是否将注释也一起保存。

Alpha通道：用于决定文件中含有Alpha通道时，是否将Alpha通道一起保存。

专色：用于决定文件中含有专色通道时，是否将专色通道一起保存。

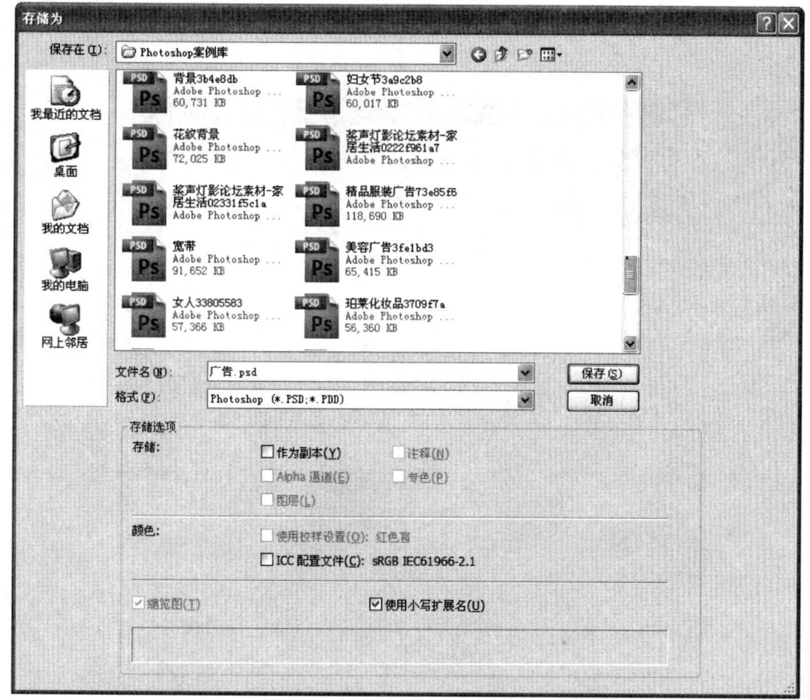

图 2-3-3

图层：用于决定文件中含有多个图层时，是否合并图层后再保存。

颜色：用于保存的文件配置颜色信息。

缩览图：为保存的文件创建缩览图，默认情况下 Photoshop 自动为其创建。

使用小写扩展名：用小写字母创建文件的扩展名。

2.使用“存储为”命令存储

需要使用新的文件名或存储位置保存当前已经保存过的文件时，可以使用“存储为”命令。选择“文件 / 存储为”命令会同样打开“存储为”对话框，其操作与使用“存储”命令的操作一样，这里就不再赘述。

提示

按“Shift+Ctrl+S”组合键可快速调出“存储为”对话框。

2.3.3　打开文件

选择菜单栏中的“文件 / 打开”命令，打开“打开”对话框，如图 2-3-4 所示，在对话框中选择目标文件，单击“打开”按钮，即可打开目标文件。

“打开”对话框中各项的含义如下：

查找范围：单击右侧的下拉按钮，从中选择目标图形文件的路径。

文件名：显示选中目标文件的名称，并且在对话框下方空白处显示选中图形文件的缩览图和大小。

文件类型：可以设定当前路径中所需显示的文件类型，默认为“所有格式”，即显示所有图形文件。

图 2-3-4

2.3.4 关闭文件

关闭当前文件通常有以下两种方法：

图 2-3-5

（1）选择菜单栏中的“文件／关闭”命令。

（2）单击图像文件窗口右上方的“关闭”按钮，如图 2-3-5 所示。

2.4 图像基本编辑

调整图像大小、画布大小、裁剪图像和旋转图像是图像编辑中最常用的操作。通过调整图像大小和旋转图像，可以编辑出与设计应用相符合的图像。因此，在实际设计过程中，经常需要对图像的大小和角度进行调整。

2.4.1 调整图像大小

调整图像大小是指放大或缩小图像使其适应特定的区域。调整图像大小一般可以通过调整图像的高度、宽度和分辨率来实现。如要将一幅宽度为17厘米，高度为24厘米，分辨率为72像素／英寸的图像的宽度更改为12厘米，其操作步骤如下：

(1) 按“Ctrl+O”组合键打开素材中的“午后阳光”文件，如图2-4-1所示。

图2-4-1

(2) 选择“图像／图像大小”命令，打开“图像大小”对话框。首先勾选“约束比例”和“重定图像像素”复选框，然后在“宽度”后面的文本框中输入12，如图2-4-2所示。

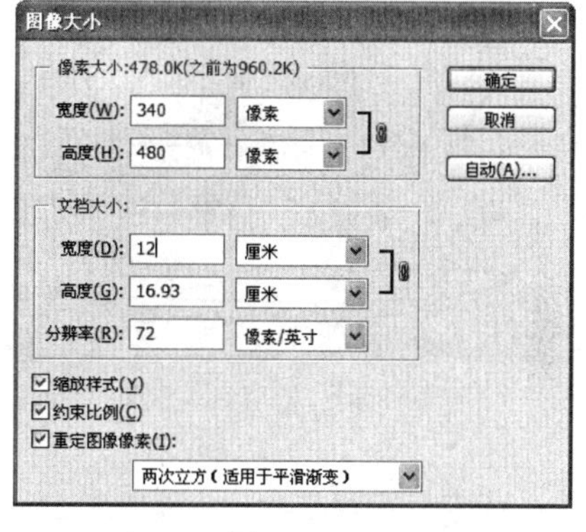

图2-4-2

缩放样式：勾选此复选框，可按照比例缩小或放大样式效果。

约束比例：勾选此复选框，将按照原图像的比例进行缩放。

重定图像像素：勾选此复选框，即可重新定义图像大小。改变图像尺寸或分辨率的同时，图像的大小、分辨率和体积都会随之改变。在其后面的下拉菜单中有5种计算方式。

“邻近（保留硬边缘）”：邻近是一种速度快但精度低的图像像素模拟方法。

“两次线性”：两次线性是一种通过平均周围像素颜色值来添加像素的方法。该方法可生成中等品质的图像。

“两次立方（适用于平滑渐变）”：两次立方是一种将周围像素值分析作为依据的方法，速度较慢，但精度较高。

“两次立方较平滑（适用于扩大）”：两次立方较平滑是一种基于两次立方插值且旨在产生更平滑效果的有效图像放大方法。

“两次立方较锐利（适用于缩小）”：两次立方较锐利是一种基于两次立方插值且具有增强锐化效果的有效图像减小方法。

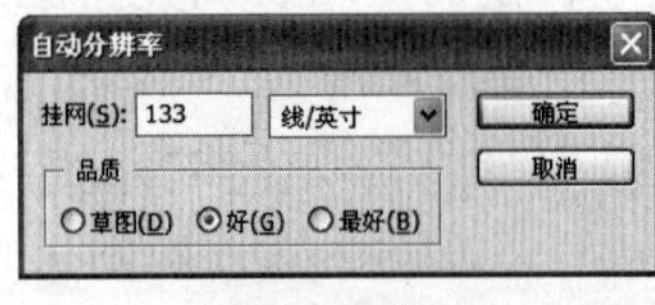

图 2-4-3

单击右上角的“自动”，会弹出“自动分辨率”对话框，如图 2-4-3 所示。用户如需在打印之前设置输出图像的画面线数，直接在“挂网”后面的文本框中输入即可。另外，选择品质选项组中的单选项也可指定打印品质。

（3）单击“确定”按钮即可将图像的“宽度”减小到 12 厘米，同时“高度”和“像素大小”也会随之相应减小。

2.4.2 调整画布大小

画布大小是指当前图像工作区域的大小。在 Photoshop 中，用户既可以通过减小画布区域裁切图像，也可以扩大画布区域来调整工作区，并且添加的画布背景颜色由工具箱中的背景颜色决定。

图 2-4-4

（1）选择“文件／打开”命令，打开素材中的“下午茶”文件，并按“Ctrl+R”组合键将标尺显示出来，如图 2-4-4 所示。

提示

本例将把画布的区域减小，并保留右下角的图像区域。

单击此色块可打开“拾色器”对话框设置扩展区域的颜色。

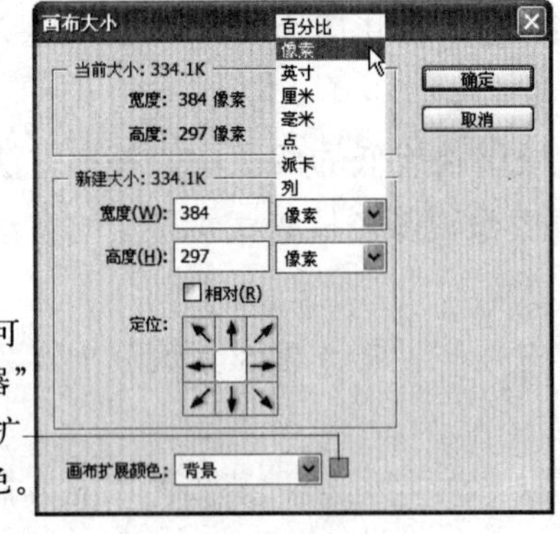

图 2-4-5

（2）选择“图像／画布大小”命令，打开图 2-4-5 所示的“画布大小”对话框。

当前大小：显示了当前文件的大小以及画布的宽和高。

新建大小：其后面的数值用于显示调整宽度和高度后的文件大小。在下面的宽度和高度文本框后面可以重新输入数值；单击后面的下拉按钮还可以选择单位。

相对：勾选此复选框，可在当前画布尺寸基础上增加或减小画布尺寸，如要在宽度上增大200像素的宽度，直接输入200像素即可；如在宽度上减小200像素的宽度，输入−200像素即可。

定位：用于设置调整画布时的基准点，默认基准点是中心。

画布扩展颜色：用于设置扩展区域的填充颜色。

(3) 在“画布大小”对话框中输入“宽度”和“高度”都为“150像素”，不勾选“相对”复选框，单击右下角的定位按钮，如图2−4−6所示。

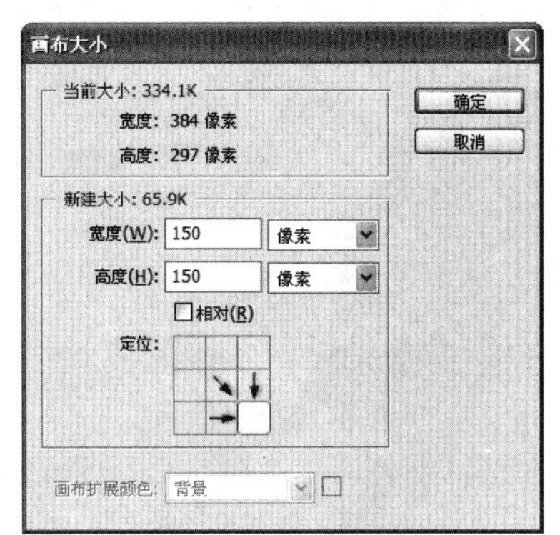

图2−4−6

(4) 单击“确定”按钮，这时会弹出一个提示对话框，如图2−4−7所示。

图2−4−7

(5) 单击“继续”按钮，图像的大小便进行了调整，效果如图2−4−8所示。

图2−4−8

2.4.3　裁剪图像

本节主要介绍使用裁剪工具裁剪图像。裁剪工具可以修剪并调整图片，使图像中的某部分单独成为一个新的图像文件。用户通过它可以方便、快捷地裁剪出想要的图像，并且可按一定的尺寸进行裁剪。

单击选择工具箱中的“裁剪工具”，其选项栏如图2−4−9所示。

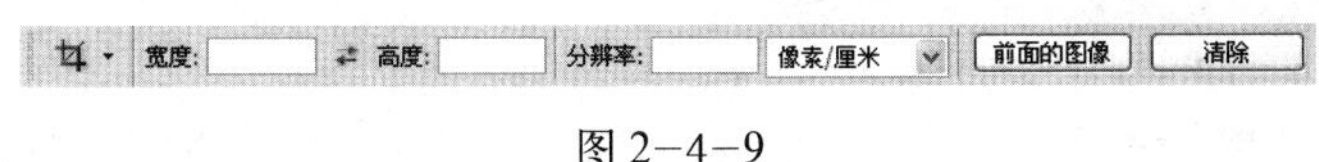

图2−4−9

宽度、高度：设置裁剪区域的宽度和高度。

分辨率：设置图像的分辨率，在其右侧的下拉列表中可以设置其单位。

前面的图像：使用前面图像裁剪的尺寸和分辨率进行裁剪。

清除：可以清除选项栏上各选项的参数设置。

如需裁剪出图像中某部分想要的区域，只需用“裁剪工具”选取需要的图像区域，然后按一下 Enter 键即可。其具体操作如下：

图 2–4–10

(1) 按“Ctrl+O”组合键打开素材中“室内造型”文件，如图 2–4–10 所示。

图 2–4–11

(2) 选择工具箱中的“裁剪工具”，并拉出一个大致的裁剪范围，如图 2–4–11 所示。

图 2–4–12

(3) 勾选选项栏中的“屏蔽”和“透视”复选框，如图 2–4–12 所示。

(4) 拖动裁剪框顶角的4个控制点，到照片对应的4个顶点处，如图2-4-13所示。

图 2-4-13

提示

在英文输入状态下按“Ctrl+‘+’”组合键可以在保持窗口大小不变的状态下放大视图；在其他输入状态下按“Ctrl+Alt+‘+’”组合键将调整窗口大小，以满屏显示放大视图。

(5) 按Enter键，图像被裁剪并摆正了，如图 2-4-14 所示。

图 2-4-14

2.4.4　旋转图像

旋转图像是Photoshop中经常要进行的操作，包括对整个图像的旋转和局部图像的旋转。因为针对的图像内容不同，所以操作方法上也稍有不同，下面分别进行介绍。

1.旋转整个图像

对整个图像进行旋转和翻转，是通过选择“图像／图像旋转”子菜单中的命令来完成的。值得注意的是，旋转画布功能不适用于单个图层、图层的一部分、选区以及路径。其具体操作如下：

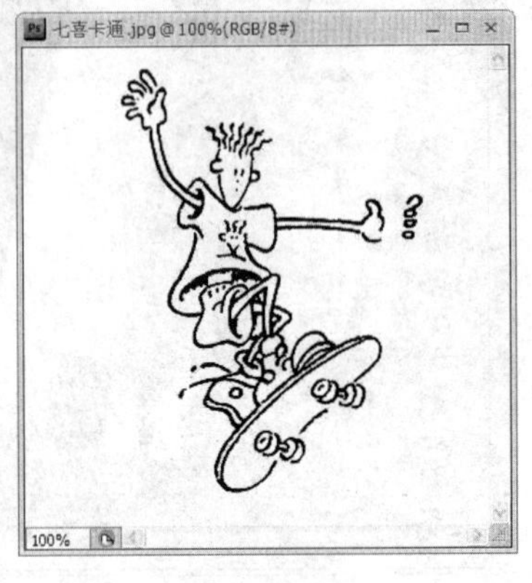

图 2-4-15

（1）选择“文件／打开”命令，打开素材中的“七喜卡通”文件，如图 2-4-15 所示。

（2）选择“图像／旋转画布／任意角度”命令，如图 2-4-16（a）所示。

“图像／旋转画布”下各项命令的功能如下：

“180 度”：选择此命令可将整幅图像旋转 180 度，如图 2-4-16（b）所示。

“90 度（顺时针）”：选择此命令可将整幅图像顺时针旋转 90 度，如图 2-4-16（c）所示。

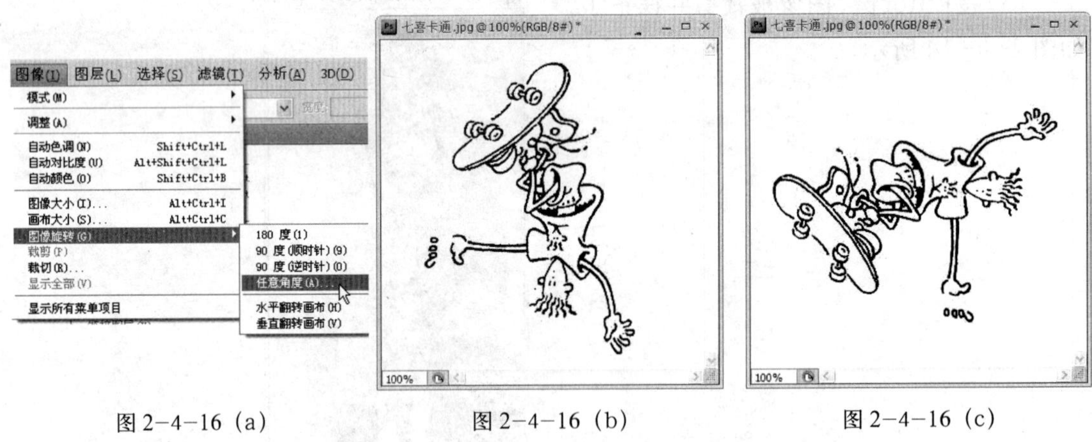

图 2-4-16（a）　　图 2-4-16（b）　　图 2-4-16（c）

“90 度（逆时针）”：选择此命令可将整幅图像逆时针旋转 90 度，如图 2-4-16（d）所示。

“任意角度”：选择此命令可打开旋转画布对话框，在此对话框中用户可以随意设置顺时针或逆时针的旋转角度，范围在 −359.99～+359.99 之间。

“水平翻转画布”：选择此命令可将整幅图像水平翻转，如图 2-4-16（e）所示。

“垂直翻转画布”：选择此命令可将整幅图像垂直翻转，如图 2-4-16（f）所示。

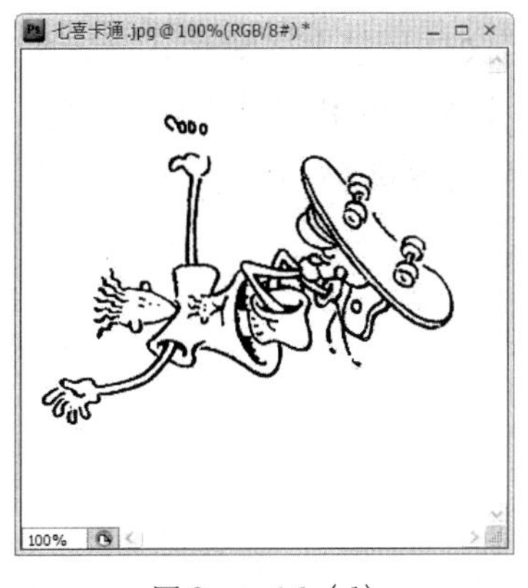

图 2-4-16（d）

图 2-4-16（e）

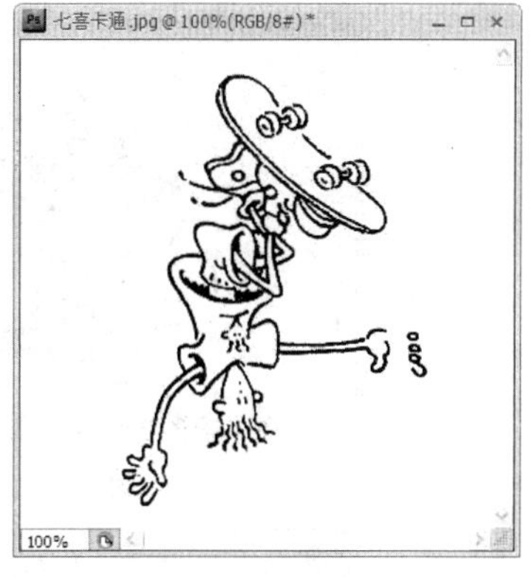

图 2-4-16（f）

（3）在打开的“旋转画布”对话框中设置“角度”为“顺时针 -45 度”，如图 2-4-17 所示。

图 2-4-17

（4）单击“确定”按钮，图像效果如图 2-4-18 所示。

背景颜色跟工具箱中的背景色保持一致。

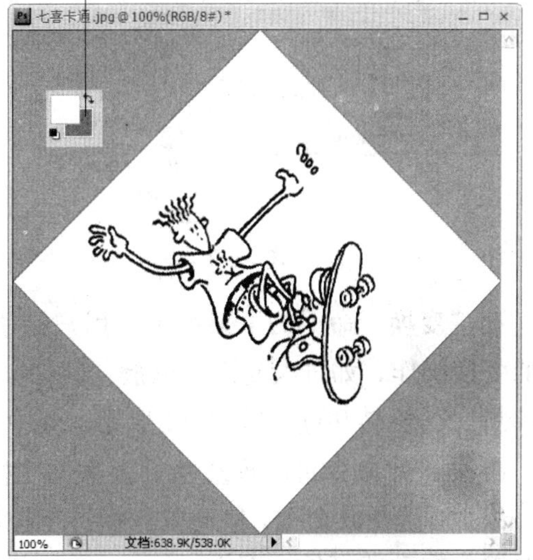

图 2-4-18

提示

对图像的整体进行旋转后，图像中的背景颜色将会跟工具箱中的背景色保持一致。如果有必要，用户可以提前设置好。

2. 旋转局部图像

对图像的局部进行旋转是指用选区功能创建一个选取范围，或选中一个作用图层，之后选择“编辑 / 变换 / 旋转”命令进行操作，其具体操作如下：

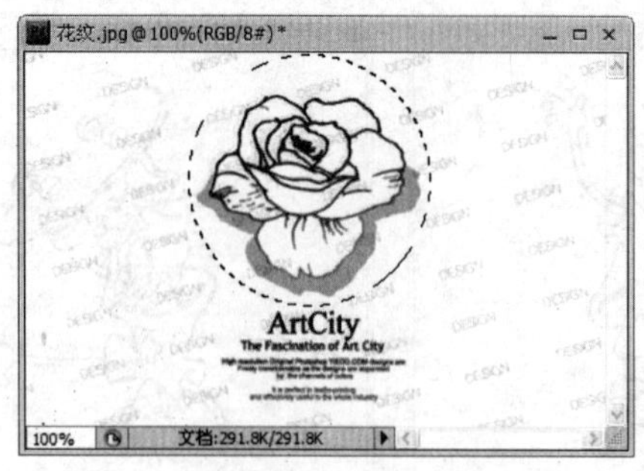

图 2-4-19

（1）选择“文件 / 打开”命令，打开素材中的“花纹”文件。并用“椭圆选框工具”在图 2-4-19 所示的位置创建一个椭圆选区。

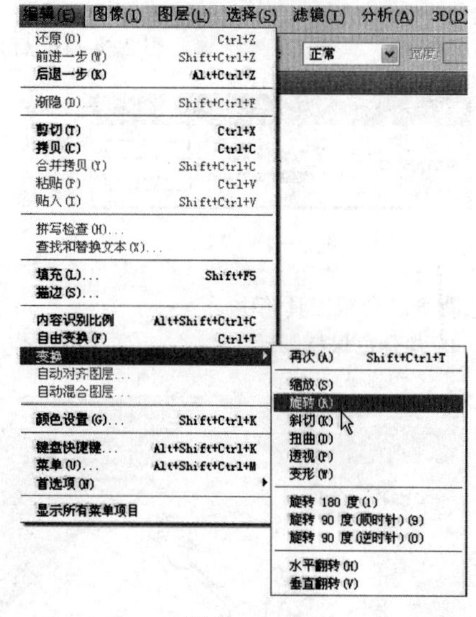

图 2-4-20

（2）选择“编辑 / 变换 / 旋转”命令，如图 2-4-20 所示。

在“变换”命令的子菜单中，用户除了可以使用“旋转”命令外，还可以进行一些其他变换操作，如再次变换、缩放、斜切、扭曲、透视、变形、旋转 180 度、旋转 90 度（顺时针）、旋转 90 度（逆时针）等，其中各项命令的功能如下：

再次：此命令可以重复执行上次的变换操作。

缩放：选择此命令，移动鼠标指针至控制框的四周，等鼠标指针变成双箭头↔时，按住左键并拖动即可缩放图像。

斜切：选择此命令，移动鼠标指针到控制框中间的某个调节点上，当鼠标指针变为或者状态时，按住鼠标左键拖动即可对图像进行斜切操作。

旋转：选择此命令，移动鼠标指针至控制框的四周，当鼠标指针显示为弧形的双向箭头时，按住左键以顺时针或逆时针方向拖动鼠标，图像将以调节中心为轴进行旋转。

扭曲：选择此命令，移动鼠标指针到控制框的调节点上，当鼠标指针变为状态时，按住左键并拖动鼠标，即可对图像进行扭曲变形操作。

透视：选择此命令，移动鼠标指针到任意控制框的调节点上，当鼠标指针变为或状态时，按住左键并拖动鼠标，即可使图像产生透视效果。

变形：允许用户拖动控制点变换图像的形状或路径的形状。

旋转 180 度：将整个图像旋转 180 度。

旋转 90 度（顺时针）：将图像顺时针旋转 90 度。

旋转 90 度（逆时针）：将图像逆时针旋转 90 度。

水平翻转：对图像进行水平翻转。

垂直翻转：对图像进行垂直翻转。

(3) 移动鼠标指针到控制框的周围，等鼠标指针变成旋转状态后，按住鼠标左键旋转即可旋转选取范围的图像，如图 2-4-21 所示。

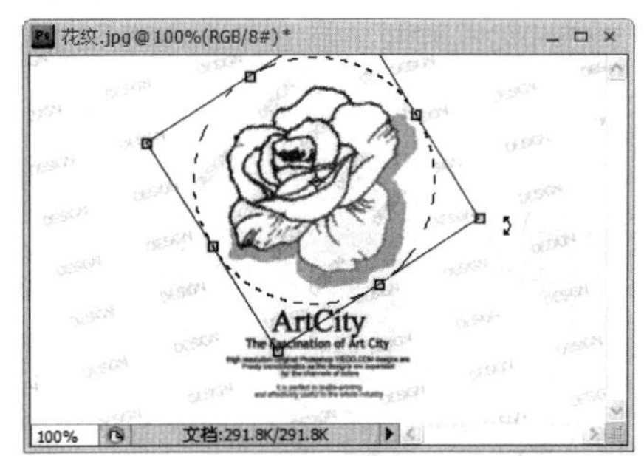

图 2-4-21

(4) 旋转到所需的的角度后，按 Enter 键即可确认旋转，如图 2-4-22 所示。

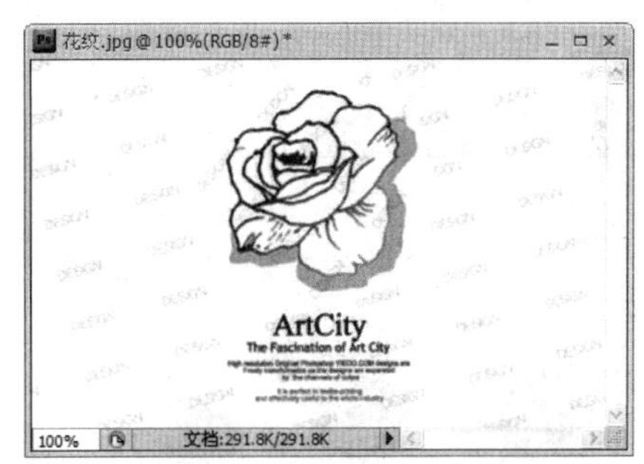

图 2-4-22

提示

在“背景”图层上进行变换时，如果没有创建选区范围，则“编辑 / 变换”命令不可用。

2.5　常用辅助功能

Photoshop 软件提供了一系列的辅助功能，如标尺、网格、参考线、抓手工具和缩放工具等，以辅助用户制作、管理和查看图像。下面就 Photoshop 中的一些常用辅助功能进行介绍。

2.5.1　标尺、网格和参考线

标尺、网格和参考线可以帮助用户沿图像的宽度和高度准确定位图像，使图像的编辑更加准确、方便，并且用户还可以随时将它们显示或隐藏。但这些辅助功能只能在图像窗口中显示，不会被打印出来。

1. 标尺

使用标尺可以让用户更加准确地对齐图像或选区的位置。默认情况下，标尺显示在当前窗口的顶部和左侧，用户在窗口中移动鼠标，标尺上会显示指针移动的位置。

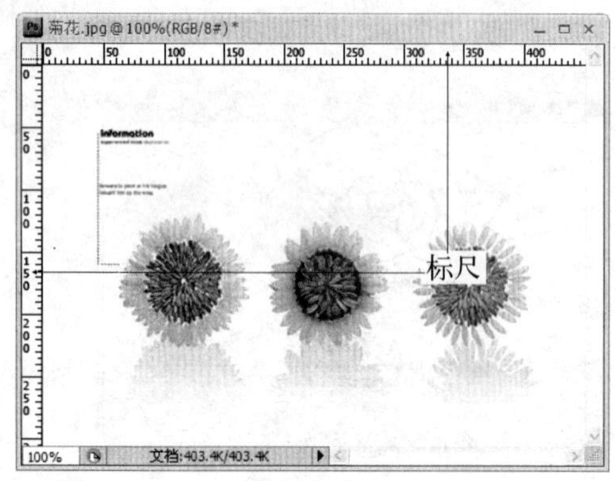

图 2-5-1

(1) 显示和隐藏标尺

选择“视图/标尺”命令，或者使用快捷键“Ctrl+R”，都可以显示或隐藏标尺。显示标尺时，图像窗口的上边和左边会出现标尺，如图 2-5-1 所示。

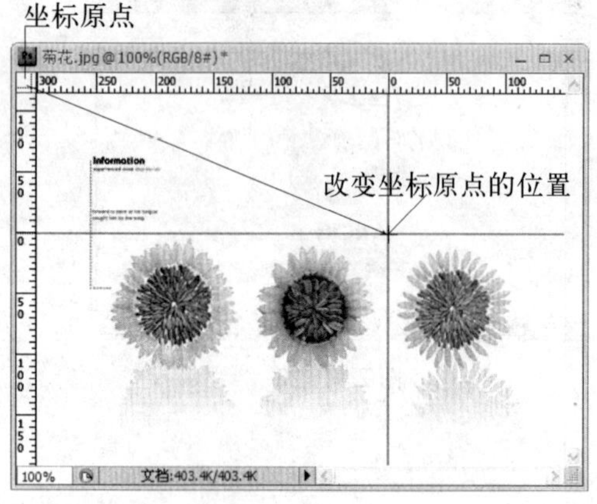

图 2-5-2

(2) 更改坐标原点

显示标尺后，用户还可以更改标尺的坐标原点。默认情况下，标尺的坐标原点在图像窗口的左上角，移动鼠标指针到左上角原点处，按住鼠标左键并拖动，即可改变坐标原点的位置，如图 2-5-2 所示。

提示

如果想恢复坐标原点，双击默认的左上角坐标原点处即可。

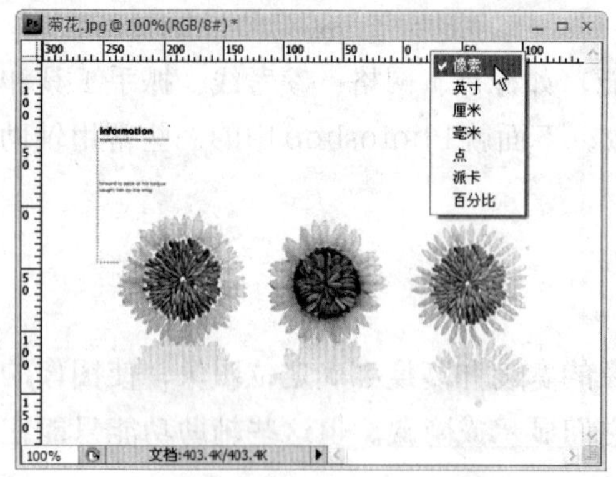

图 2-5-3

(3) 设置标尺单位

标尺的单位除了可以在首选项中进行设置外，还可以在图像窗口中进行设置。标尺的默认单位是厘米，要想快速更改标尺的单位，只需移动鼠标指针到标尺上单击鼠标右键，从弹出的快捷菜单中进行选择，如图 2-5-3 所示。

2.网格

网格是Photoshop系统默认排列的纵横线，且间距匀称，因此它可帮助用户更好地对齐图像、创建图像或选取范围。其常用的使用方式是显示和隐藏网格，具体操作如下：

默认情况下，选择“视图/显示/网格”命令即可将网格显示出来，若要再次执行该命令，则可隐藏网格。

提示

显示和隐藏网格的快捷键是“Ctrl+'”。

3.参考线

参考线和网格的功能一样，都是帮助用户对齐和定位图像的。虽然它们只能在窗口中显示，不会被打印出来，但用户可以对参考线进行移动、隐藏和删除操作。

(1) 创建参考线

移动鼠标到标尺上，按住鼠标左键并向窗口中间拖动，在需要创建参考线的位置松手即可创建一条参考线，如图2-5-4所示。

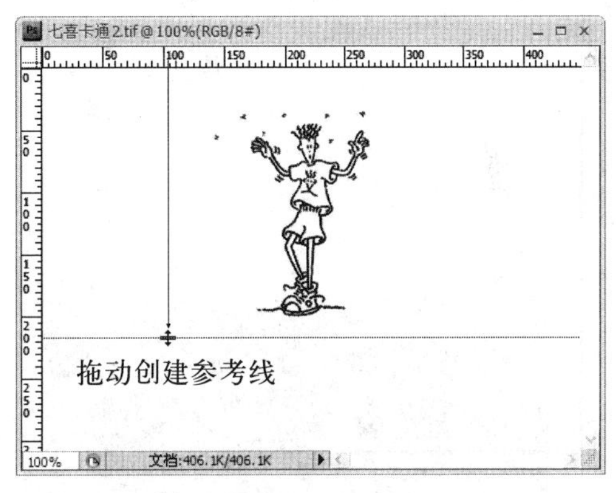

图2-5-4

选择“视图/新建参考线”命令可以在水平和垂直方向精确设置参考线。

(2) 移动参考线

选择“移动工具”，将鼠标指针移向参考线，当鼠标指针变为移动标识时，拖动参考线到目标位置即可。在移动时若按住Alt键，可将水平参考线变为垂直参考线或将垂直参考线变为水平参考线。

(3) 删除参考线

若要删除参考线，首先需要选择工具箱中的“移动工具”，然后将鼠标指针移向参考线，当鼠标指针变为移动标识时，拖动参考线到窗口外即可删除该条参考线。

另外，选择菜单栏中的“视图/清除参考线”命令，可将所有的参考线全部删除。

2.5.2 缩放图像和屏幕模式

缩放图像和屏幕模式都是用来管理图像在窗口中的显示，帮助用户查看和设计图像的。可它们各自的用途却不同，缩放图像只是控制图像在图像窗口中的放大或缩小，屏幕模式则是控制图像在整个界面中进行各种预览。

1. 缩放图像

缩放图像的作用是放大和缩小图像，以便于对图像进行整体预览或局部编辑。缩放图像通常使用“缩放工具”和快捷键进行，下面对它们的使用分别进行讲解。

图 2-5-5

(1) 按“Ctrl+O”组合键打开素材中的“草莓”文件，如图 2-5-5 所示。

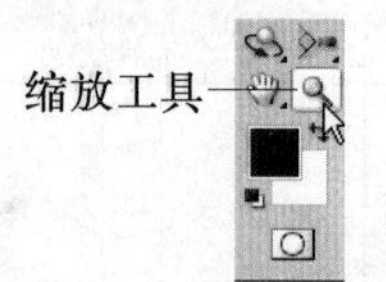

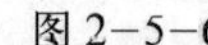

图 2-5-6

(2) 单击选择工具箱中的“缩放工具”，如图 2-5-6 所示。

图 2-5-7　单击放大图像

(3) 移动鼠标指针到图像并单击，图像将以单击处为中心放大至下一个预设百分比，如图 2-5-7 所示。

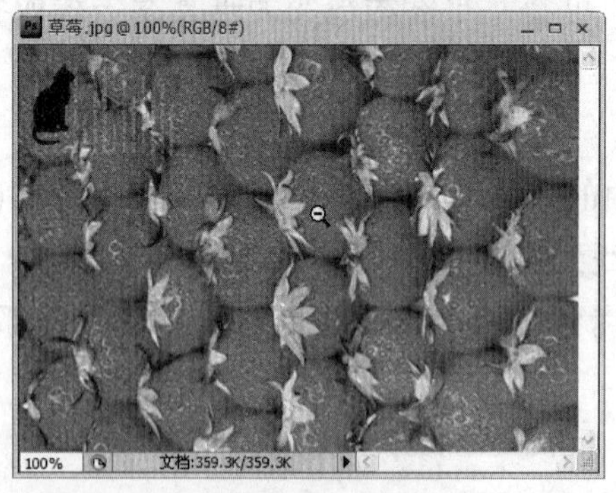

图 2-5-8　缩小图像

(4) 按住 Alt 键，此时“缩放工具”将变成缩小状态。移动鼠标指针到图像上单击，将会以单击点为中心缩小图像，如图 2-5-8 所示。

提示

双击工具箱中的“缩放工具”，可将图像以 100% 的比例显示。

(5) 使用“缩放工具”框选所要查看的图像区域，如图2-5-9所示。

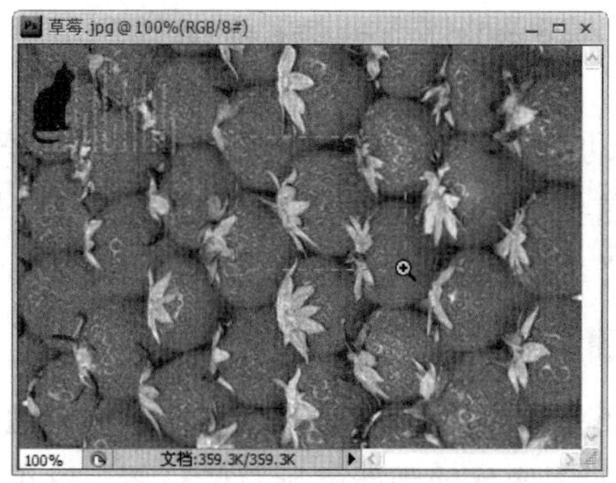

图2-5-9 框选放大图像前

(6) 将只对框选区域的图像进行放大，如图2-5-10所示。

图2-5-10 框选放大图像后

提示

在英文法输入状态下，按“Ctrl+‘+’”和“Ctrl+‘–’”组合键可在不改变窗口大小的情况下放大或缩小图像；按“Ctrl+Alt+‘+’”和“Ctrl+Alt+‘–’”组合键则可在改变窗口大小的同时放大或缩小图像。

2.屏幕模式

为更好地观看图像效果，Photoshop CS4为用户提供了3种屏幕显示模式，分别为“标准屏幕模式”、“带有菜单栏的全屏模式”和“全屏模式”，如图2-5-11所示。单击其中的某个按钮即可切换到该屏幕模式观看图像。

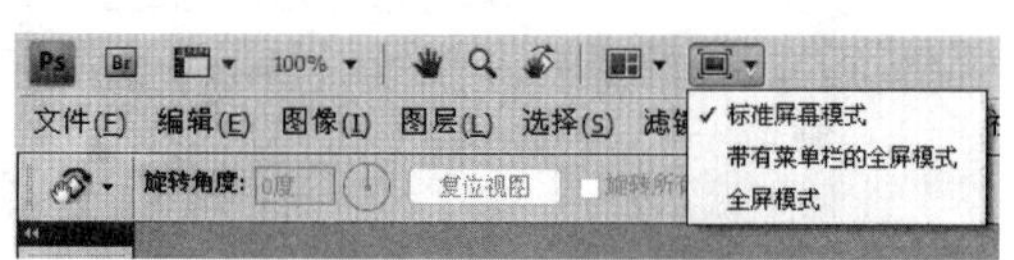

图2-5-11

标准屏幕模式：在该模式下，界面中将显示Photoshop的所有组件。

带有菜单栏的全屏模式：在该模式下，将在全屏模式下显示所有组件，并且图像最以大化充满整个屏幕。

全屏模式：在该模式下，将在全屏情况下显示图像，并且图像之外的区域以黑色显示。这种模式是观察图像的最好方式。

提示

在英文输入法状态下，连续按键盘上的F键可在这3种显示模式间循环切换。

2.5.3 移动图像和旋转视图

移动图像和旋转视图都是辅助用户观察预览图像的功能，它们本身不能制作出任何效果。值得注意的是，这里的移动图像功能只是起到预览图像的作用，与工具箱中的“移动工具”移动图像的作用截然不同。

1. 移动图像

图像放大后，有时图像在窗口中是无法全部显示的，这时就需要使用“抓手工具”将看不到的图像移动到能够预览的位置，这就是本节所讲的移动图像。“抓手工具”不但可以移动图像，而且还兼有一定的缩放图像的功能，它常与“缩放工具”配合使用，其操作方法如下：

图 2-5-12

（1）按“Ctrl+O”组合键打开素材中的“3G生活”文件，如图 2-5-12 所示。

图 2-5-13

（2）单击选择工具箱中的“抓手工具”，如图 2-5-13 所示。

图 2-5-14

（3）移动鼠标指针到图像上并按住 Ctrl键，等鼠标指针变为形状后，连续单击鼠标放大图像，如图 2-5-14 所示。

图 2-5-15

（4）释放 Ctrl 键后，按住鼠标左键拖动，即可移动窗口内的图像，如图 2-5-15 所示。

2. 旋转视图

使用“旋转视图工具”可以在不破坏图像的情况下旋转视图，并且不会使图像变形。新的“旋转视图工具”使用户在 Photoshop 中绘画更加省事，旋转视图的方法如下：

(1) 按“Ctrl+O”组合键打开素材中的“聆听”文件，如图 2–5–16 所示。

图 2–5–16

(2) 单击选择工具箱中的“旋转视图工具”，如图 2–5–17 所示。

图 2–5–17

提示

使用旋转视图功能需要显卡支持 OpenGL，并且在软件中启用此功能。

(3) 移动鼠标指针到图像中单击并拖动即可对视图进行旋转，如图 2–5–18 所示。此时无论当前画布是什么角度，图像中的罗盘都将指向北方。

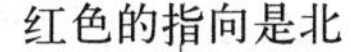

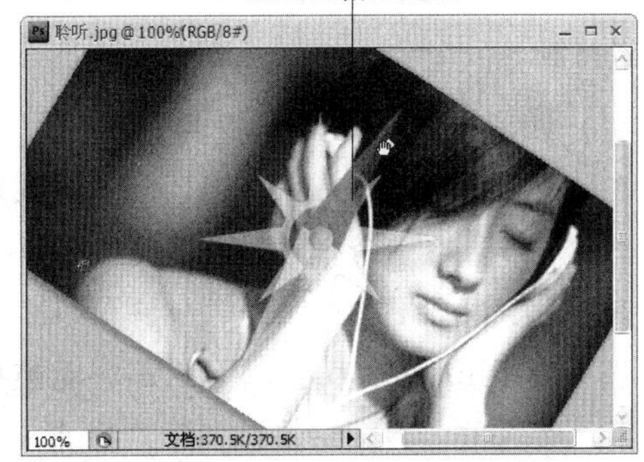

图 2–5–18

(4) 选择工具箱中的“横排文字工具”，在图像中单击并输入文字，可以发现文字的角度和视图的角度是保持一致的，如图 2–5–19 所示。

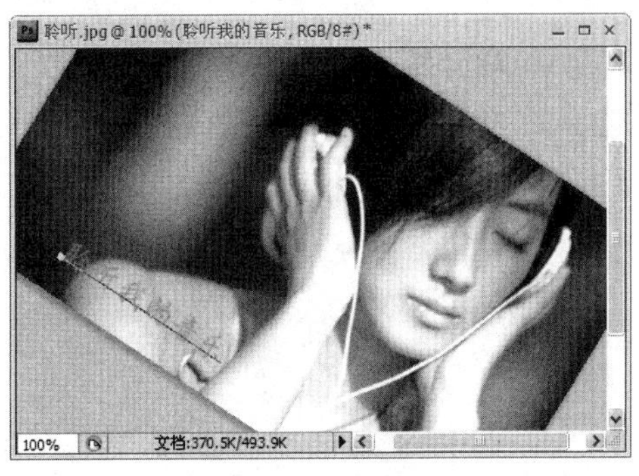

图 2–5–19

旋转角度: 32度 复位视图 旋转所有窗口

图 2-5-20

(5) 若要将画布恢复到原始角度，单击"旋转视图工具"选项栏中的"复位视图"按钮即可，如图 2-5-20 所示。

2.6 小 结

本章对Photoshop CS4的启动和退出、工作界面、文件基本操作和图像基本编辑等操作知识作了介绍，这些不仅是Photoshop软件最常用的知识，也是最实用的内容。通过本章的学习，用户应能对Photoshop CS4的基本操作有一个比较全面的掌握，为以后的学习打下良好的基础。

2.7 练 习

一、填空题

(1) 显示、隐藏控制面板的快捷键是__________。

(2) Photoshop CS4的界面大致由应用程序栏、__________、选项栏、__________、面板组和__________窗口等6个部分组成。

(3) 在Photoshop CS4中有3种屏幕模式，分别是标准屏幕模式、__________和__________，切换这3种模式的快捷键是__________。

二、选择题

(1) 调出"新建"对话框的快捷键是（ ）。

A. Shift+N B. Ctrl+N C. Alt+N D. Ctrl+Alt+N

(2)"存储为"命令的快捷键是（ ）。

A. Shift+Ctrl+S B. Ctrl+I C. Ctrl+H D. Ctrl+S

(3) 在Photoshop中，下列哪些能被打印机打印出来（ ）。

A. 参考线 B. 网格线 C. 像素 D. 标尺

三、问答题

(1) 本章介绍了哪些常用辅助功能?

(2) 本章介绍了哪两种启动Photoshop的方式?

(3) 调整画布大小和图像大小之间有什么区别?

第3章　选　区

本章内容提要：

- 创建选区
- 编辑选区
- 存储和载入选区

3.1　创建选区

创建选区就是指定工作范围，创建选区后将只能在选区范围内操作，选区外的区域不会受到操作的影响。所以在Photoshop中有这么一句话，“能选择的就能操作”，可见创建选区的重要性。

3.1.1　选框工具

选框工具共包括4种工具，分别是“矩形选框工具”、“椭圆选框工具”、“单行选框工具”和“单列选框工具”。在默认状态下，工具箱上显示的是“矩形选框工具”。在该按钮上单击鼠标右键，将显示其他隐藏的选框工具。

1.矩形选框工具

矩形选框工具可以创建出矩形选区，其使用方法如下：

（1）按“Ctrl+N”组合键新建一个空白文件，或打开素材中的“紫色背景”文件，如图3−1−1所示。

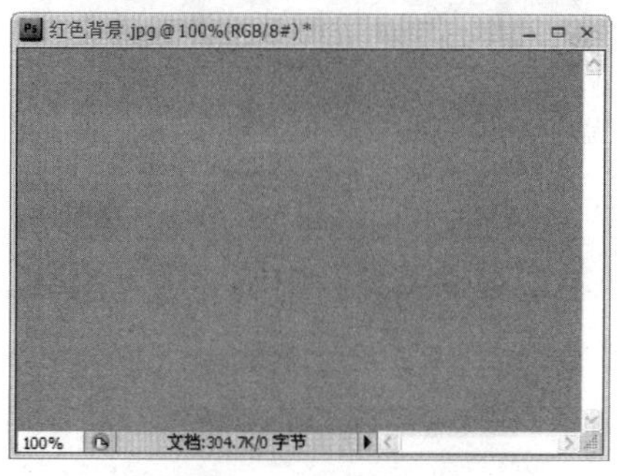

图3−1−1

（2）用鼠标右键单击工具箱中的“矩形选框工具”按钮，从弹出的工具组中选择“矩形选框工具”，如图3−1−2所示。

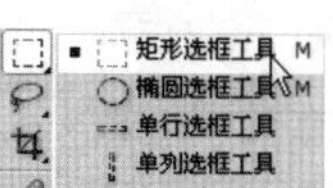

图3−1−2

(3) 在“矩形选框工具”选项栏中单击“新选区”按钮，设置“羽化”值为0px，“样式”为正常，如图 3-1-3 所示。

图 3-1-3

新选区：用于创建独立的新选区。如果再次创建一个选区，新选区将代替旧选区。

添加到选区：选择该按钮时，会以添加方式建立新选区。

从选区减去：选择该按钮时，原有选区会减去与新建选区相交的部分。

与选区交叉：选择该按钮时，原有选区仅保留与新建选区相交的部分。

羽化：通过建立选区和选区周围像素之间的转换边界来模糊边缘。该模糊边缘将丢失选区边缘的一些细节。

消除锯齿：勾选该项，可以通过淡化边缘像素与背景像素之间的颜色，使选区的锯齿状边缘平滑。

样式：在此下拉选项中可选择“正常”、“固定比例”和“固定大小”3 个样式来创建选区。

调整边缘：单击此按钮可打开“调整边缘”对话框对选区边缘进行更细致的调整。

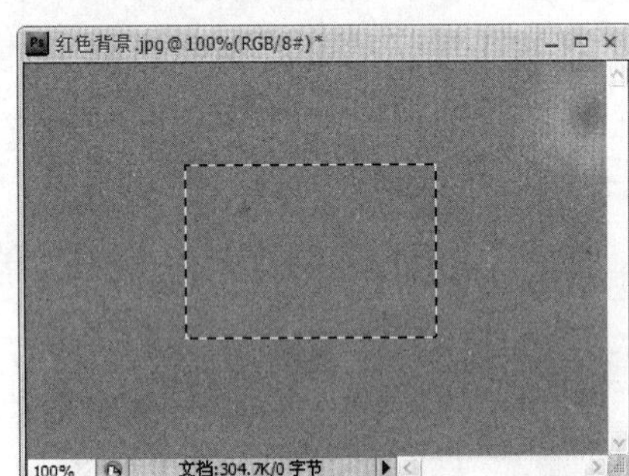

图 3-1-4

(4) 移动鼠标指针到文档窗口内，等鼠标指针变为十字形状时，按住鼠标左键并拖动，创建图 3-1-4 所示的矩形选区。

(5) 单击选择工具箱中的“画笔工具”，并在其选项栏中选择图 3-1-5 所示的笔刷。

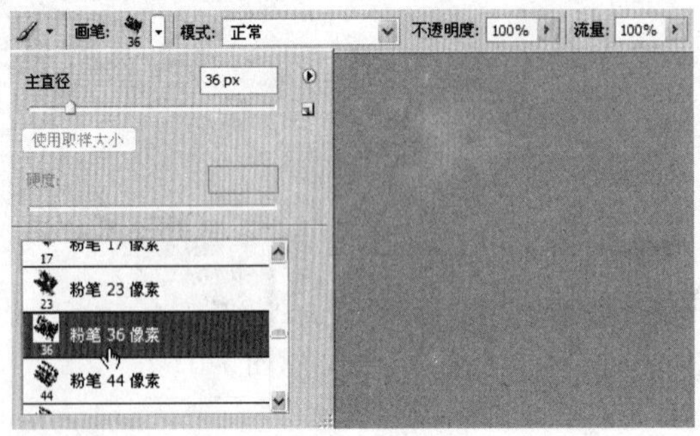

图 3-1-5

(6) 设置工具箱中的“前景色”为黄色(R：251，G：248，B：23)，移动鼠标指针到图像窗口内按住左键拖动。此时可以很清楚地发现，只有在选区内的区域被涂上了颜色，选区外的区域没有受到影响，如图 3-1-6 所示。

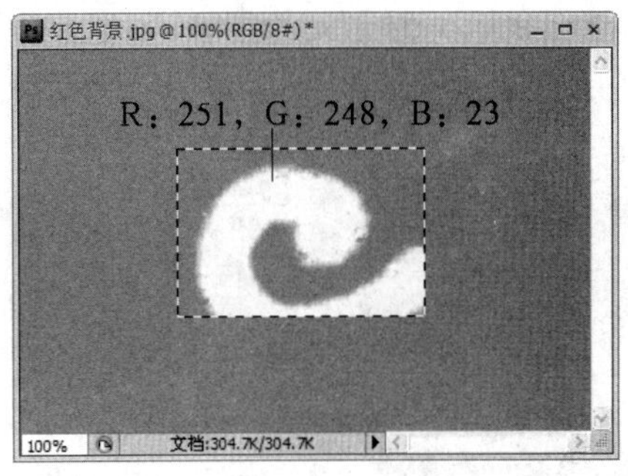

图 3-1-6

2. 椭圆选框工具

“椭圆选框工具”可以创建出椭圆形选区或圆形的选区。右键单击工具箱中的“矩形选框工具”按钮，打开选框工具组，单击其中的“椭圆选框工具”即可选择该工具，如图 3-1-7 所示。

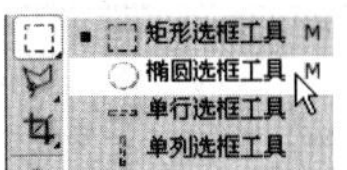

图 3-1-7

(1) 按“Ctrl+O”组合键打开素材中的“粥广告”文件，移动鼠标指针到图像中，按住 Shift 键向外拖动鼠标，创建出一个正圆形选区，如图 3-1-8 所示。

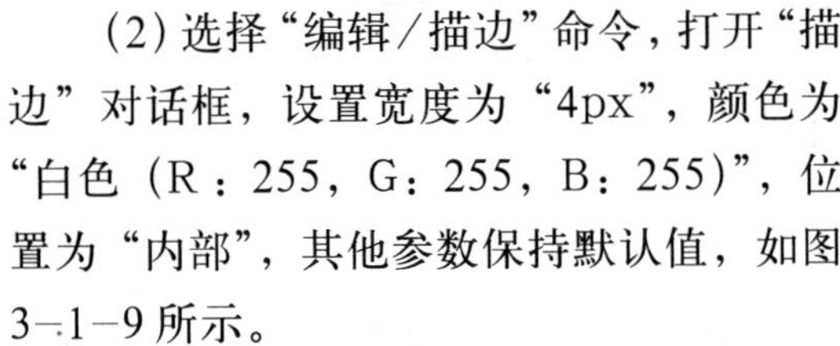

图 3-1-8

(2) 选择“编辑/描边”命令，打开“描边”对话框，设置宽度为“4px”，颜色为“白色 (R：255，G：255，B：255)”，位置为“内部”，其他参数保持默认值，如图 3-1-9 所示。

描边
描边
宽度(W): 4 px
颜色:
确定
取消
位置
⊙内部(I) ○居中(C) ○居外(U)
混合
模式(M): 正常
不透明度(O): 100 %
□保留透明区域(P)

图 3-1-9

(3) 单击“确定”按钮，在选区内进行描边。执行“选择/反向”命令，将选区进行反向选择，如图 3-1-10 所示。

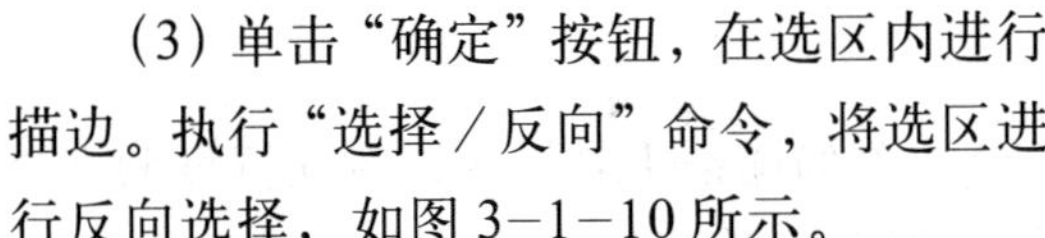

图 3-1-10

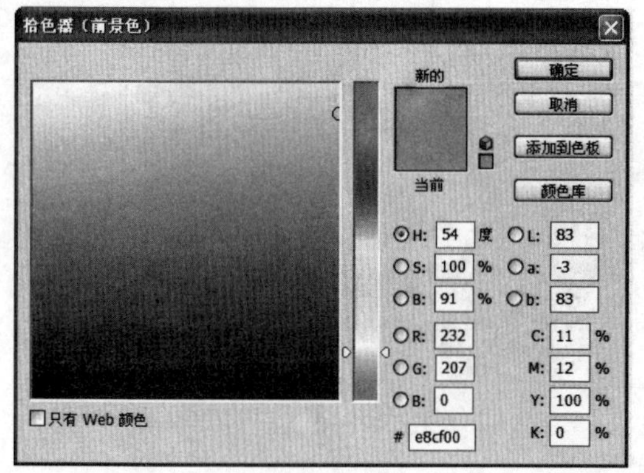

图 3-1-11

（4）单击工具箱中的“前景色”按钮，打开“拾色器”对话框，设置一种蓝黄色（R：232，G：207，B：0），如图 3-1-11 所示。

（5）单击“确定”按钮，关闭“拾色器”对话框。按“Alt+Delete”组合键将前景色填充到选区内，再按“Ctrl+D”组合键快速取消选区，图像效果如图 3-1-12（a）所示。图 3-1-12（b）是用同样的方法制作的图案效果。

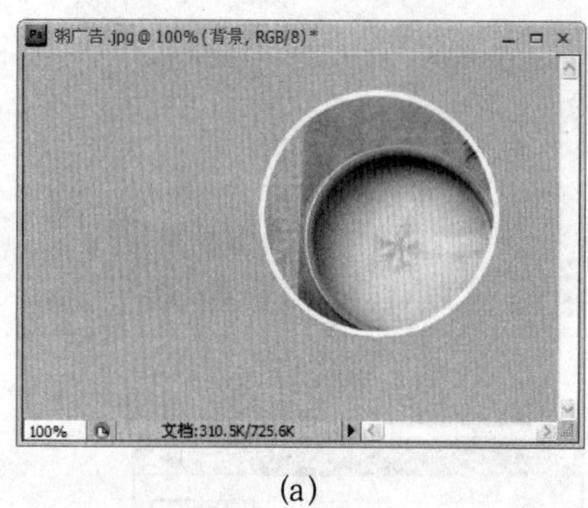

(a)

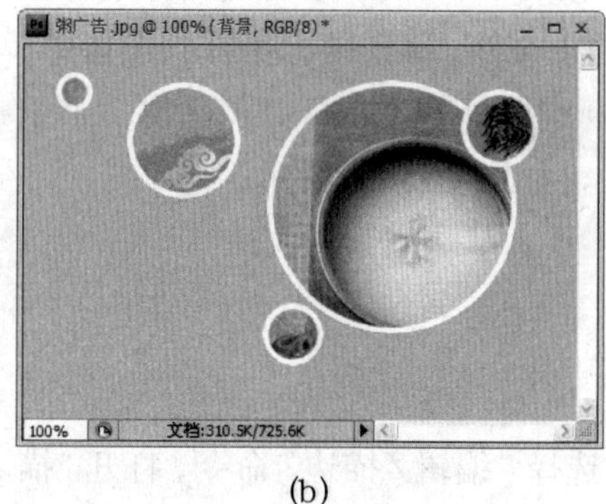

(b)

图 3-1-12

提示

按住Shift键拖动鼠标可建立圆形选区；按住Alt键，会以拖动起始点为中心建立选区；按住“Shift+Alt”组合键，会以拖动起始点为中心建立圆形；在英文输入法状态下，按M键可快速切换到标准选区工具上。按“Shift+M”组合键可在矩形选框工具与椭圆选框工具之间进行切换。

3. 单列选框工具

图 3-1-13

“单列选框工具”可以创建宽度为 1 个像素的单列选框区域。右键单击工具箱中的“矩形选框工具”，打开选框工具组，单击其中的“单列选框工具”即可选择该工具，如图 3-1-13 所示。

(1) 按“Ctrl+O”组合键打开素材中的“花样年华”文件，如图 3-1-14 所示。

图 3-1-14

(2) 选择“图像/调整/色相/饱和度”命令，打开“色相/饱和度”对话框。首先勾选对话框右下角的“着色”复选框，然后将对话框中的参数调整为图 3-1-15 所示。

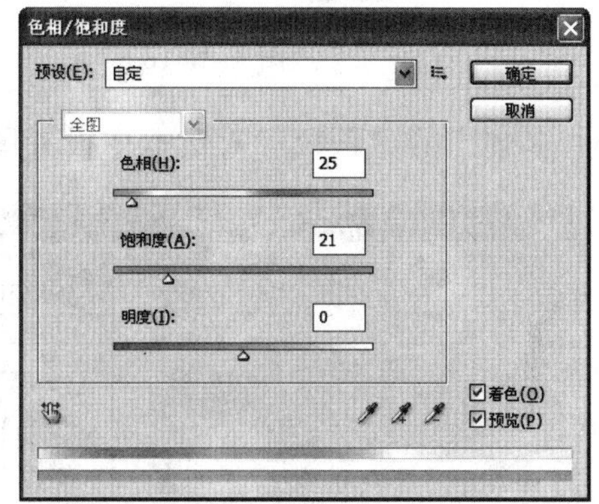

图 3-1-15

(3) 单击“确定”按钮，将图像调整为单色的老照片颜色，效果如图 3-1-16 所示。

图 3-1-16

(4) 选择“单列选框工具”，并单击选项栏中的“添加到选区”按钮。移动鼠标指针到图像中不断地单击鼠标左键，创建出一系列选区，如图 3-1-17 所示。

提示

单击鼠标的过程中按住鼠标左键不放并进行拖动，可定位单列选区的位置。

图 3-1-17

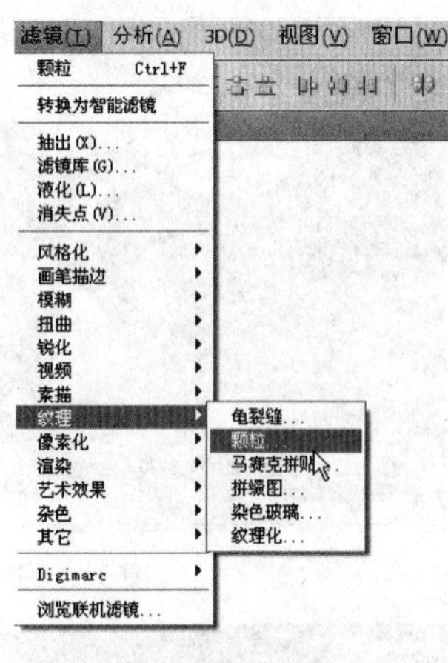

图 3-1-18

(5) 按“Ctrl+H”组合键隐藏选区(但该选区仍然处于激活状态)。选择“滤镜/纹理/颗粒”命令，如图 3-1-18 所示。

(6) 在弹出的“颗粒”对话框中设置图 3-1-19 所示的参数。

图 3-1-19

图 3-1-20

(7) 单击“确定”按钮，并按“Ctrl+D”组合键取消选区，图像效果如图 3-1-20 所示。

提示

“单行选框工具”的作用及使用方法和“单列选框工具”的作用及使用方法相似，只不过是一个是横向的，一个是纵向的。

3.1.2　套索工具

套索工具的主要作用是创建不规则的选区，共包括3种工具，分别是“套索工具”、“多边形套索工具”和“磁性套索工具”。在默认状态下，工具箱上显示的是“套索工具”。在该按钮上单击鼠标右键，将显示其他隐藏的套索工具。

1. 套索工具

使用“套索工具”可以在图像中创建任意形状的选区，其使用方法如下：

（1）按“Ctrl+O”组合键打开素材中的“山丘”文件，如图3-1-21所示。

图3-1-21

（2）选择工具箱中的“套索工具”，如图3-1-22所示。

图3-1-22

（3）移动鼠标指针到任意一个起点处，按住鼠标左键沿“山丘”的边缘拖动，如图3-1-23所示。

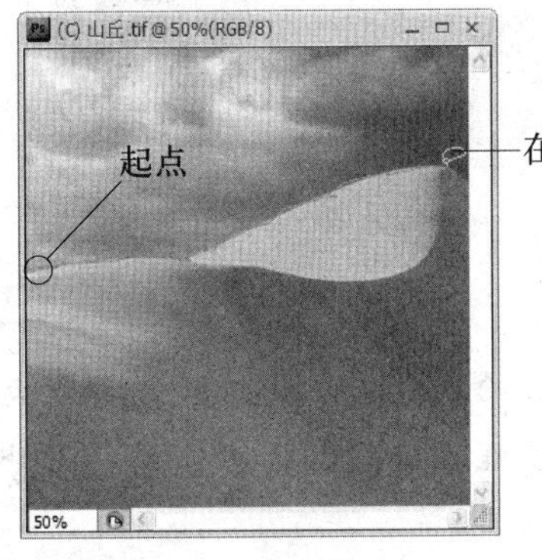

图3-1-23

（4）拖动到图3-1-23所示的位置时按住Alt键，然后在图3-1-24所示的位置单击鼠标左键，即可将“山丘”选中。

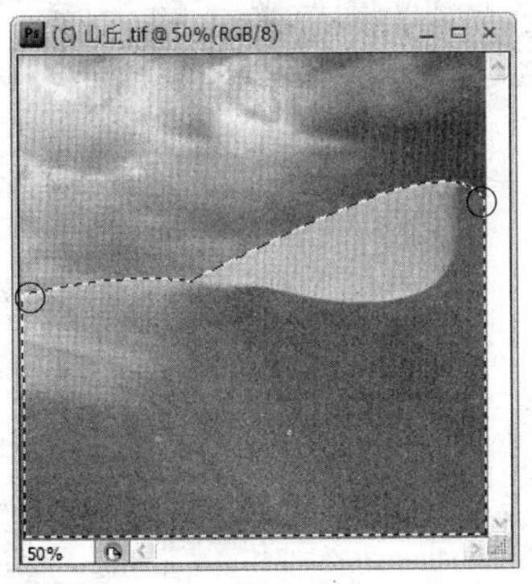

图3-1-24

2. 多边形套索工具

使用“多边形套索工具”可以创建多边形选区，如三角形、梯形和五角星选区等，其操作方法与“套索工具”的操作方法有所不同，具体使用方法如下：

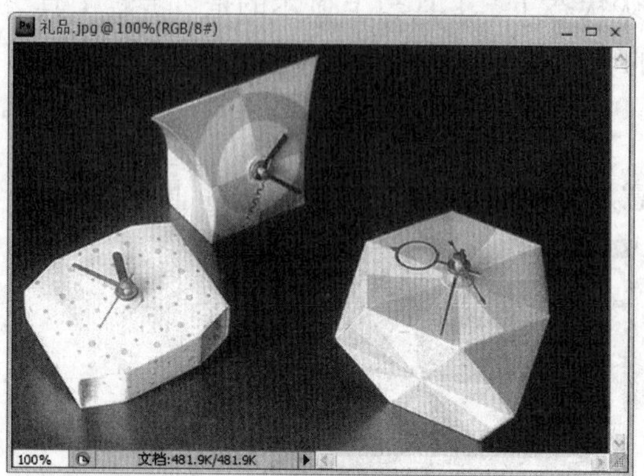

图 3-1-25

（1）按“Ctrl+O”组合键打开素材中的“礼品”文件，如图 3-1-25 所示。

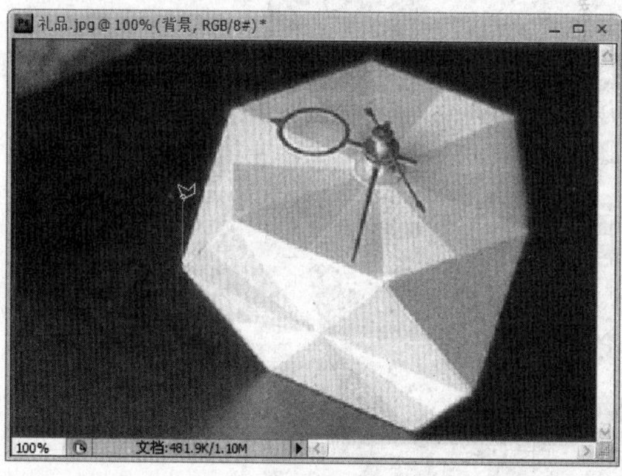

图 3-1-26

（2）选择“多边形套索工具”，并移动鼠标指针到物体轮廓上某个起点处单击，如图 3-1-26 所示。

提示

在创建选区的过程中，用缩放工具放大图像可准确地创建选区，这是一种比较好的方法，在操作过程中应该习惯去使用；另外在放大图像后，按住空格键拖动鼠标可观察图像的其他局部。

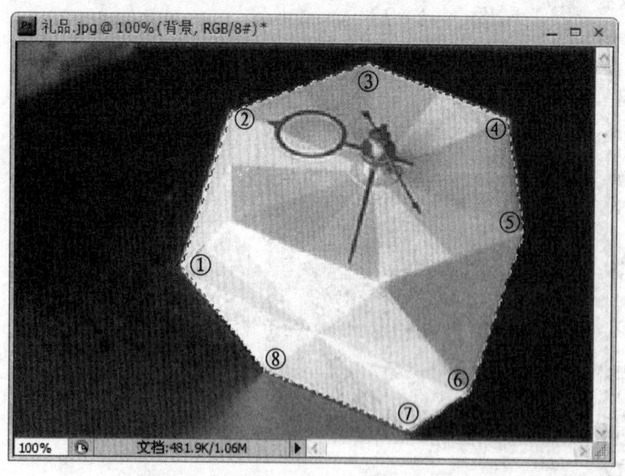

图 3-1-27

（3）拖动鼠标按图 3-1-27 所示的顺序单击左键，最后再回到①处，等鼠标指针旁出现小圆圈后单击鼠标左键，即可创建该物体的选区。

3. 磁性套索工具

"磁性套索工具"主要用于选取图像颜色与背景颜色反差较大的图像选区。当需要选择的图像边缘与背景颜色有明显反差时，可使用磁性套索工具，并且图像和背景反差越明显，选择的区域就越精确。

(1) 按"Ctrl+O"组合键打开素材中的"钢笔"文件，如图3-1-28所示。

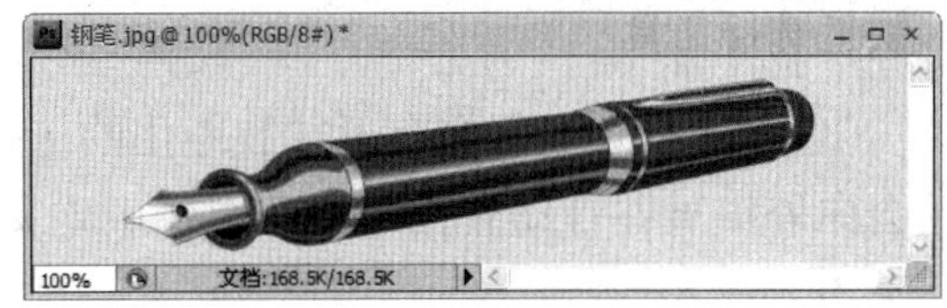

图3-1-28

(2) 选择工具箱中的"磁性套索工具"，如图3-1-29所示。

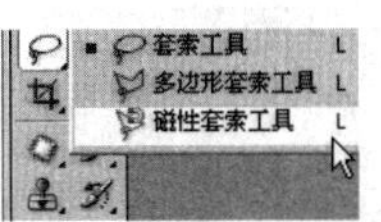

图3-1-29

(3) 移动鼠标指针到钢笔笔尖处，当鼠标指针变为 形状时单击一下鼠标左键，然后沿着图像的轮廓移动鼠标指针，如图3-1-30所示。Photoshop会自动将相近颜色用定位点套住（定位点的疏密可以通过选项栏中的"频率"参数来控制，数值越大，定位点就越多，套索范围就越精确）。

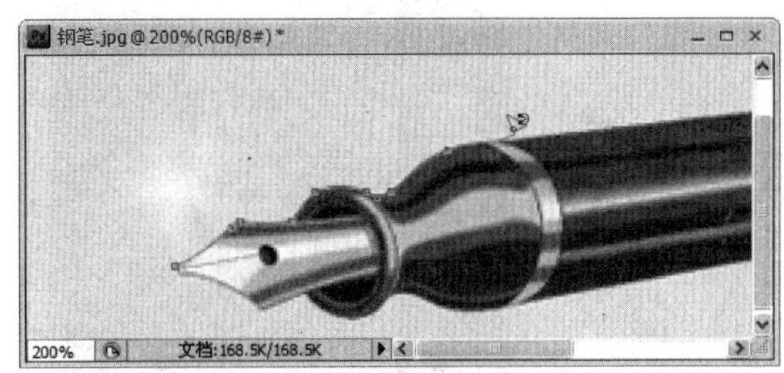

图3-1-30

(4) 最后需要将鼠标移到初始点位置，待鼠标指针旁边出现小圆圈后单击鼠标左键，如图3-1-31所示。

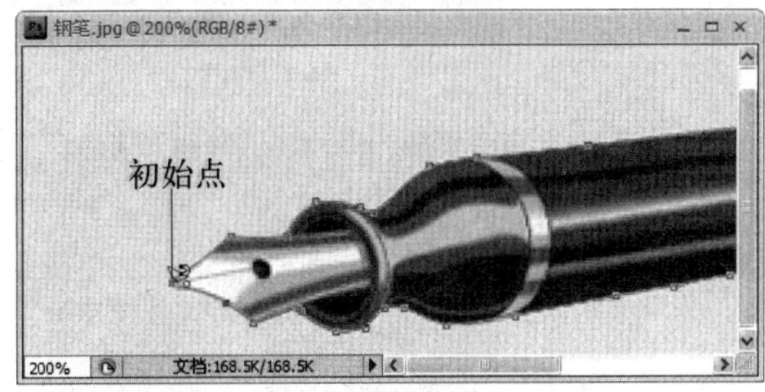

图3-1-31

(5) 套索的选区效果如图3-1-32所示。

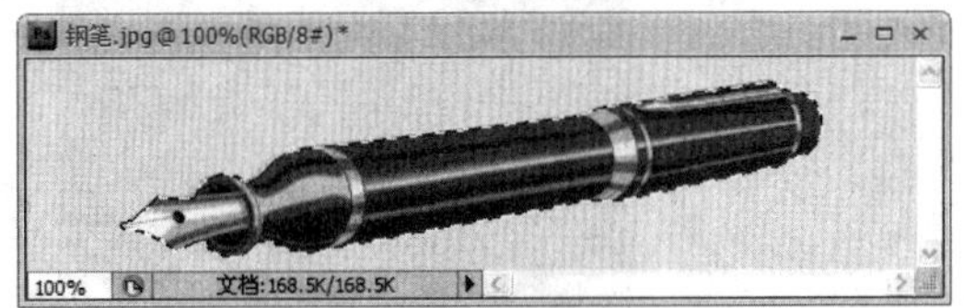

图3-1-32

提示

使用"磁性套索工具"建立选区时，单击鼠标也可建立矩形标记点以准确定位选区；按Back Space键或Delete键，则可按顺序删除矩形标记的定位点。

3.1.3 快速选择工具和魔棒工具

快速选择工具和魔棒工具都是用来创建大范围选区的智能选区工具，但它们的使用范围和使用方法却各不一样，下面分别进行介绍。

1. 快速选择工具

“快速选择工具”拥有更加智能化的选择功能，用户在使用快速选择工具拖动时，选区会向外扩展并自动查找和跟随图像中定义的边缘，快速地“绘制”出选区，其使用方法如下：

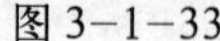

图 3-1-33

（1）按“Ctrl+O”组合键打开素材中的“林志玲”文件，如图 3-1-33 所示。

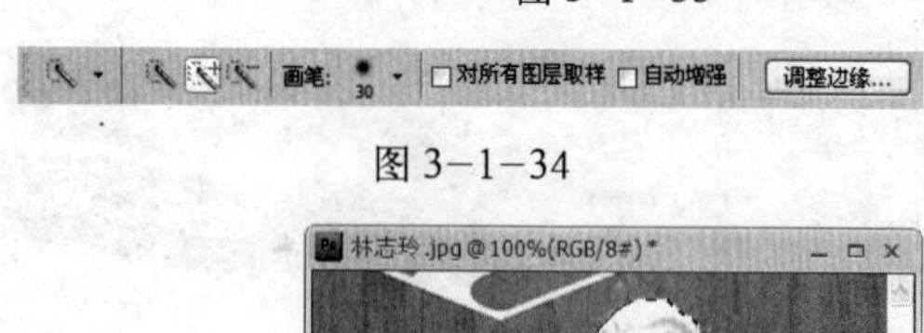

图 3-1-34

（2）选择“快速选择工具”，在其选项栏中单击“添加到选区”按钮，并将画笔设置为“30px”，如图 3-1-34 所示。

（3）移动鼠标指针到人物的身上按住鼠标左键并拖动，选区便自动跟踪边缘，如图 3-1-35 所示。

图 3-1-35

（4）按住鼠标左键继续在人物的身上拖动（有时也可以用单击的方法），将人物全部选中，如图 3-1-36 所示。

图 3-1-36

（5）按“Ctrl+O”组合键打开素材中的“炫光背景”文件，如图 3-1-37 所示。

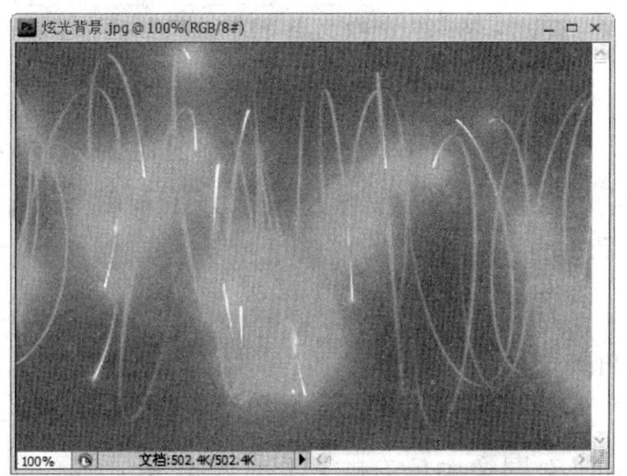

图 3-1-37

（6）使用“移动工具”将选中的人物拖动到“炫光背景”文件中，即可将两幅图像合成到一起，如图 3-1-38 所示。

图 3-1-38

提示

如果用户有兴趣，可继续对这幅图像进行加工、设计。

2. 魔棒工具

“魔棒工具”主要用于选取图像中颜色相近或大面积单色区域的图像。在实际工作中，使用魔棒工具既可以节省大量时间，又能达到所需的效果。

图 3–1–39

（1）按“Ctrl+O”组合键打开素材中的“酷夏”文件，如图 3–1–39 所示。

图 3–1–40

（2）选择“魔棒工具”，并在其选项栏中设置图 3–1–40 所示的各项参数：

容差：用于设置选取的颜色范围，输入的数值越大，选取的颜色范围也越大；数值越小，选取的颜色就越接近，范围就越小。

消除锯齿：勾选该复选框，可以消除选区边缘的锯齿。

连续的：勾选该复选框，可以只选取相邻的区域；未勾选时，可将不相邻的区域也纳入选区。

用所有图层取样：该项主要用于具有多个图层的图像文件，勾选该复选框，“魔棒工具”对图像中所有的图层均起作用。不勾选该复选框，“魔棒工具”只对当前图层中的图像起作用。

图 3–1–41

（3）移动鼠标指针到人物左侧的蓝色区域单击鼠标，即可将连续的一片蓝色区域选中，如图 3–1–41 所示。

图 3–1–42

（4）按“Ctrl+D”组合键取消选区，再取消勾选“连续”复选框，如图 3–1–42 所示。

（5）移动鼠标指针到同样的位置单击，即可将颜色相近的所有蓝色区域选中，如图 3−1−43 所示。

图 3−1−43

（6）在“魔棒工具”选项栏中单击“添加到选区”按钮，其他设置保持不变，如图 3−1−44 所示。

图 3−1−44

（7）移动鼠标指针到上面的浅蓝色位置单击，即可扩大选取范围，如图 3−1−45 所示。

图 3−1−45

3.1.4　使用“色彩范围”命令建立选区

使用“色彩范围”命令建立选区的原理与魔棒工具建立选区的原理类似，都是选取具有相近颜色的像素。但“色彩范围”命令更加方便灵活，它是以特定的颜色范围来建立选区，并且还可以即时控制颜色的相近程度。其使用方法如下：

（1）按“Ctrl+O”打开素材中的“青花瓷”文件，如图 3−1−46 所示。

图 3−1−46

图 3–1–47

(2) 执行“选择/色彩范围”命令，打开“色彩范围”对话框，如图3–1–47所示。

(3) 选择“取样颜色工具”在图像的花纹颜色上单击，选择建立选区的基色。

(4) 选择“选择范围”单选按钮（选择该项后，白色部分表示当前选区的范围，黑色部分表示没被选择）。

(5) 拖动“颜色容差”滑块，设置和取样颜色相近的取色范围。

(6) 单击“确定”按钮，完成创建特定范围内的选区。

“色彩范围”对话框中各选项的含义如下：

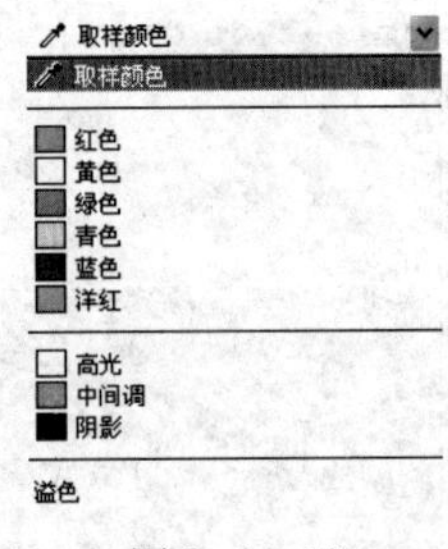

图 3–1–48

选择：可在其下拉列表框中，选择建立颜色范围的方式。单击右侧的下拉按钮，弹出下拉列表框，如图 3–1–48 所示。

取样颜色：选择此方式，用户可以用吸管吸取建立范围的颜色。当鼠标指针移到图像窗口或预览框中时，指针会变成吸管形状，单击即可选取当前颜色。

红、黄、绿、青、蓝色和洋红：此处各项用以单独指定某一颜色的范围，此时“颜色容差”滑杆不起作用。

高光、中间调和阴影：此处各项用以选取图像中不同亮度的区域。

溢色：溢色是无法使用印刷色打印出来的，并且仅适用于RGB和Lab图像。

本地化颜色簇：勾选此复选框，用户将以选择像素为中心向外扩散，而不是像之前那样只对指定的颜色进行选择。

颜色容差：拖动下面的滑块可以调整颜色选取范围，数值越大，包含的相似颜色越多，选取的范围越大。

选择范围和图像：选择“选择范围”单选按钮，在预览框中只显示出被选取的范围；选择“图像”单选按钮，在预览框中将显示整个图像。

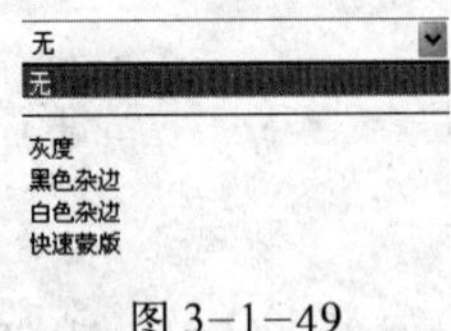

图 3–1–49

选区预览：此项决定选取范围在图像窗口的显示方式。单击右侧的下拉按钮，弹出图 3–1–49 所示的选区预览的下拉列表框。

无：不在图像窗口中显示任何预览。

灰度：在图像窗口中以灰度显示图像外观。

黑色杂边：在文档窗口中，在黑色背景上用彩色显示选区。

白色杂边：在文档窗口中，在白色背景上用彩色显示选区。

快速蒙版：使用当前的快速蒙版设置显示选区。

载入和存储：分别用于安装和保存色彩范围对话框中的设置。

：第一个为“吸管工具”，用于取样颜色；第二个为“添加到取样”吸管，用于增加选取范围；第三个为“从取样中减少”吸管，用于减少选取范围。

“反相”：勾选此复选框可以颠倒黑白关系。

提示

在“色彩范围”对话框中，按Ctrl键，可切换显示图像与选择图像的预览方式；按住Shift键可启动加色吸管工具；按住Alt键可启动减色吸管工具；按住Alt键，“取消”按钮变为“复位”按钮，单击该按钮可还原到原来的选区。

3.2　编 辑 选 区

使用前面介绍的工具或命令创建的选区有时还不能满足制作需要，这时就要求用户对选区进行相应地编辑，如移动、变换、羽化等。

3.2.1　移动选区

移动选区可以将已创建的选区移动，并且不影响图像内的任何内容。移动选区通常有两种方法，一种是使用鼠标移动，另一种是使用键盘移动，下面分别予以介绍。

1.鼠标移动

使用鼠标移动选区时需要注意：只有在选择选框工具、套索工具和魔棒工具时才可移动选区，其使用方法举例说明如下：

(1) 按“Ctrl+O”组合键打开素材中的“咖啡豆”文件，并用“魔棒工具”将咖啡豆选中，如图3-2-1所示。

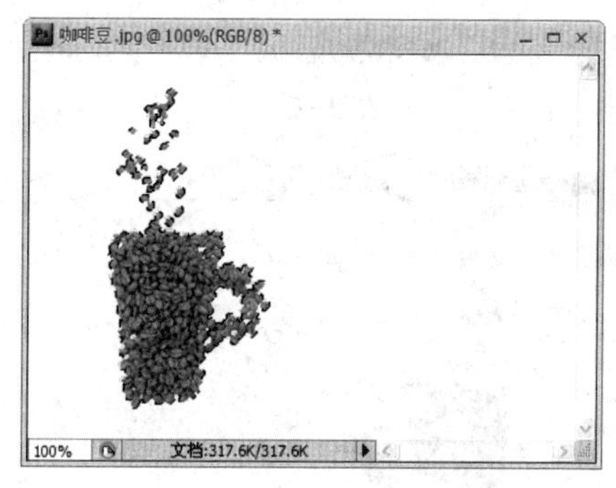

图 3-2-1

(2) 在“魔棒工具”选项栏中确定建立选区的方式为“新选区”，如图3-2-2所示。

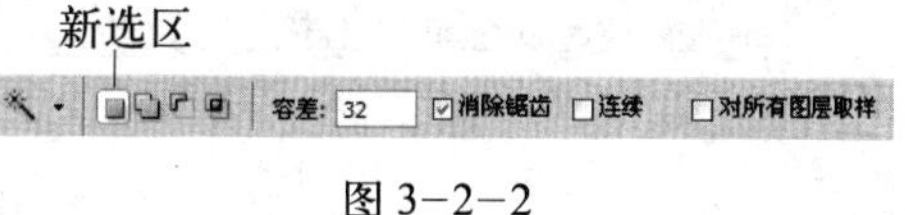

图 3-2-2

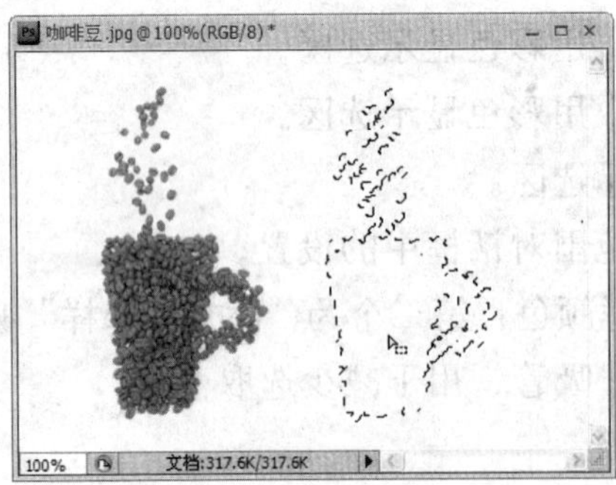

图 3-2-3

(3) 移动鼠标指针到选区内，当鼠标指针变为▸形状时，按住鼠标左键并拖动鼠标即可移动选区，如图 3-2-3 所示。

2. 键盘移动

使用键盘移动选区比使用鼠标移动选区要精确，因为每按一下方向键，选区会向相应的方向移动 1 个像素的距离。创建完选区后，默认状态下每按 1 次方向键即可将选区移动 1 个像素的距离，若按住 Shift 键的同时按方向键，则每次以 10 个像素的距离移动选区。

3.2.2 变换选区

使用变换选区命令可以对选区进行自由变换、缩放、旋转等变换操作，其使用方法举例说明如下：

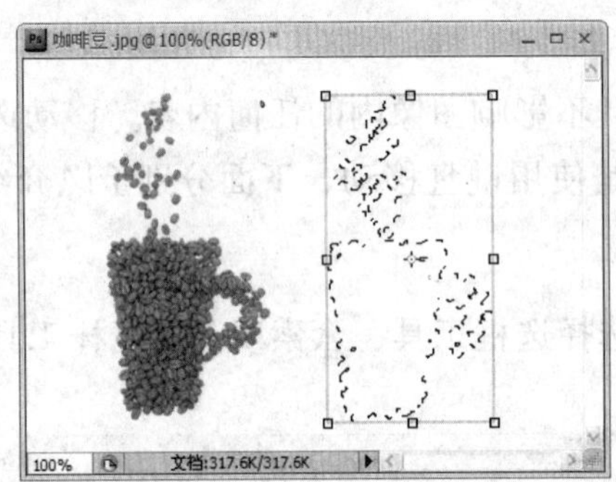

图 3-2-4

(1) 接着上面的例子继续操作。执行“选择 / 变换选区”命令，选区的四周将出现图 3-2-4 所示的控制框。

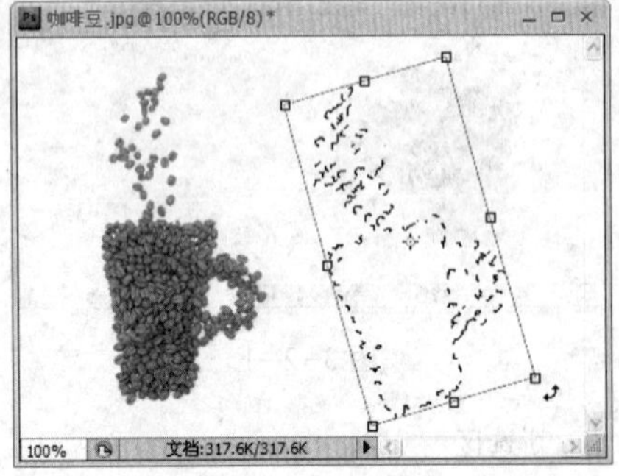

图 3-2-5

(2) 移动鼠标指针至控制框的外侧，当鼠标指针显示为弧形的双向箭头↶时，按住左键以顺时针或逆时针方向拖动鼠标，选区将以调节中心为轴进行旋转，如图 3-2-5 所示。

(3) 单击鼠标右键，在弹出的快捷菜单中选择“变形”命令，还可以对选区进行变形，如图 3-2-6 所示。

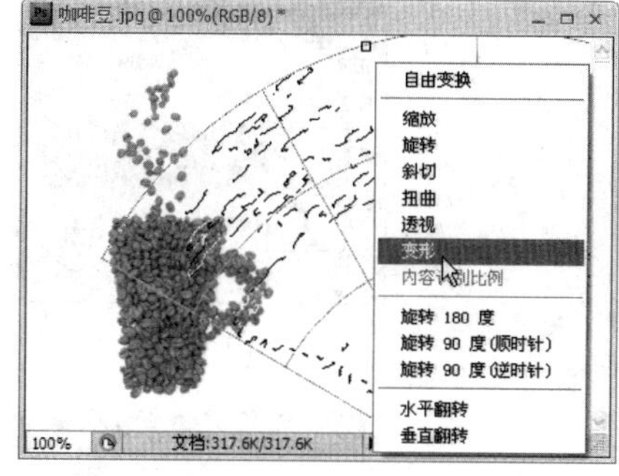

图 3-2-6

(4) 确认所要的选区形状后，在选区内双击鼠标左键或按 Enter 键都可应用变换，如图 3-2-7 所示。

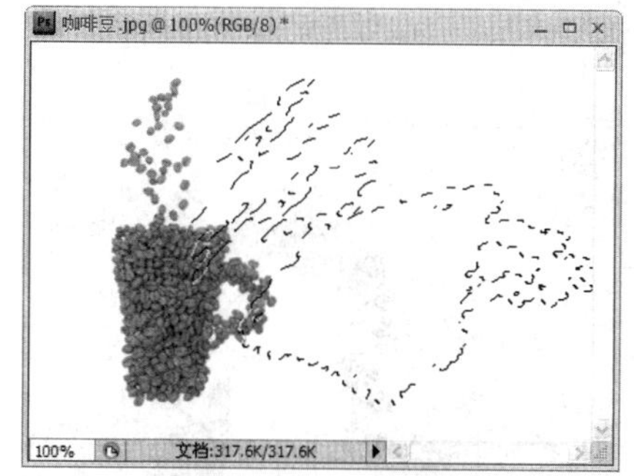

图 3-2-7

3.2.3　修改选区

修改选区主要是对当前选区的“边界”、“平滑”、“扩展”、“收缩”以及“羽化”进行修改。这5个命令都位于“选择/修改”命令的子菜单中，如图 3-2-8 所示。通过修改选区，可以创建一些特殊的选区，如圆环选区、圆角选区等。其使用方法分别举例说明如下：

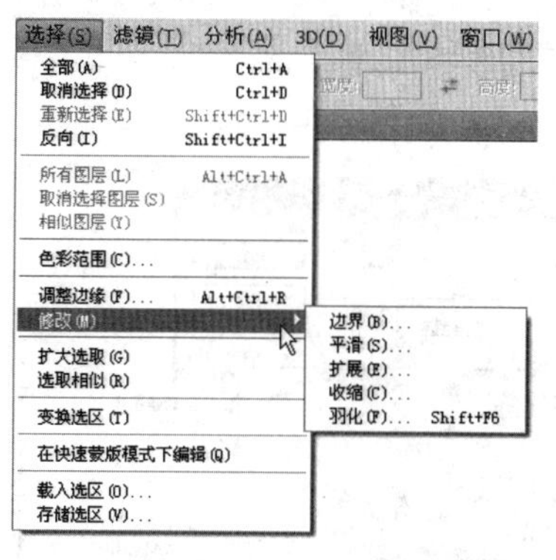

图 3-2-8

边界：此功能是用扩大的选区减去原选区，使用它可以很轻松地创建框住原选区的条形选区，并且扩大的程度可以自由控制。

(1) 按“Ctrl+O”组合键打开素材中的“芳芳”文件，再按“Ctrl+A”组合键选中整个图像，如图 3-2-9 所示。

图 3-2-9

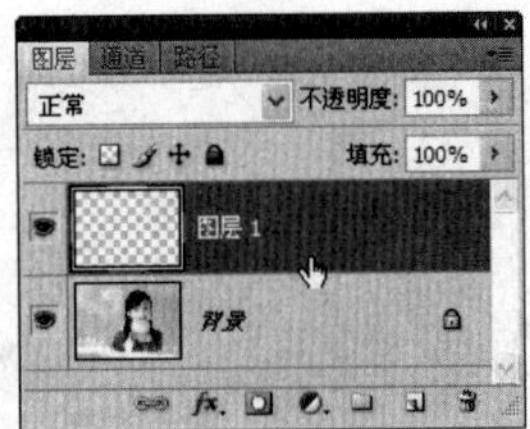

图 3-2-10

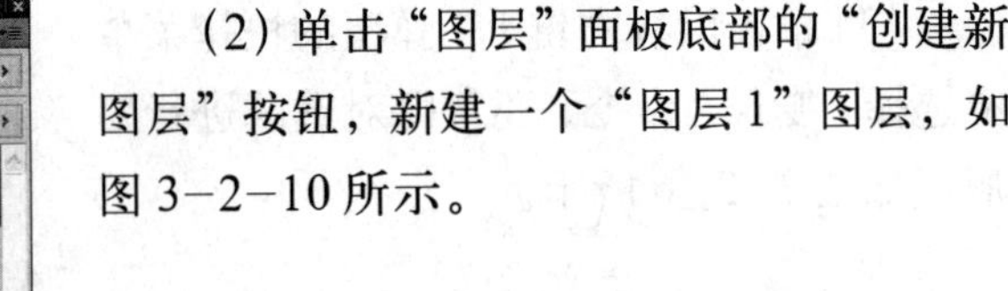

(2) 单击“图层”面板底部的“创建新图层”按钮，新建一个“图层 1”图层，如图 3-2-10 所示。

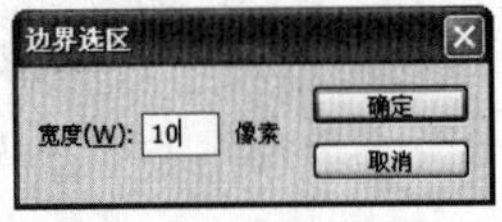

图 3-2-11

(3) 在“图层1”图层上工作。执行“选择 / 修改 / 边界”命令，从弹出的“边界选区”对话框中设置宽度为“10 像素”，如图 3-2-11 所示。

(4) 单击“确定”按钮，修改后的选区边界如图 3-2-12 所示。

图 3-2-12

(5) 选择“编辑 / 填充”命令，弹出“填充”对话框，单击“自定图案”后的下拉按钮，再在弹出的框中单击右向三角形按钮，在弹出的菜单中，选择“载入图案”命令，如图 3-2-13 所示。

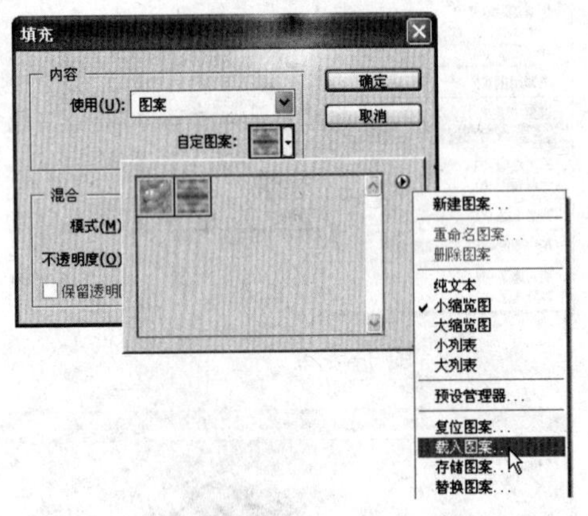

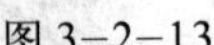

图 3-2-13

(6) 从弹出的“载入”对话框中载入“红色花纹”图案文件，并将其选中，如图 3-2-14 所示。

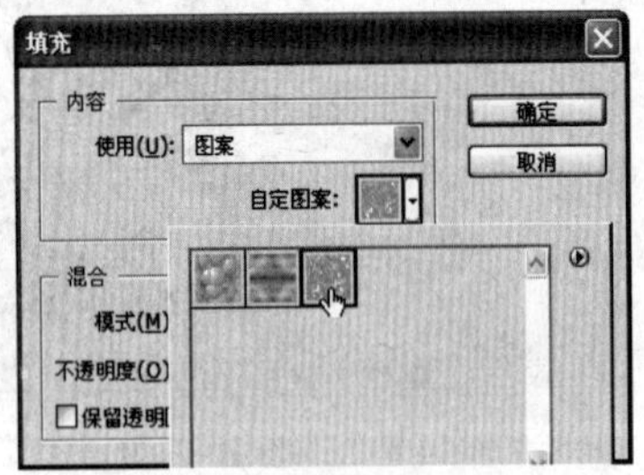

图 3-2-14

(7) 单击“确定”按钮，再按“Ctrl+D”组合键取消选区，即可为照片制作出一个简单的边框，如图 3-2-15 所示。

图 3-2-15

提示

“红色花纹”图案文件放在本章的素材文件夹中。用户也可以使用Photoshop中自带的图案进行代替。

平滑：通过改变取样的半径来改变选区的平滑程度，具体的操作方法与“边界”命令的操作方法相似，效果对比如图 3-2-16（a）和图 3-2-16（b）所示。

(a)

(b)

图 3-2-16

扩展：将当前选区按照设定的数值向外扩展，数值越大，扩展的范围越大，取值范围在1～100像素之间，效果对比如图 3-2-17（a）和图 3-2-17（b）所示。

(a)

(b)

图 3-2-17

收缩：此命令与“扩展”命令相反，是将当前选区按照设定的数值向内收缩，数值越大，收缩的范围越大，效果对比如图 3-2-18（a）和图 3-2-18（b）所示。

(a)

(b)

图 3-2-18

(a)

(b)

图 3-2-19

羽化：此命令与前面几个修改选区的命令有些区别，可以让选区周围的图像逐渐减淡，创建出模糊的边缘效果。数值越大，模糊的程度也就越大，效果对比如图 3-2-19（a）和图 3-2-19（b）所示。

3.2.4 取消选区

当不需要某个选区时，可以将其取消。取消选区的方法主要有以下几种：

（1）执行“选择／取消选择”命令，将当前的选择区域取消。

（2）按“Ctrl+D”组合键快速取消选区。

（3）在选择创建选区工具时，单击选区外任意位置也可取消选区。

3.2.5 重新选择

如果在操作中不小心把建立的选区取消了，执行“选择／重新选择”命令可将最近一次取消的选区恢复，其快捷键是“Ctrl+Shift+D”。

3.3 存储和载入选区

创建一个精细的选区往往需要花上很多时间，如果不将其保存，日后一旦再次处理此区域，又要花费一定的时间去创建。存储选区是指将创建的选区保存下来，以方便日后调用；载入选区是指将存储的选区调出来，下面对它们的使用分别进行介绍。

3.3.1 存储选区

在 Photoshop 中使用“存储选区”命令可以将制作好的选区存储到通道中，以方便日后调用，其使用方法如下：

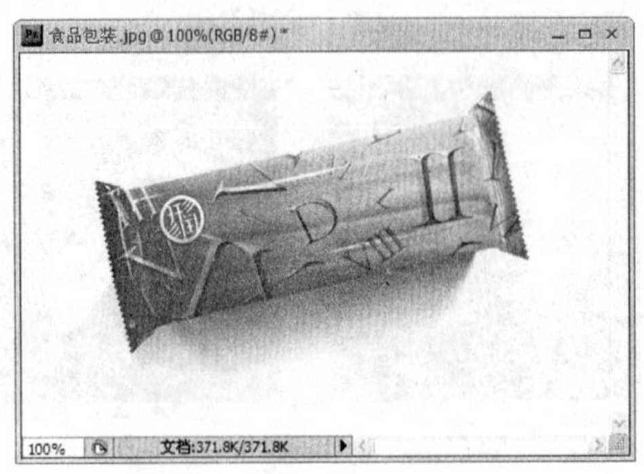

图 3-3-1

（1）按“Ctrl+O”组合键打开素材中的“食品包装”文件，如图 3-3-1 所示。

(2) 选择工具箱中的“魔棒工具”，在其选项栏中保持默认参数，之后移动鼠标指针到空白处单击，将大部分连续的白色区域选中，如图 3-3-2 所示。

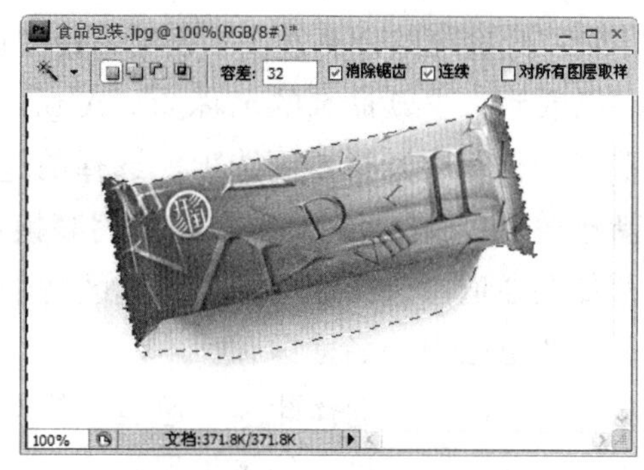

图 3-3-2

(3) 单击选项栏中的“添加到选区”按钮，之后移动鼠标指针到阴影处单击，将包装袋以外的所有区域选中，如图 3-3-3 所示。

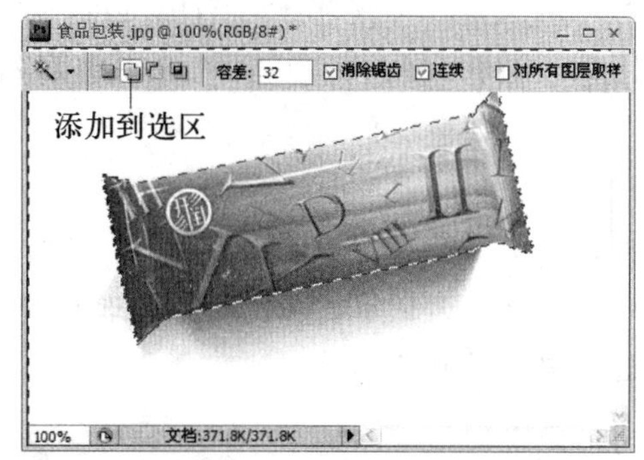

图 3-3-3

(4) 执行“选择／反向”命令，将包装袋选中，如图 3-3-4 所示。

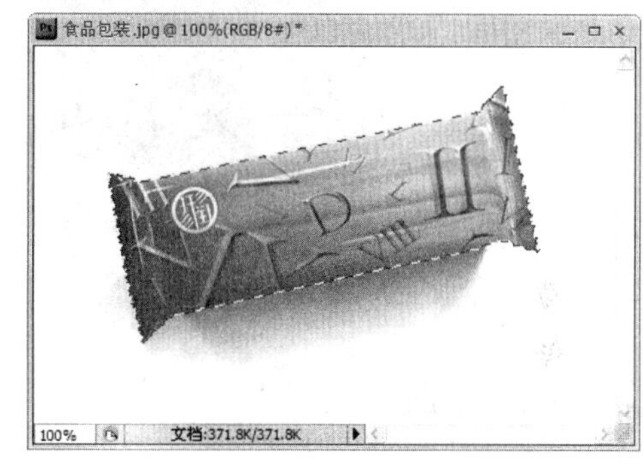

图 3-3-4

(5) 执行“选择／存储选区”命令，打开“存储选区”对话框，并在“名称”后面将该选区命名为“包装轮廓”，如图 3-3-5 所示，单击“确定”按钮，将选区保存。

存储选区
目标
文档(D): 食品包装.jpg
通道(C): 新建
名称(N): 包装轮廓
确定
取消
操作
新建通道(E)
添加到通道(A)
从通道中减去(S)
与通道交叉(I)

图 3-3-5

“存储选区”对话框中各选项的含义如下：

文档：显示当前文件的名称。

通道：此项用来选取保存的选区，如果是第一次保存选区，只能选择“新建”选项。

名称：此项可以命名选区，如果不设置此项，系统将自动为选区命名，在“通道”面板中可以看到，自动命名的名称为“Alpha1”、“Alpha2”……

在“操作”中选择不同选项，选择的选区将和当前的选区组合，其各项含义如下：

新建通道：选择此项，当前选区将替换通道栏中的选区，并以通道栏中的名称保存。

添加到通道：选择此项，当前选区将加入到通道栏中的选区，即将两个选择区域相加，并以通道栏中的名称保存。

从通道中减去：选择此项，通道中的选区将减去当前的选区，即两个选择区域进行相减运算，并以通道栏中的名称保存。

与通道交叉：选择此项，当前选区与通道选区交叉的部分将作为新的选区，即两个选择区域进行相交运算，并以通道栏中的名称保存。

提示

当在“通道”选项中选择“新建”时，“操作”栏下面的选项中将只有“新建通道”选项可用；存储选区后，在“通道”选项中选择已存储的通道名称，“操作”选项组中的所有选项将变为可用状态。

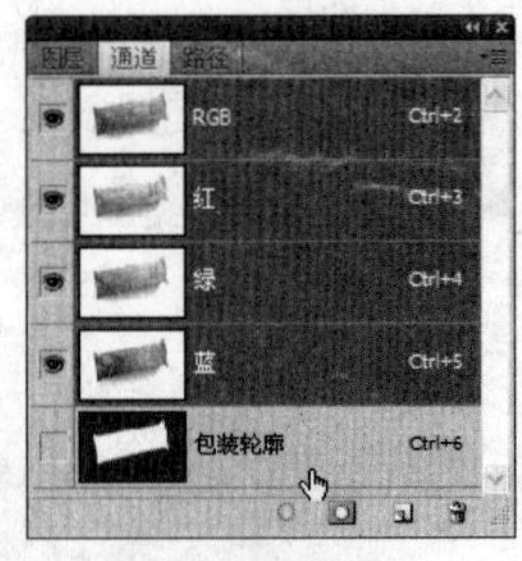

图3-3-6

(6) 按“Ctrl+D”组合键取消选区。单击“通道”面板，可以发现刚才存储的通道被存储到“通道”面板中了，如图3-3-6所示。

3.3.2 载入选区

存储选区后，用户就可以执行“载入选区”命令将存储的选区调出来重新使用，其使用方法如下：

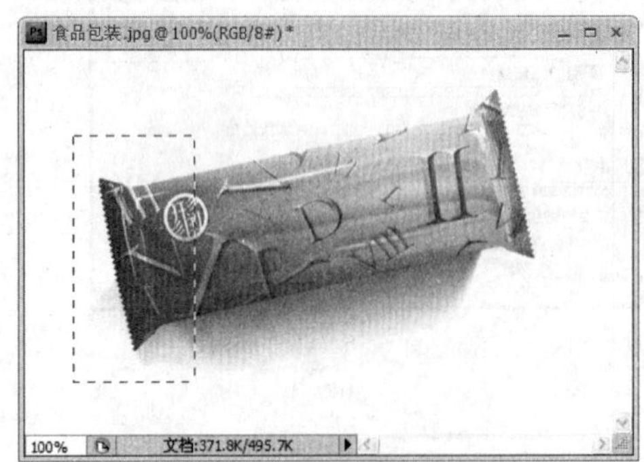

图3-3-7

(7) 接上例继续操作。选择“矩形选框工具”，按住鼠标拖动，在如图3-3-7所示的位置创建一个矩形选区。

(8) 执行“选择/载入选区”命令，打开”载入选区”对话框，并在“通道”选项中选择“包装轮廓”选项，在“操作”选项组中选择“新建选区”单选按钮，如图3-3-8所示。

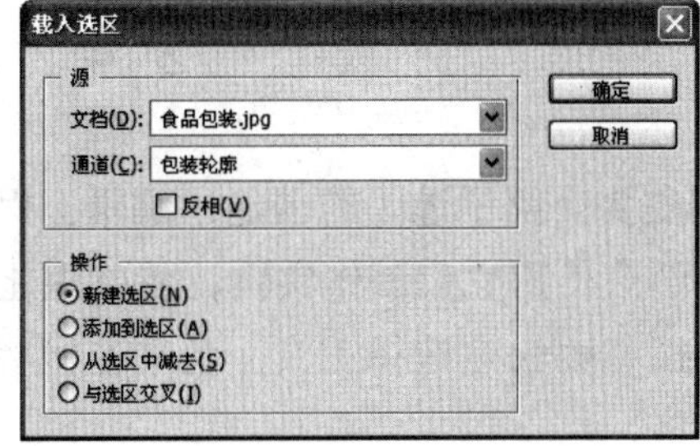

图3-3-8

“载入选区”对话框中各选项的含义如下：

反相：勾选此复选框，得到的选区将是载入选区的反选结果。

在当前的图像中创建选区后，再打开“载入选区”对话框，“操作”选项组中的选项将变为可用状态，其中各项含义如下：

新建选区：选择此单选按钮，将用载入的选区替换当前图像中的选区。

添加到选区：选择此单选按钮，载入的选区将与图像中的选区相加。

从选区中减去：选择此单选按钮，当前图像中的选区将减去载入的选区。

与选区交叉：选择此单选按钮，当前图像中的选区和载入选区的相交部分将作为新的选区。

(9) 单击“确定”按钮，之前存储的“包装轮廓”选区被重新载入了，如图3-3-9所示。

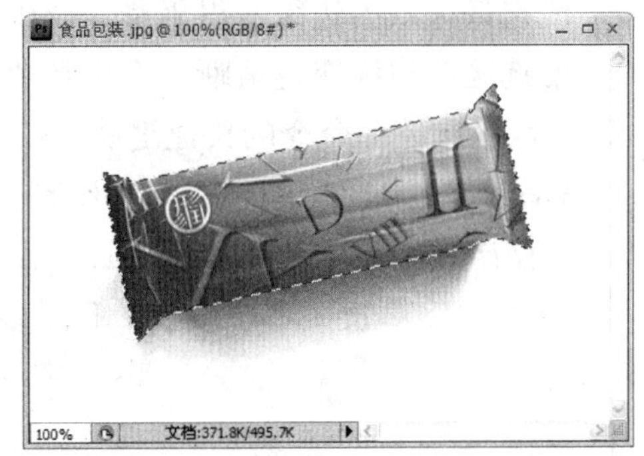

图3-3-9

(10) 在“操作”选项组中选择“添加到选区”、“从选区中减去”和“与选区交叉”选项，将分别产生不同的选区结果，如图3-3-10所示。

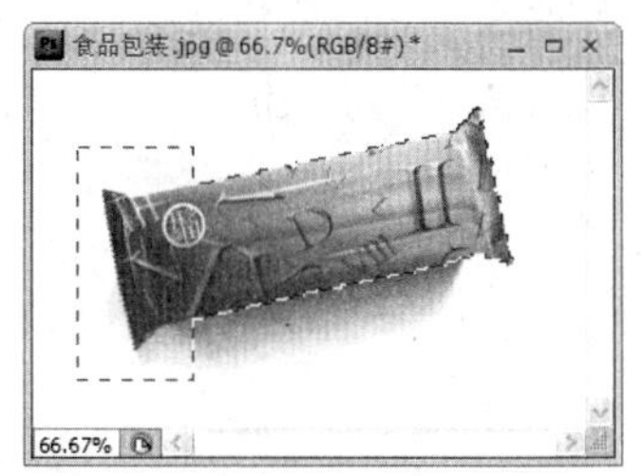

添加到选区

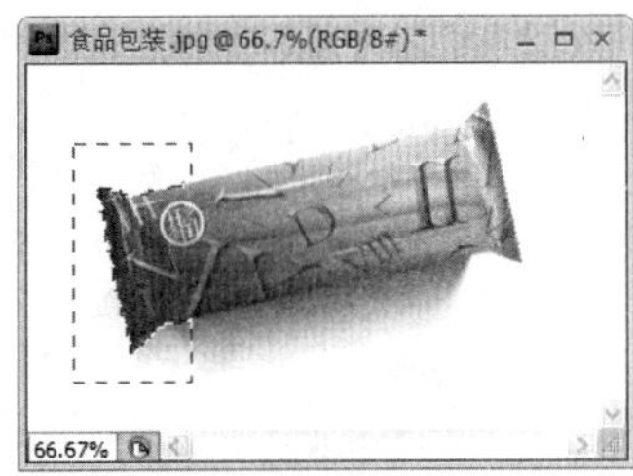

从选区中减去

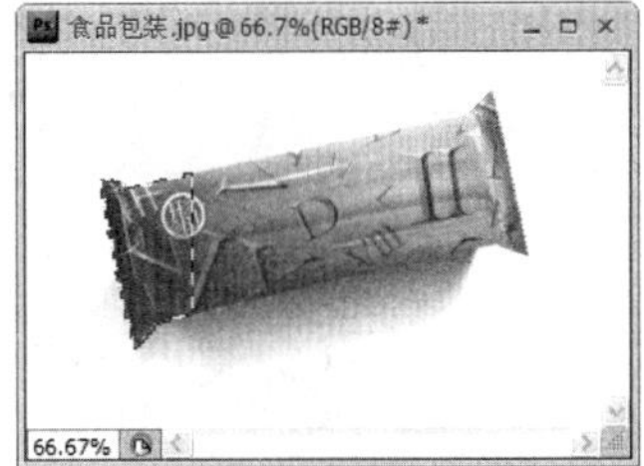

与选区交叉

图3-3-10

3.4 小　结

本章主要介绍了选区的创建、编辑、保存和载入知识，用户不但要掌握这些选区知识，还要学会使用它们制作实例，将知识化为实际生产力。另外本章中的有些知识不容易熟练掌握，如快速选择工具、色彩范围等功能，用户应加强对它们的练习。

3.5 练　习

一、填空题

（1）多边形套索工具可以创建出由直线连接的__________选区。

（2）使用变换选区命令可以对选区进行自由变换、__________、旋转等变换操作。

（3）移动选区可以将已创建的选区__________，并且不影响图像内的任何内容。

二、选择题

（1）羽化选区的作用是________。

A．扩大选区　　　　B．缩小选区

C．使选择区域的边缘变得平滑，产生柔和的效果

D．使选区的边缘变得清晰，产生和背景对比强烈的效果

（2）“取消选区”命令的快捷键是________。

A．Ctrl+C　B．Ctrl+V　C．Ctrl+S　D．Ctrl+D

（3）“存储选区”命令可以存储__________选区。

A．1次　B．3次　C．12次　D．多次

三、问答题

（1）创建选区后，图像的哪些区域能够被编辑？

（2）“快速选择工具”与“魔棒工具”相比有什么不同？

（3）“色彩范围”对话框中新增加的“本地化颜色簇”复选框有什么作用？

第4章　工　具

本章内容提要：

- 移动工具
- 绘画工具
- 填充工具
- 修复工具
- 文字工具

4.1　移 动 工 具

移动工具是Photoshop中应用极为频繁的工具，它的主要作用是对图像或者选择区域进行移动、复制和变换等操作。选择工具箱中的“移动工具”，其选项栏如图4-1-1所示。

图4-1-1

其各选项的含义如下：

自动选择：勾选此复选框，并选择其后面下拉选项中的“组”或“图层”选项，用移动工具单击图像会自动选择相应的图层或组。

显示变换控件：勾选此复选框，所选对象会被一个矩形虚线定界框包围，拖动定界框的不同位置，可以执行缩放、旋转等操作。

对齐：此组按钮用于对齐与之相链接的图层，从左到右分别是顶对齐、垂直中齐、底对齐、左对齐、水平中齐和右对齐。

分布：此组按钮用于分布与之相链接的图层，从左到右分别是按顶分布、垂直居中分布、按底分布、按左分布、水平居中分布和按右分布。

自动对齐图层：单击此按钮可打开“自动对齐图层”对话框来设置图层的各种对齐。

1.移动图像

当文件中有两个以上的图层时，可以使用移动工具轻松地移动除背景图层以外图层上的图像。在移动的同时若按住Shift键，则可将移动方向保持在水平、垂直或45度3个方向上。移动图像的具体方法如下：

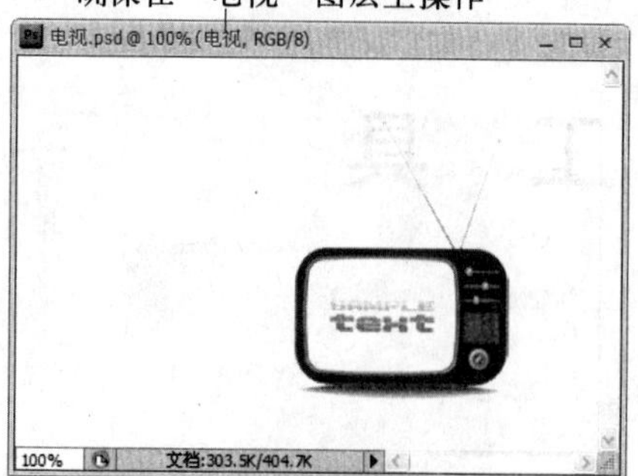

图 4-1-2

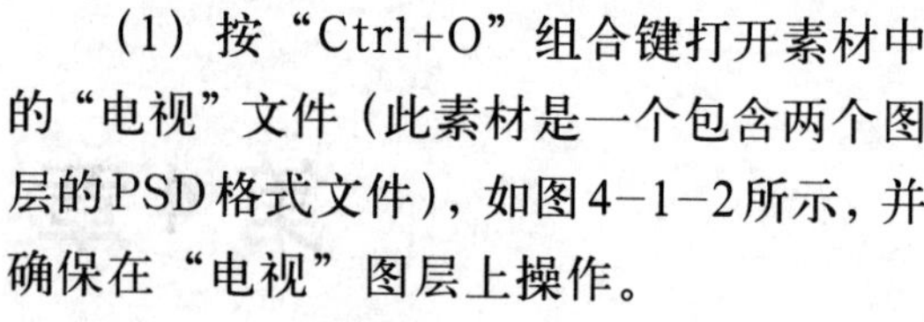

（1）按“Ctrl+O”组合键打开素材中的“电视”文件（此素材是一个包含两个图层的PSD格式文件），如图4-1-2所示，并确保在“电视”图层上操作。

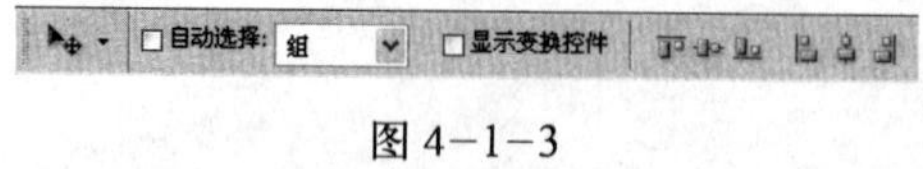

图 4-1-3

（2）选择工具箱中的“移动工具”，保持其选项栏中的各项为默认状态，如图 4-1-3 所示。

（3）移动鼠标指针到电视上按住鼠标左键拖动，即可移动所选图层上的图像，如图 4-1-4 所示。

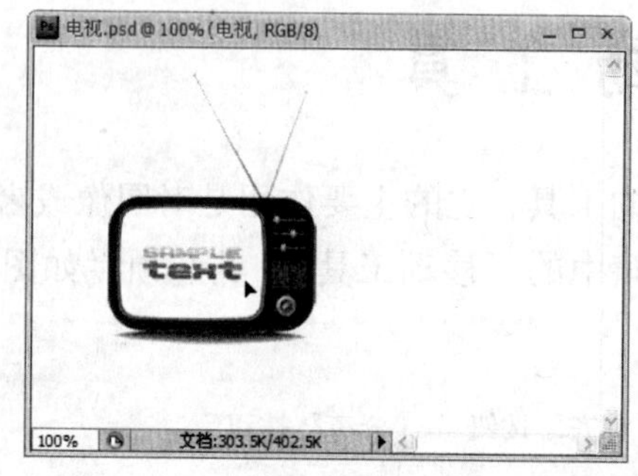

图 4-1-4

2.复制图像

配合 Alt 键，利用移动工具还可以复制图像，其复制方法如下：

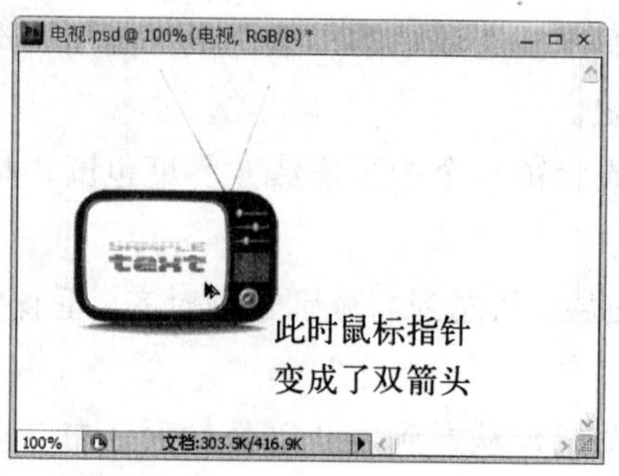

图 4-1-5

（1）接着上面的例子继续操作。移动鼠标指针到电视图像上并按住 Alt 键，此时鼠标指针变成了双箭头状态，如图 4-1-5 所示。

提示

当工具箱中选择的工具不是“移动工具”时，按“Ctrl+Alt”组合键拖动图像也可复制图像。

（2）按住鼠标左键向右下方拖动电视图像，图像即被复制到移动的位置，如图4－1－6所示。

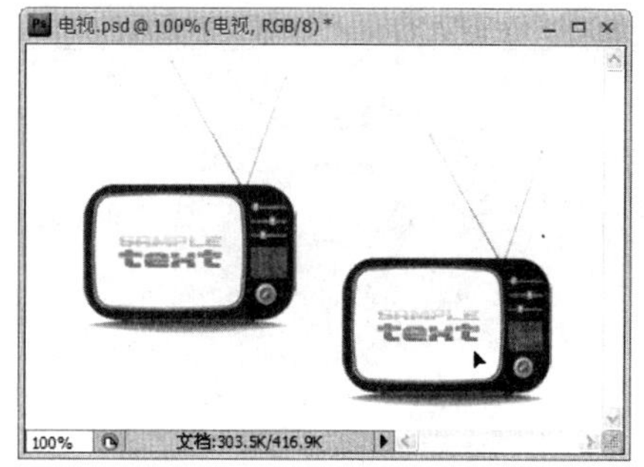

图4－1－6

4.2　绘画工具

Photoshop中的绘画工具有很多个，本节将重点介绍其中的几个。利用它们不仅可以绘制出简洁的线条，还可以绘制大面积的色彩。

4.2.1　画笔工具

画笔工具最主要的功能是用来绘制图像，用户不但可以使用Photoshop自带的笔触进行绘制，而且还可以自行定义画笔，使用非常灵活。

1.使用画笔

（1）选择工具箱中的“画笔工具”，如图4－2－1所示。

图4－2－1

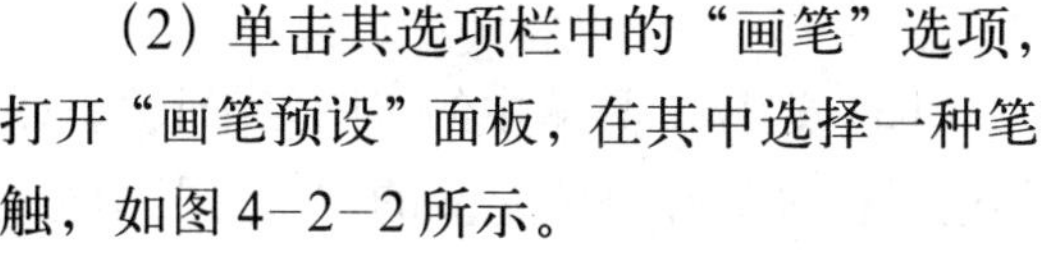

（2）单击其选项栏中的“画笔”选项，打开“画笔预设”面板，在其中选择一种笔触，如图4－2－2所示。

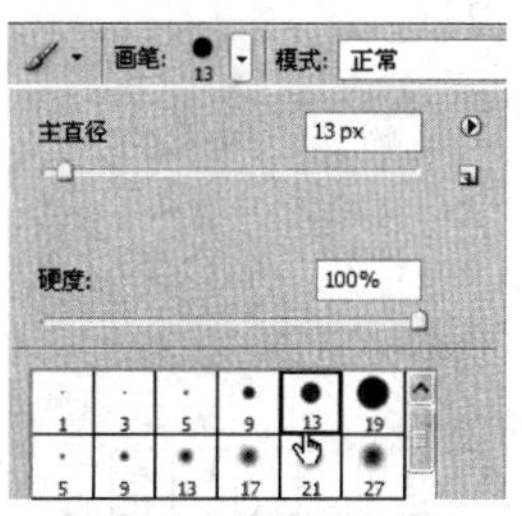

图4－2－2

（3）拖动“画笔预设”面板中的“主直径”和“硬度”上的滑块，调整至合适的大小和硬度，如图4－2－3所示。

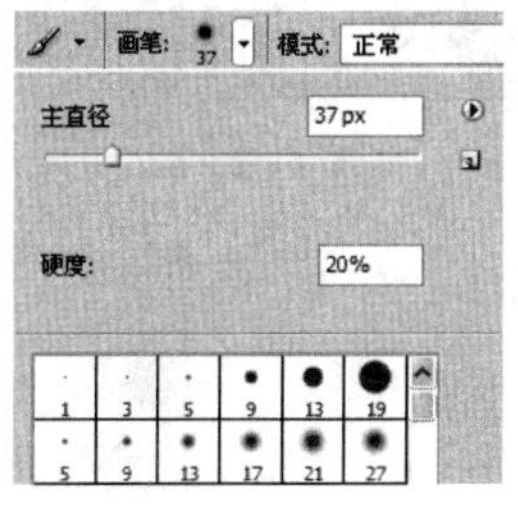

图4－2－3

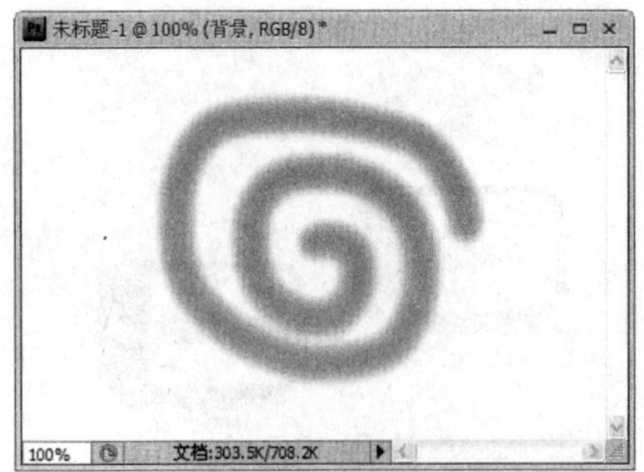

图 4–2–4

（4）根据需要调整选项栏中的“模式”、“不透明度”、“流量”等参数后，移动鼠标指针到图像窗口内单击或按住鼠标左键并拖动，即可绘制出所设置的笔触，如图 4–2–4 所示。

2. 定义画笔

如果 Photoshop 中的预设画笔笔触不能满足需求，用户还可以自己定义画笔，以满足不同设计的需要。

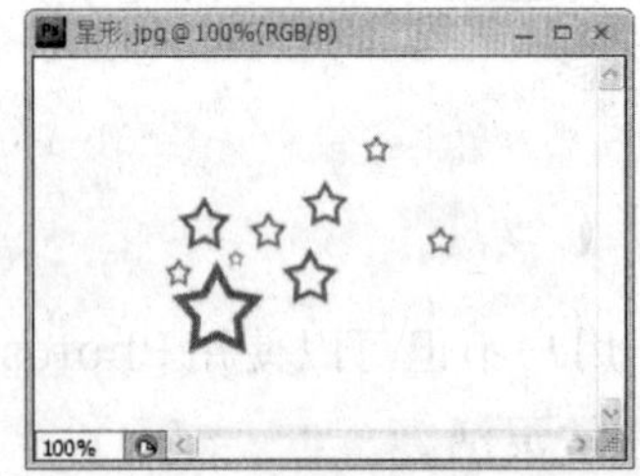

图 4–2–5

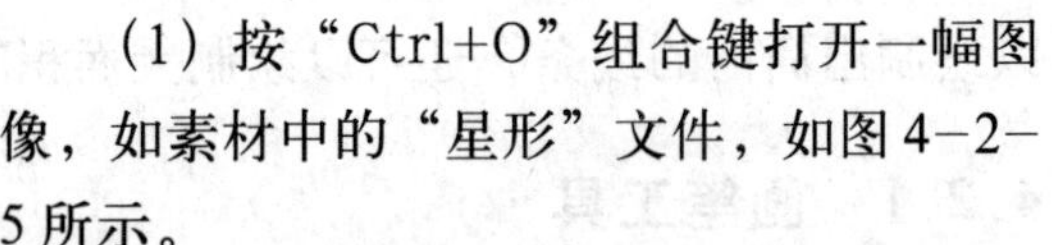

（1）按“Ctrl+O”组合键打开一幅图像，如素材中的“星形”文件，如图 4–2–5 所示。

图 4–2–6

（2）选择“编辑/定义画笔预设”命令，打开“画笔名称”对话框，输入名称“星形”，如图 4–2–6 所示。单击“确定”按钮。

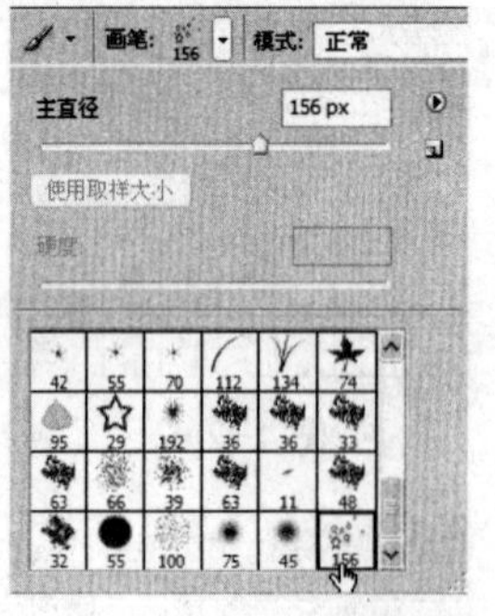

图 4–2–7

（3）选择工具箱中的“画笔工具”，在其选项栏中选择刚才定义的“星形”画笔，如图 4–2–7 所示。

R：253，G：8，B：8

图 4–2–8

（4）单击工具箱中的“前景色”按钮，在弹出的“拾色器”对话框中设置颜色为红色（R：253，G：8，B：8），如图 4–2–8 所示。

（5）移动鼠标指针到图像窗口内按住鼠标左键并拖动，即可绘制出刚才定义的画笔效果，如图 4–2–9 所示。

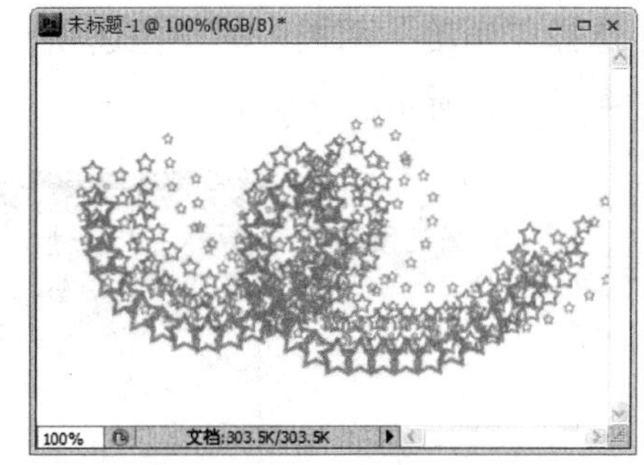

图 4–2–9

3. 画笔面板

在“画笔”面板中可对画笔进行更细致的设置，从而设置出更多的画笔形状和效果。

（1）单击工具箱中的“画笔工具”，选择“窗口／画笔”命令，调出“画笔”面板，如图 4–2–10 所示。

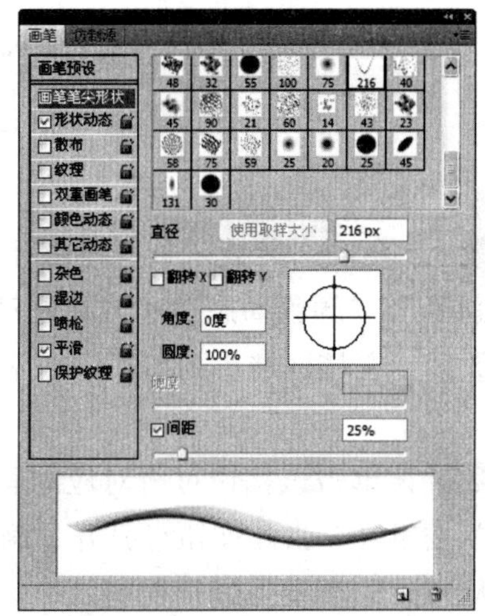

图 4–2–10

（2）选择“画笔”面板左侧的“画笔预设”选项，在“画笔”面板右侧可选择预设画笔，并可对主直径大小进行设置，如图 4–2–11 所示。

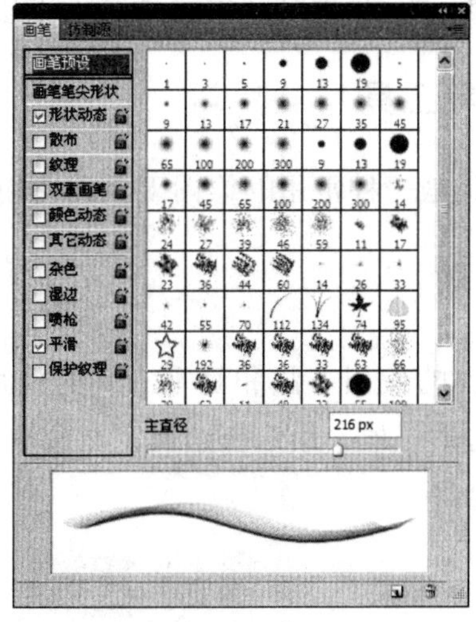

图 4–2–11

(3) 选择“画笔”面板中的其他选项，可对“画笔”面板中的其他各项分别进行设置，如图 4-2-12 所示。

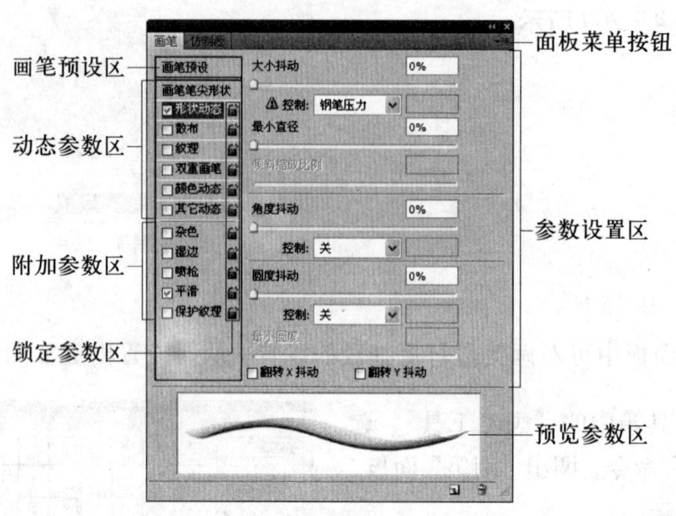

图 4-2-12

动态参数区：在动态参数区中可分别对“画笔笔尖形状”、“形状动态”、“散布”、“纹理”、“双重画笔”、“颜色动态”和“其他动态”进行动态地设置。

附加参数区：在该区域中列出了一些附加选项，选择它们可为画笔增加杂色和湿边等效果。

锁定参数区：单击该按钮可将对应的画笔选项锁定或开启。

面板菜单按钮：单击此按钮可打开“画笔”面板菜单，在此菜单中可以对画笔预设的缩览图以及预设的类型等进行控制。

参数设置区：在该区域中可以设置当前动态选项中的各项参数。

预览参数区：在预览区中可预览设置参数后的画笔效果。

4.2.2 铅笔工具

铅笔工具是一种常用的绘图工具，它模拟真实的铅笔进行绘画，产生一种硬性的边缘线效果。

1. 使用铅笔

铅笔工具的使用方法和画笔工具的使用方法一样，只不过铅笔工具没有柔角的笔刷，全是硬边的笔刷。用户在绘制完图像后将其放大，可以很明显地观察到锯齿的存在，其使用方法如下：

图 4-2-13

(1) 选择工具箱中的“画笔工具”，如图 4-2-13 所示。

（2）单击其选项栏中的“画笔”选项，打开“画笔预设”面板，在其中选择一种笔触，如图4-2-14所示

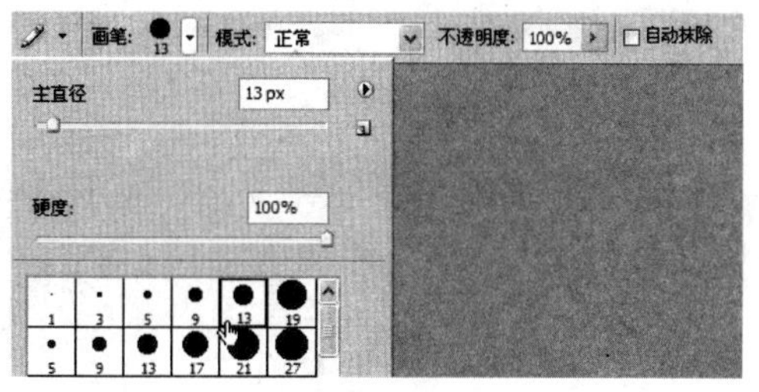

图4-2-14

（3）设置工具箱中的前景色，之后按住鼠标在窗口中拖动，即可用铅笔工具绘制出图像，如图4-2-15所示。

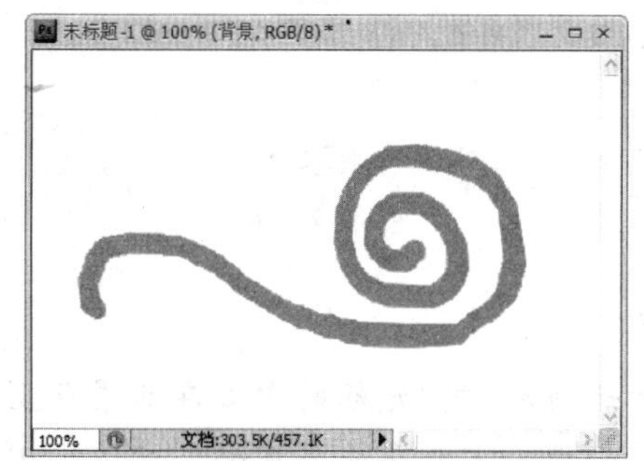

图4-2-15

（4）选择工具箱中的“缩放工具”，移到窗口中单击几下，将图像放大，此时可以明显地观察到锯齿的存在，如图4-2-16所示。

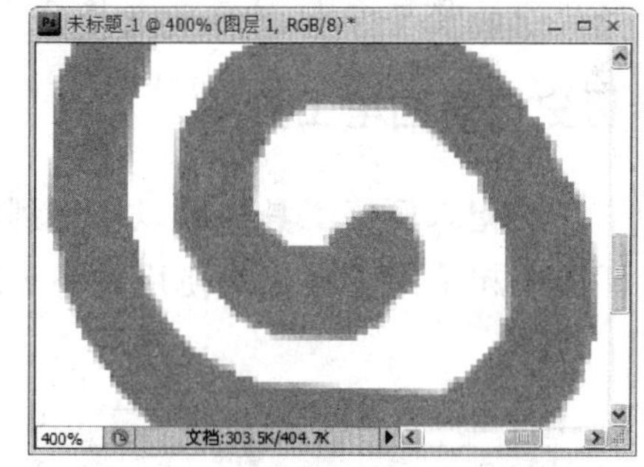

图4-2-16

2.铅笔工具“自动抹除”选项的使用

勾选“铅笔工具”选项栏中的“自动抹除”复选框，铅笔会根据落笔点的颜色来改变绘制的颜色。变化的规律是：如果落笔点的颜色为工具箱上的前景色，那么铅笔工具将以工具箱上的背景色进行绘制；如果落笔点的颜色为工具箱上的背景色，那么铅笔工具将以工具箱上的前景色进行绘制。如果不勾选此复选框，铅笔工具和画笔工具的用法一样。

（1）分别设置工具箱中的前景色和背景色，之后用前景色画任意绘制出一个图像，如图4-2-17所示。

图4-2-17

图 4-2-18

(2) 在选项栏中勾选“自动抹除”复选框，如图 4-2-18 所示。

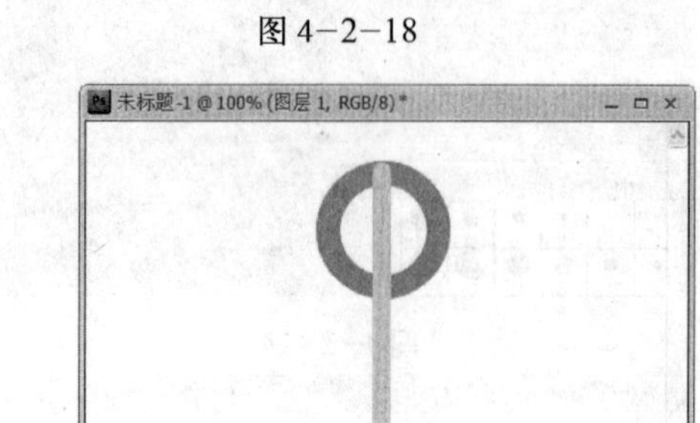

图 4-2-19

(3) 移动鼠标指针到红色圆圈上并按住鼠标左键向下拖动，此时绘制出来的线条以背景色的颜色显示，效果如图 4-2-19 所示。

提示

当开始拖动时，光标的中心在前景色上，则该区域将抹成背景色。如果在开始拖动时，光标的中心不包含前景色的区域上，则该区域将被绘制上前景色。在使用“铅笔工具”绘制线条时，按住 Shift 键将以直线方式绘制线条。

4.2.3 历史记录画笔工具

使用“历史记录画笔工具”可以恢复到历史记录中的某一操作步骤，该工具常结合历史记录调板一起使用。灵活地使用它还可以制作出具有特别效果的图像，其使用方法如下：

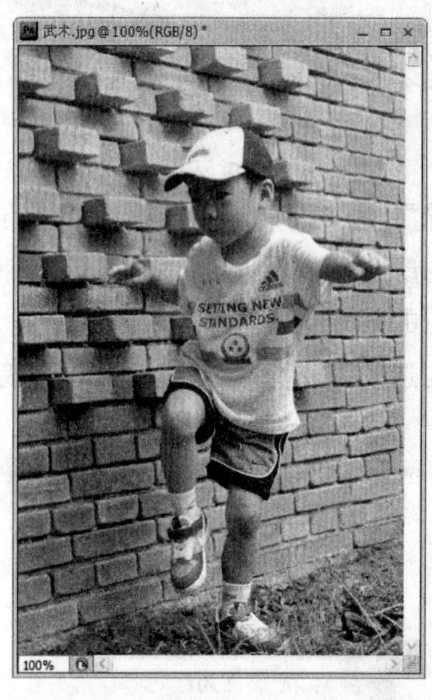

图 4-2-20

(1) 按“Ctrl+O”组合键打开素材中的“武术”文件，如图 4-2-20 所示。

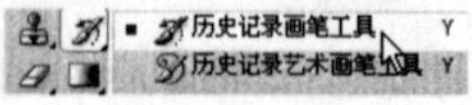

图 4-2-21

(2) 选择工具箱中的“历史记录画笔工具”，如图 4-2-21 所示。

（3）在其选项栏中设定合适的柔角笔头、大小以及“不透明度”等参数，如图4-2-22所示。

图 4-2-22

（4）选择“图像／调整／去色”命令，如图4-2-23所示。

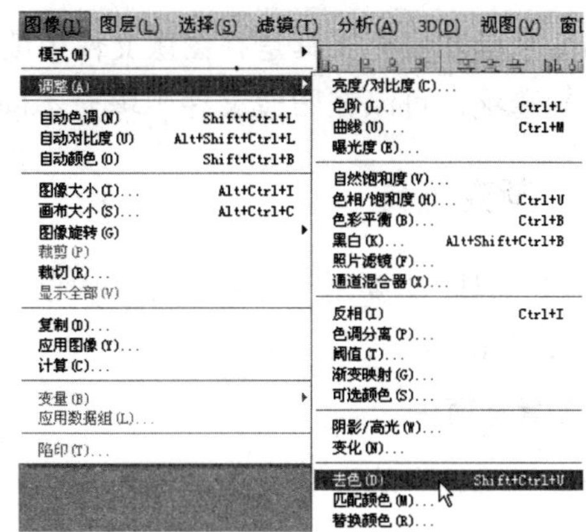

图 4-2-23

（5）此时，整个图像呈现为黑白效果，如图4-2-24所示。

（6）移动鼠标指针到图像上，在人物上拖动鼠标指针，拖动过的地方恢复了原来的彩色效果，这样我们就使用“历史记录画笔工具”巧妙地制作出了一张特别效果的图片，如图4-2-25所示。

图 4-2-24

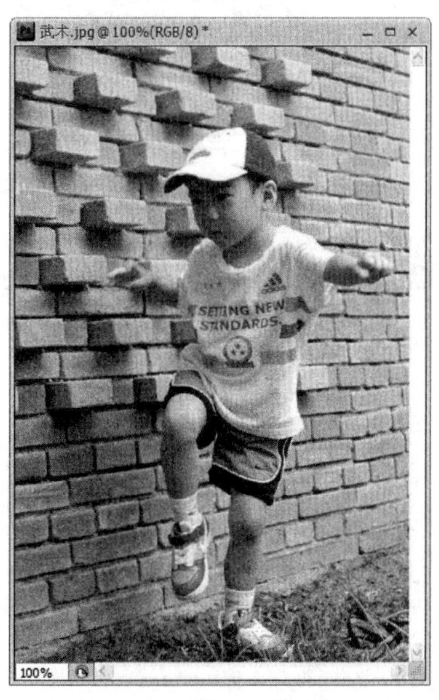

图 4-2-25

提示

使用“去色”命令只是降低了图像的饱和度，实际上颜色信息并没有丢失；可如果执行“图像／模式／灰度”命令，图像的颜色信息就会丢失。

4.3 填 充 工 具

渐变工具和填充工具是在图像文件中填充颜色或图案的一组工具，通过设置它们各自不同的选项，可以在图像文件中填充不同的图案或渐变色。

4.3.1 渐变工具

“渐变工具”主要用于在图像文件中创建各种各样的渐变颜色，包括“线性渐变”、“径向渐变”、“角度渐变”、“对称渐变”和“菱形渐变”5种渐变方式。

1.渐变工具选项栏

选择工具箱中的渐变工具，其选项栏如图4-3-1所示，下面对选项栏中的各项进行说明：

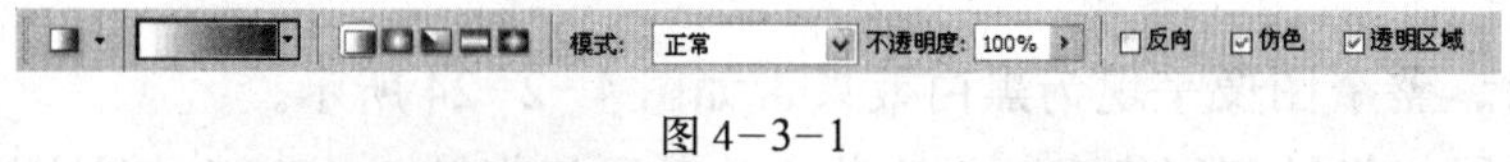

图4-3-1

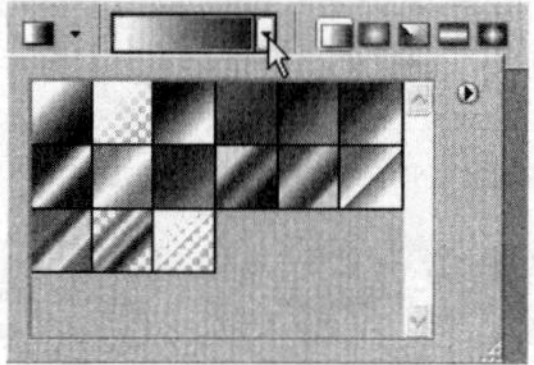

图4-3-2

渐变编辑：单击其右侧的下拉按钮，打开图4-3-2所示的“渐变拾色器”对话框。在渐变拾色器对话框中显示的是渐变效果的缩览图，在其中单击所需的缩览图即可将该渐变选中。如果单击右侧的按钮，还可以从弹出的菜单中加载或删除渐变选项。

渐变方式：渐变工具的渐变方式共有5种，不同的渐变方式可以表现出不同的渐变效果。

图4-3-3

线性渐变：可以产生直线性的渐变效果，如图4-3-3所示。

图4-3-4

径向渐变：可以产生以鼠标指针起点为圆心、鼠标指针拖动的距离为半径的圆形径向渐变效果，如图4-3-4所示。

■角度渐变：可以产生以鼠标指针起点为中心、沿指针拖动的方向起旋转一周的锥形渐变效果，如图 4－3－5 所示。

图 4－3－5

■对称渐变：可以产生对称的渐变效果，如图 4－3－6 所示。

图 4－3－6

■菱形渐变：可以产生以鼠标指针起点为中心、鼠标指针拖动的距离为外接圆半径的菱形渐变效果，如图 4－3－7 所示。

图 4－3－7

模式：用来设置渐变色与底图的混合模式，效果如图 4－3－8（a）、（b）和（c）所示。

（a）原图

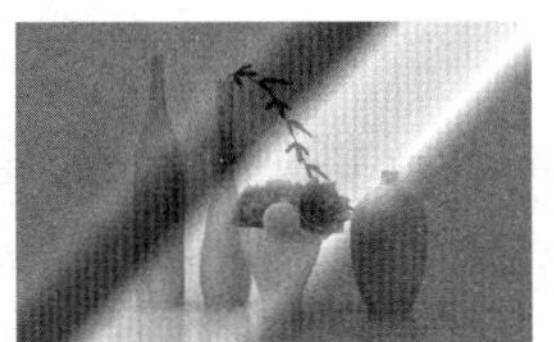

（b）正片叠底模式

（c）滤色模式

图 4－3－8

不透明度：用于设置渐变效果的不透明度。数值越小渐变效果越透明，效果如图 4－3－9（a）～（d）所示。

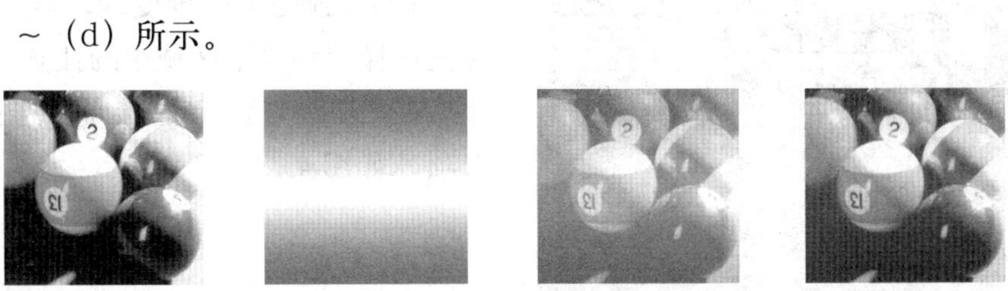

（a）原图

（b）100% 不透明度

（c）50% 不透明度

（d）20% 不透明度

图 4－3－9

反向：勾选该复选框，可以颠倒颜色渐变顺序，效果如图 4-3-10（a）、（b）和（c）所示。

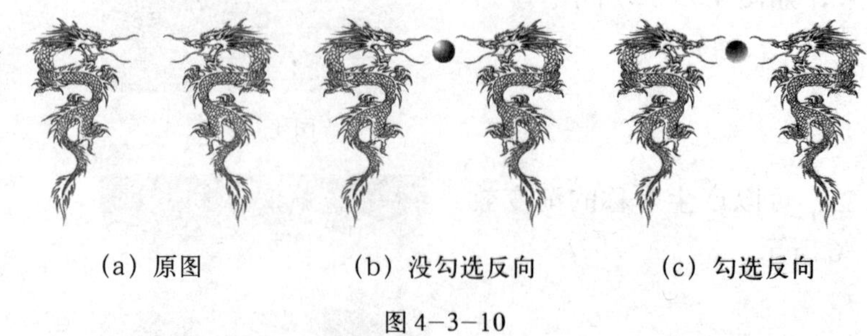

（a）原图　　（b）没勾选反向　　（c）勾选反向

图 4-3-10

仿色：勾选该复选框，可以使渐变颜色间的过渡更加柔和。

透明区域：勾选该复选框，渐变编辑器对话框中的不透明度才会生效，若不勾选该选框，图片中透明区域显示为前景色，如图 4-3-11（a）、（b）和（c）所示。

（a）原图

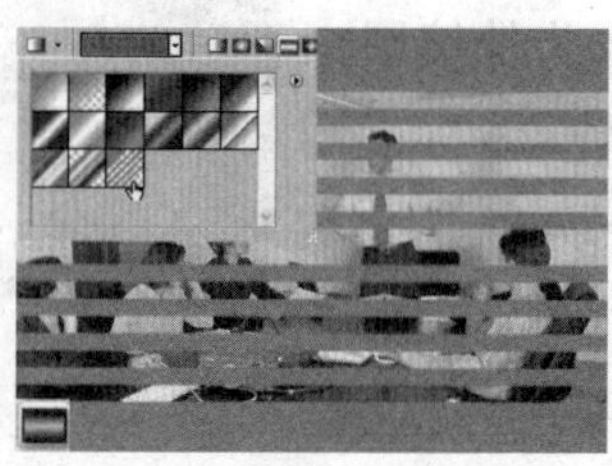

（b）勾选透明区域

（c）没勾选透明区域

图 4-3-11

2. 创建实色渐变

虽然 Photoshop 自带的渐变类型很丰富，但在有些情况下，还是需要自定义新的渐变，以配合图像的整体效果。创建实色渐变的方法如下：

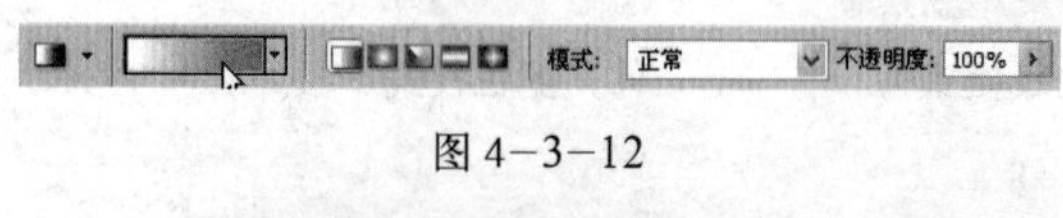

图 4-3-12

图 4-3-13

（1）选择工具箱中的“渐变工具”，单击选项栏中的“渐变编辑”选择框，如图 4-3-12 所示。

（2）在弹出的“渐变编辑器”对话框中首先选择“预设”区域中的任意一种渐变，然后在“渐变类型”下拉菜单中选择“实底”选项，如图 4-3-13 所示。

(3) 单击渐变条左下角的“起点”颜色色标，再单击对话框底部“颜色”右侧的三角按钮，用户可从中选择一个选项来设置颜色，如图 4-3-14 所示。

前景：选择此项可以将当前选择的色标定义为前景色。

背景：选择此项可以将当前选择的色标定义为背景色。

用户颜色：选择此项可以选择其他颜色来定义当前选择的色标颜色。

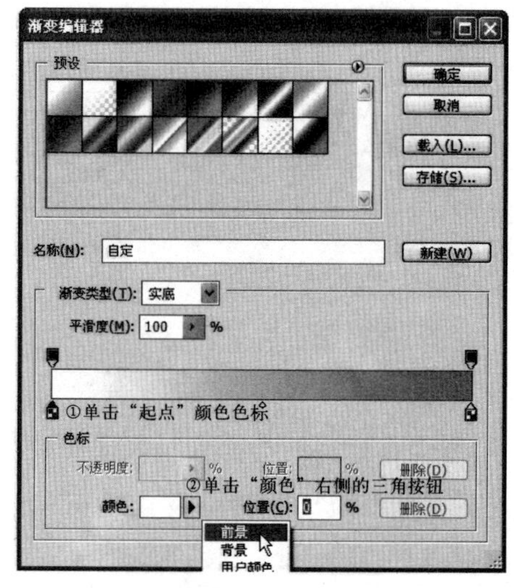

图 4-3-14

(4) 单击“颜色”右侧的颜色色块，从弹出的“选择色标颜色”对话框中选择一种颜色，如图 4-3-15 所示。

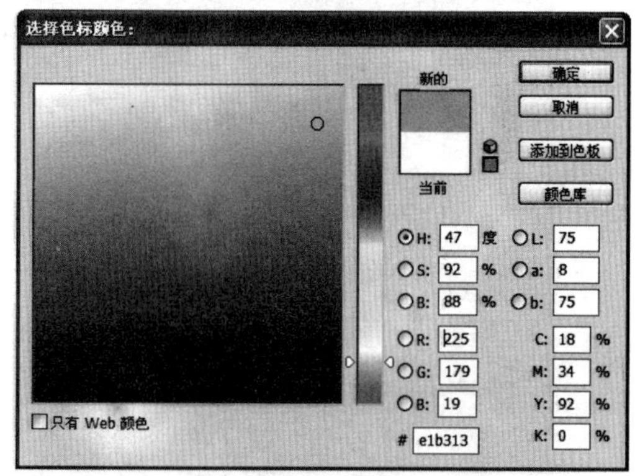

图 4-3-15

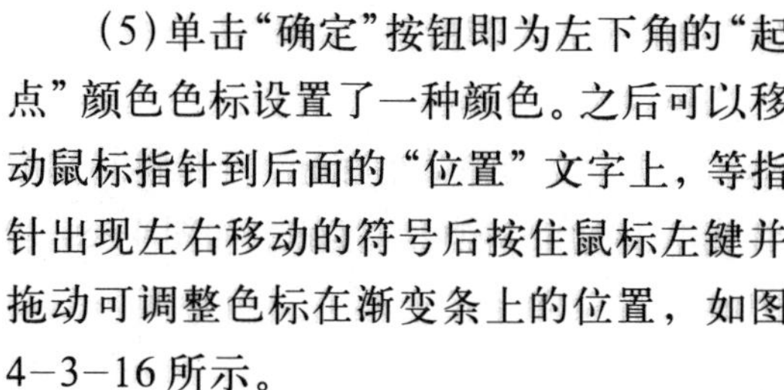

(5) 单击“确定”按钮即为左下角的“起点”颜色色标设置了一种颜色。之后可以移动鼠标指针到后面的“位置”文字上，等指针出现左右移动的符号后按住鼠标左键并拖动可调整色标在渐变条上的位置，如图 4-3-16 所示。

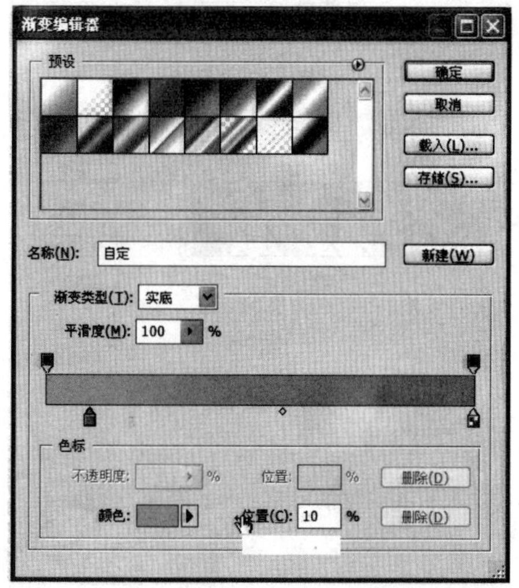

图 4-3-16

图 4-3-17

(6) 移动鼠标指针到两个色标中间的任意位置单击可添加色标，如图 4-3-17 所示。

提示

添加色标后，用户可用前述的方法为此色标设置颜色或位置。

图 4-3-18

(7) 单击中间的菱形滑块（显示为黑色时表示被选中），之后调整“位置”后面的百分比，可调整两个渐变色之间的缓和度，如图 4-3-18 所示。

图 4-3-19

(8) 若要删除某个色标，可以将其选中后单击下面的“删除”按钮，如图 4-3-19 所示。

提示

只有色标数量在两个以上时才可以使用“删除”功能。

(9) 单击“确定”按钮退出“渐变编辑器”对话框，即可创建出一个实色渐变。

3. 创建杂色渐变

除了创建实色渐变外，用户还可以创建一种杂色渐变。杂色渐变相对实色渐变显得异常粗糙，其创建方法如下：

(1) 选择工具箱中的渐变工具，并单击选项栏中的“渐变编辑”选择框，如图4-3-20所示。

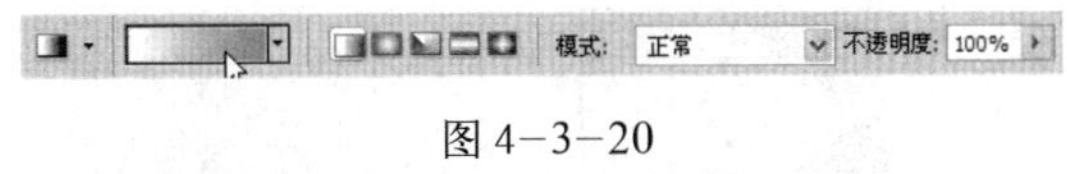

图 4-3-20

(2) 在弹出的“渐变编辑器”对话框中选择“渐变类型”为“杂色”。选择此项后，其下方的渐变色条和参数设置项也出现了相应的变化，如图4-3-21所示。

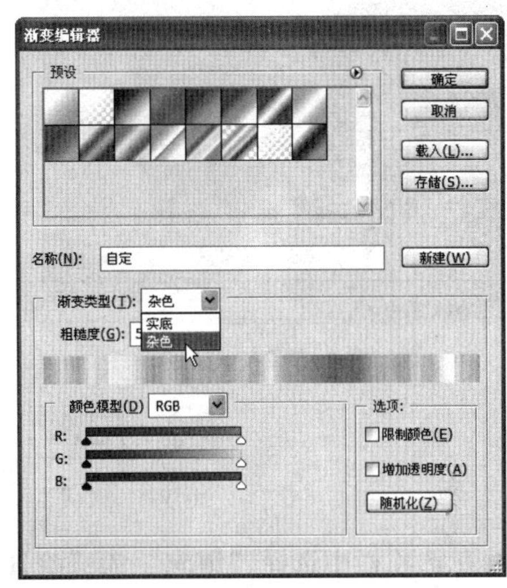

图 4-3-21

(3) 在“粗糙度”文本框中输入数值或拖动其滑块，将“粗糙度”设置在所需的范围内。其中数值越大，渐变越粗糙，如图4-3-22所示。

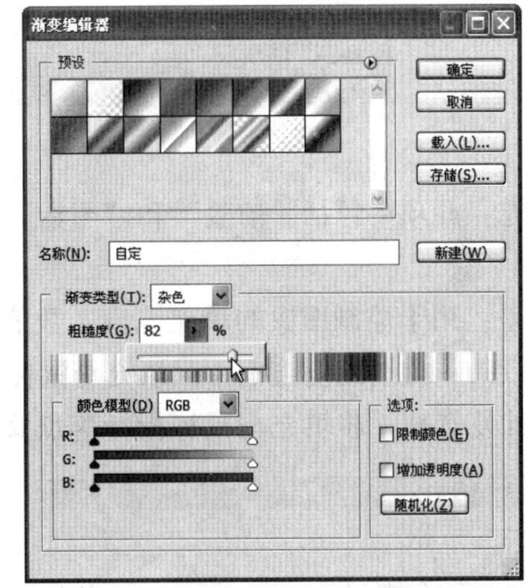

图 4-3-22

(4) 在“颜色模型”下拉选项中选择颜色模型，并拖动其下的各个滑块，以调整颜色范围，如图4-3-23所示。

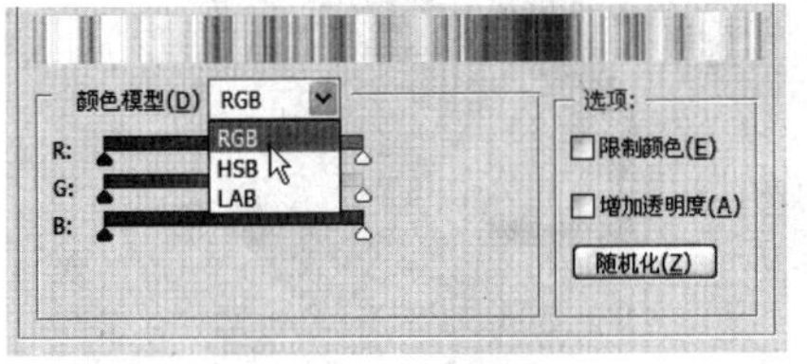

图 4-3-23

(5) 在“选项”选项组中，用户还可以选择“限制颜色”、“增加透明度”、“随机化”几项来控制颜色饱和度、透明度以产生不同的渐变效果。

4.3.2 油漆桶工具

油漆桶工具的主要作用是可以在图像或选择区域内填充颜色和图案。其具体使用方法如下：

图 4-3-24

（1）按“Ctrl+O”组合键打开素材中的“cici”文件，如图 4-3-24 所示。

图 4-3-25

（2）选择工具箱中的“油漆桶工具”，如图 4-3-25 所示。

（3）在选项栏中选择“填充”为“前景”，“容差”为 32，并且不勾选“连续的”复选框，其他设置如图 4-3-26 所示。

图 4-3-26

填充：此项中包括“前景”和“图案”两种模式，选择不同的模式将以不同的方式填充。

容差：用于控制图像的填充范围，数值越大，填充的范围就越大。

连续的：勾选此复选框，只填充与鼠标指针落点处颜色相同或相近的连续区域；若不勾选此复选框，将填充与鼠标指针落点处颜色相同或相近的所有区域。

图 4-3-27

（4）设置工具箱中的“前景色”为黄色（R：255，G：234，B：0），并移动鼠标指针到画面的右上角单击（填充前景色），如图 4-3-27 所示。

(5) 如果嫌填充的范围不够，可移动鼠标到其他位置继续单击填充，如图4-3-28所示。

图 4-3-28

4.4 修 复 工 具

在图像处理的过程中，经常会遇到图像有破损的情况，这时就需要利用 Photoshop 中相应的修复工具来进行修复，如污点修复画笔工具、红眼工具、仿制图章工具等，以修复图像中的污点或瑕疵。

4.4.1 污点修复画笔工具

污点修复画笔工具可以快速移除照片中的污点和其他不理想的部分。它使用图像或图案中的样本像素进行修复，并将样本像素的纹理、光照、透明度和阴影与所修复的像素相匹配。与修复画笔不同的是污点修复画笔不要求用户指定样本点，它将自动从所修饰区域的周围取样。

(1) 按“Ctrl+O”组合键打开素材中的“假小子”文件，如图 4-4-1 所示。

图 4-4-1

提示

该女孩的脸上有一颗小痣，现在要用污点修复画笔工具将小痣去掉。

图 4-4-2

(2) 选择工具箱中的“污点修复画笔工具”，如图 4-4-2 所示。

(3) 在选项栏中设置“画笔”大小为“19 像素”，类型选择“近似匹配”，如图 4-4-3 所示。

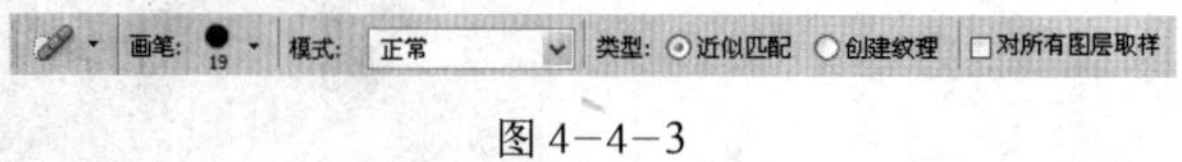

图 4-4-3

模式：用于在选项栏的“模式”菜单中选取混合模式修复污点。

“类型”包括：

近似匹配：选择此类型，将使用选区周围的像素来修复选定区域的不理想部分。

创建纹理：选择此类型，将使用选区中的所有像素创建一个用于修复该区域的纹理。

对所有图层取样：勾选该复选框，可从所有可见图层中进行取样。

提示

在设置画笔大小的时候，最好将画笔设置成比要修复的区域稍大一些，这样只需单击一次即可覆盖整个污点区域。

(4) 移动鼠标指针到需要修复的污点上单击，或按住鼠标左键并拖动，即可将污点修复，修复后的图像效果如图 4-4-4 所示。

图 4-4-4

提示

如果需要修复大片区域，用户可以使用修复画笔工具进行修复，而不使用污点修复画笔工具。

4.4.2 红眼工具

红眼工具可移除使用闪光灯拍摄的人物照片中的红眼现象，也可移除使用闪光灯拍摄的动物照片中的白色或绿色反光。

（1）按“Ctrl+O”组合键打开素材中的“红眼照片”文件，如图4—4—5所示。

图4—4—5

（2）选择工具箱中的”红眼工具”，如图4—4—6所示。

图4—4—6

（3）在选项栏中设置“瞳孔大小”为“50%”，“变暗量”也为“50%”，如图4—4—7所示。

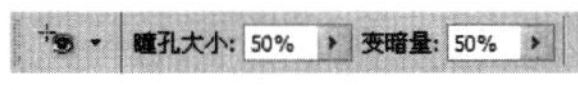

图4—4—7

瞳孔大小：用来设置瞳孔（眼睛暗色的中心）的大小。

变暗量：用来设置瞳孔的暗度。

（4）移动鼠标指针到红眼处单击，红眼现象可立即消除，效果如图4—4—8所示。

图4—4—8

4.4.3　仿制图章工具

仿制图章工具的主要优点是可以从已有的图像中取样，然后将取到的样本应用于其他图像或同一图像上。

（1）按“Ctrl+O”组合键打开素材中的“小辣椒”文件，如图4—4—9所示。

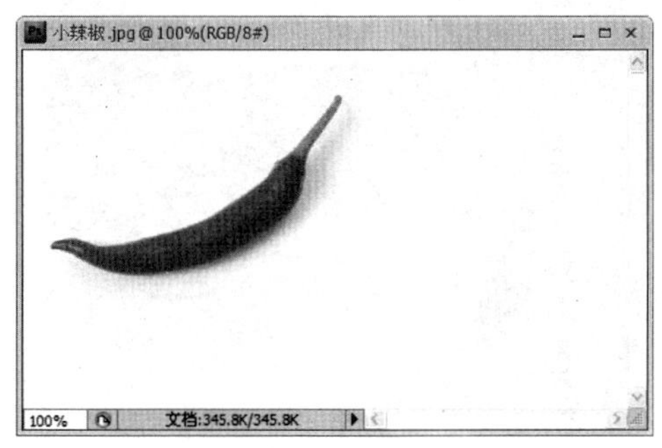

图4—4—9

图 4-4-10

(2) 选择工具箱中的“仿制图章工具”，如图 4-4-10 所示。

(3) 在其选项栏中设置一个 45 像素柔角画笔，其他参数保持默认值，如图 4-4-11 所示。

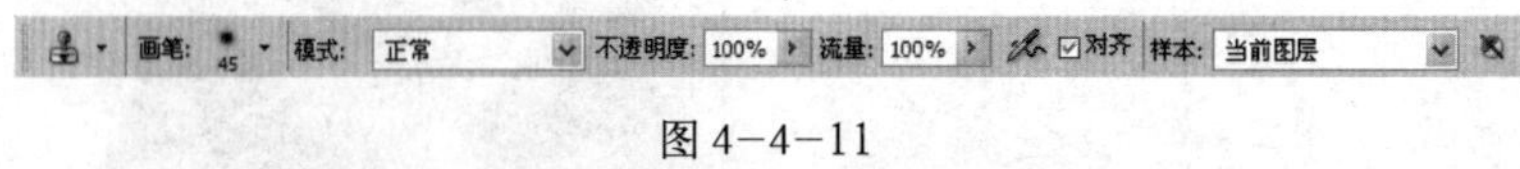

图 4-4-11

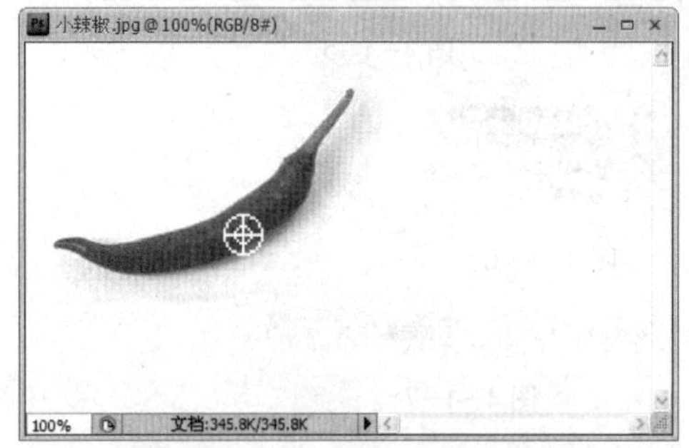

图 4-4-12

(4) 移动鼠标指针到图4-4-12所示的位置，并按住 Alt 键，等鼠标指针变成“取样形状”后单击鼠标左键，即可将单击处的图像采集下来。

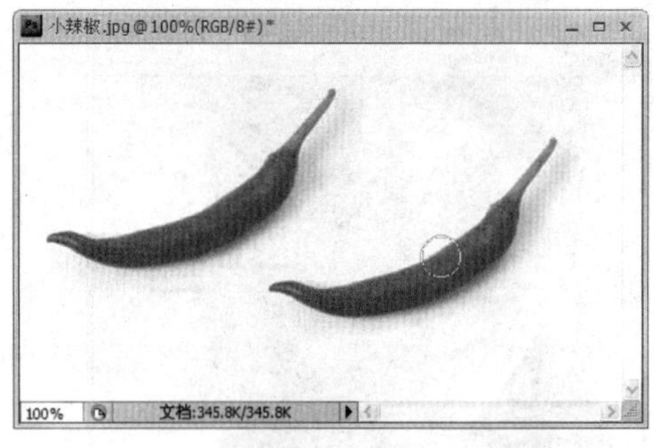

图 4-4-13

(5) 移动鼠标指针到旁边的位置按住鼠标拖动，即可按照采集处的样本为其始点进行仿制，仿制后的图像效果如图 4-4-13 所示。

4.4.4 模糊工具

模糊工具是一种通过画笔使图像变得模糊的工具，其工作原理是降低像素之间的反差，从而使图像变得模糊。

图 4-4-14

(1) 按“Ctrl+O”组合键打开素材中的“桃花”文件，如图 4-4-14 所示。

(2) 选择工具箱中的“模糊工具”，如图 4-4-15 所示。

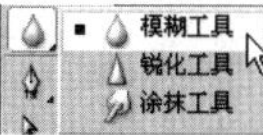

图 4-4-15

(3) 在其选项栏中设置“画笔”大小为“70 像素”，其他参数保持默认值，如图 4-4-16 所示。

图 4-4-16

画笔：该项可以设置模糊工具的笔头大小和形状。

模式：该项可以设置模糊工具的色彩混合方式。

强度：该项可以控制涂抹的程度，数值越大，涂抹的效果越明显。

用于所有图层：勾选此复选框，可以对所有图层起作用。

(4) 移动鼠标指针到的需要模糊的位置按住左键涂抹，即可使指定位置的图像变得模糊，如图 4-4-17 所示。

图 4-4-17

4.4.5 涂抹工具

涂抹工具的主要功能是模拟手指在未干的画布上涂抹，产生一种图像变形的效果。其使用方法如下：

(1) 按“Ctrl+O”组合键打开素材中的“马”文件，如图 4-4-18 所示。

图 4-4-18

(2) 选择工具箱中的“涂抹工具”，并在其选项栏中设置“画笔”大小为“15 像素”，其他参数保持默认值，如图 4-4-19 所示。

图 4-4-19

手指绘画：勾选该复选框，相当于用手指蘸着前景色在图像中进行涂抹；不勾选该复选框，将只是以拖动图像处的色彩进行涂抹。

（3）移动鼠标指针到图像上单击鼠标右键，打开“画笔选取器”对话框，从中选择合适的笔头及大小，如图 4-4-20 所示。

图 4-4-20

（4）移动鼠标指针到马的脖子和头顶处，按住鼠标左键不放并向外拖动鼠标，经过多次操作即可制作出马的鬃毛，效果如图 4-4-21 所示。

图 4-4-21

4.4.6 减淡工具

减淡工具的主要作用是对图像的阴影、中间色和高光部分进行增亮和加光处理。

（1）按“Ctrl+O”组合键打开素材中的“室内效果图”文件，如图4-4-22所示。

图 4-4-22

(2) 选择工具箱中的“减淡工具”，如图 4-4-23 所示。

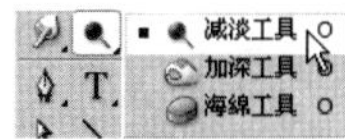

图 4-4-23

(3) 在其选项栏中设置“画笔”大小为“60 像素”，“范围”为“高光”，其他参数如图 4-4-24 所示。

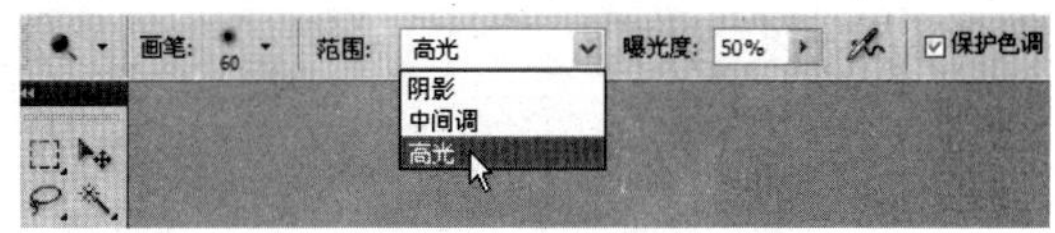

图 4-4-24

范围：单击右侧的下拉按钮，会弹出“阴影”、“中间调”和“高光”3 个选项。选择“阴影”选项，将只对图像中较暗的区域起作用；选择“中间调”选项，将只对图像中的中间色调区域起作用；选择“高光”选项，将只对图像中的高光区域起作用。

曝光度：用于控制图像的曝光强度，数值越大，曝光强度越明显。

喷枪：单击该按钮，将启用喷枪工具。

保护色调：勾选该复选框可以将画面的色调保持在一种统一的范围，从而起到保护图像色调的作用。

(4) 移动鼠标指针到台灯及其周围单击（或者单击并拖动），单击若干次后，便制作出了台灯的灯光效果，如图 4-4-25 所示。

图 4-4-25

(5) 使用同样的方法，用户还可以对其他灯光进行渲染加亮处理，如图 4-4-26 所示。

图 4-4-26

提示

若对渲染的结果不满意，可按“Ctrl+Alt+Z”组合键进行多次撤销。

4.4.7 加深工具

加深工具可以改变图像特定区域的曝光度，使图像变暗。

图 4-4-27

（1）按“Ctrl+O”组合键打开素材中的“室内 2”文件，如图 4-4-27 所示。

图 4-4-28

（2）选择工具箱中的“加深工具”，如图 4-4-28 所示。

（3）在选项栏中设置画笔为“柔角65像素”，范围为“中间调”，曝光度为“50%”，如图 4-4-29 所示。

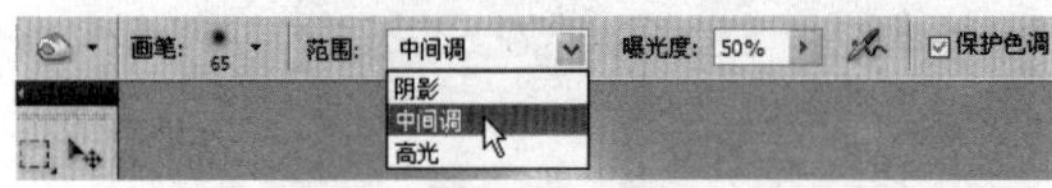

图 4-4-29

图 4-4-30

（4）移动鼠标指针到茶几下面的阴影部位进行涂抹，阴影效果如图 4-4-30 所示。

4.5 文 字 工 具

Photoshop的文字工具分为两种，一种是文字工具，一种是文字蒙版工具，它们分别用于输入文字和建立文字选区。本节将介绍文字的输入以及对文本的编辑。

4.5.1 输入文字

在Photoshop中，使用文字工具不仅可以输入横排或直排文字，还可以输入横排或

直排文字选区。右键单击工具箱中的文字工具，将弹出文字工具组，如图 4-5-1 所示。其中上面两个为文字工具，下面两个为文字蒙版工具。

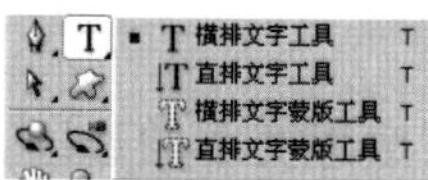

图 4-5-1

1. 输入普通文字

使用文字工具可以输入横排和直排的普通文字，并且在输入文本的同时会自动新建一个文本图层。横排文字工具和直排文字工具的使用方法一样，下面以横排文字工具为例介绍文字工具的输入方法。

(1) 按“Ctrl+N”组合键新建一个文件，之后选择工具箱中的“横排文字工具”，如图 4-5-2 所示。

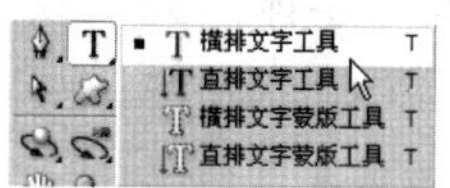

图 4-5-2

(2) 在选项栏中设置“字体”为“方正流行体简体”，“字体大小”为“18 点”，“文本颜色”为黑色，其他设置如图 4-5-3 所示。

图 4-5-3

(3) 移动鼠标指针到页面上单击，等光标呈现输入状态时输入文字，如图 4-5-4 所示。

我只要简单的幸福、简单的快乐。

图 4-5-4

(4) 输入完文字后，在选项栏上单击“提交”按钮☑，即可完成文本的输入，如图 4-5-5 所示。

“提交”按钮

图 4-5-5

提示

若单击选项栏上的“取消”按钮⊘，将取消当前的输入。

(5) 此时在图层调板中自动创建了一个文本图层，如图 4-5-6 所示。

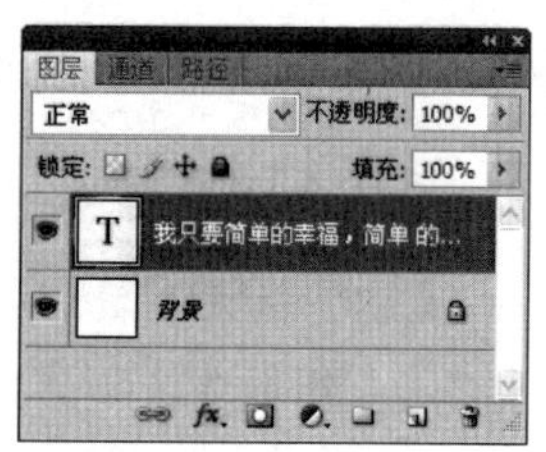

图 4-5-6

2.输入文字选区

文字蒙版工具可以创建出文本的选区，和文字工具一样，文字蒙版工具可以输入横排和直排的文字选区。所不同的是，使用文字蒙版工具创建文字选区后，在图层调板上不会出现新的文本图层。下面具体介绍如何输入文字选区。

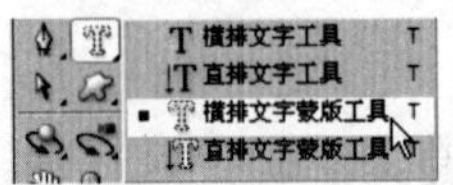

图 4–5–7

(1) 单击工具箱中的“横排文字蒙版工具”，如图 4–5–7 所示。

(2) 在选项栏中设置“字体”为“汉仪琥珀体简”，“字体大小”为“48 点”，其他设置如图 4–5–8 所示。

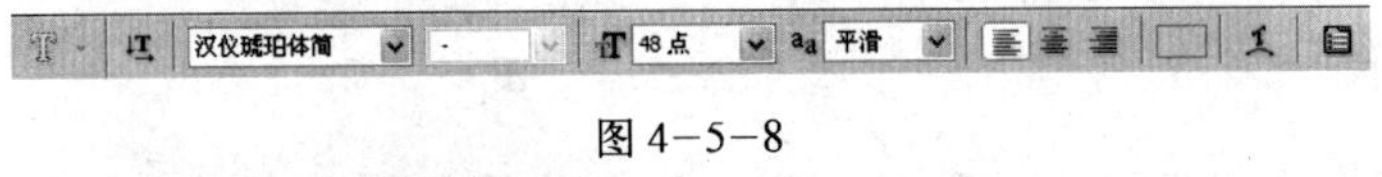

图 4–5–8

图 4–5–9

(3) 移动鼠标指针到页面上单击，等光标呈现输入状态时输入文字，如图 4–5–9 所示。

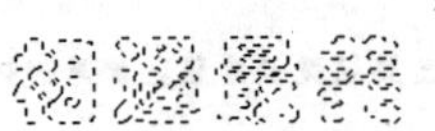
图 4–5–10

(4) 确认输入的文字正确无误后，在选项栏上单击“提交”按钮✔即可创建出文本的选区，如图 4–5–10 所示。

直排文字蒙版工具和横排文字蒙版工具的用法相同，在此不作过多介绍。

提示

使用蒙版文字工具输入文字后，不能对文字的字号、间距、行距等进行修改，所以在编辑蒙版文字前，一定要把文字所需的参数设置好。

4.5.2 输入段落文本

段落文本适合输入较多的文字，它能在输入过程中自动换行，并且还可以通过控制点来调整文本框的大小。段落文本的输入方法和普通文字的输入相似，举例说明如下：

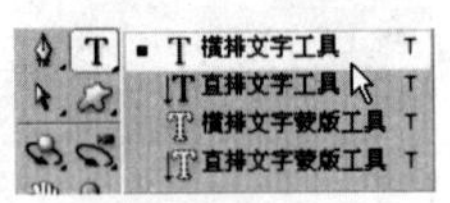

图 4–5–11

(1) 选择工具箱中的“横排文字工具”，如图 4–5–11 所示。

（2）在选项栏中设置“字体”为“经典特宋简”，“字体大小”为“16点”，“文本颜色”为黑色，如图4−5−12所示。

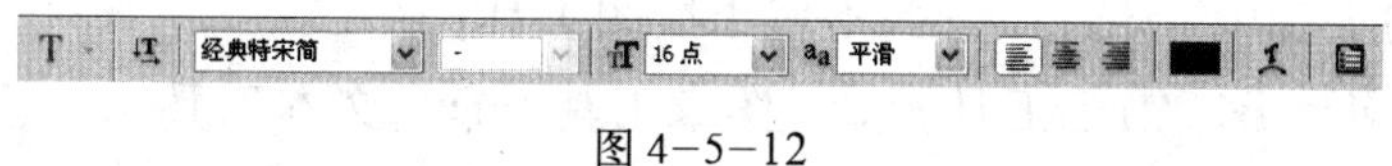

图4−5−12

（3）移动鼠标指针到画面中，按住鼠标不放并拖动，绘制出一个文本框，如图4−5−13所示。

图4−5−13

（4）此时在文本框中出现一个闪烁的光标，输入文字即可完成段落文本的输入，如图4−5−14所示。

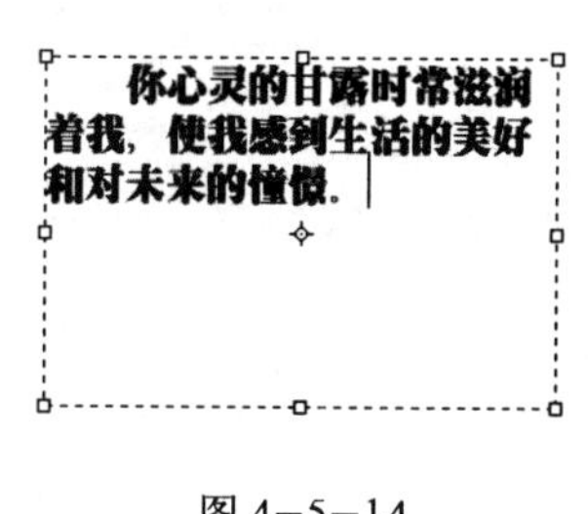

图4−5−14

4.6 小　结

本章主要介绍了Photoshop CS4工具箱中工具的使用方法。通过对这些工具的介绍，读者应能使用这些工具进行绘图、填充颜色、修复图像等，其中渐变工具中涉及的选项较多，读者可多加练习。

4.7 练　习

一、填空题

（1）移动工具的主要作用是对图像或者________区域进行移动、复制和变换等操作。

（2）渐变工具有________种渐变方式。

（3）污点修复画笔工具可以快速移除照片中的________和其他不理想的部分。

二、选择题

（1）如果要对图像的阴影、中间色和高光部分进行增亮和加光处理，可以使用下面的________。

A．模糊工具　B．减淡工具　C．海绵工具　D．加深工具

(2)“自动抹除”选项是__________特有的。

A．喷枪工具　B．画笔工具　C．铅笔工具　D．钢笔工具

(3) 下面的工具中，__________不属于绘图工具。

A．画笔工具　B．铅笔工具　C．图章工具　D．文本工具

三、问答题

(1) 红眼工具的用途是什么?

(2) 涂抹工具的工作原理是什么?

(3) 图章工具有哪几种类型？它们的功能各是什么?

第5章　路　径

本章内容提要：

- 路径的基础知识
- 创建路径
- 绘制形状
- 编辑路径
- 管理路径

5.1　路径的基础知识

5.1.1　路径的概念

简单地说，路径就是使用钢笔工具、自由钢笔工具和形状工具创建的路径或形状轮廓。通过编辑路径的锚点，用户可以改变路径的形状，制作出任意图形。

5.1.2　路径的作用

下面对路径的作用作一个罗列介绍：

(1) 路径是矢量图形，不会失真。

(2) 制作线条和图形。

(3) 将路径作为矢量蒙版来隐藏图层区域。

(4) 将路径转换为选区。

(5) 使用颜色填充或描边路径。

(6) 在路径上环绕文字。

(7) 剪贴路径。

5.1.3　路径的组成

路径是由锚点、直线段或曲线段组成的矢量线条。在创建路径前了解路径的组成，可以更好的完成路径的创建，甚至是路径的编辑，图 5-1-1 列出了路径各个部位的名称。

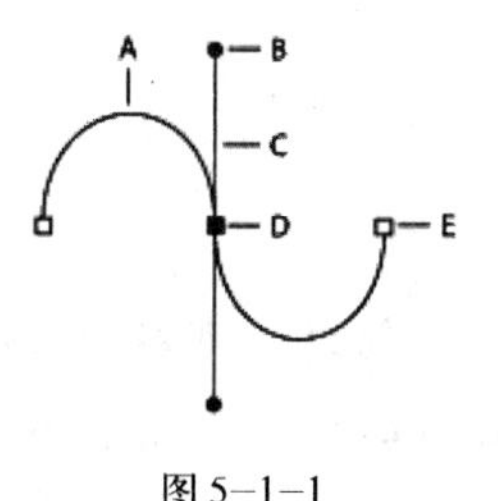

A.曲线段
B.方向点
C.方向线
D.选中的锚点
E.未选中的锚点

图 5-1-1

5.2 创建路径

本节将介绍使用钢笔工具、自由钢笔工具和形状工具创建路径，这也是路径最基本的操作。通过这些创建路径工具，用户可以绘制出任意图形，但本节只介绍最基本的创建路径方法。

5.2.1 绘制直线

使用钢笔工具可以绘制出直线路径，其方法是通过单击创建锚点来完成。绘制直线的方法如下：

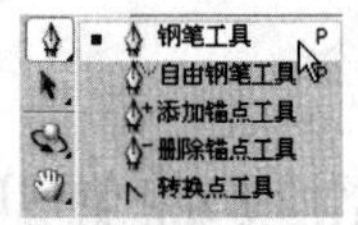

图 5-2-1

(1) 选择工具箱中的“钢笔工具”，如图 5-2-1 所示。

(2) 在其选项栏中单击“路径”按钮，如图 5-2-2 所示。

路径 填充像素

形状图层

图 5-2-2

图 5-2-3

(3) 移动鼠标指针到图像窗口中单击，创建第一个锚点，如图 5-2-3 所示。

(4) 移动鼠标指针到下一位置再次单击，即可创建出直线段路径（在移动鼠标指针的过程中，如果按住 Shift 键，创建直线段的角度将限制为 45 度的倍数），如图 5-2-4 所示。

(5) 如果继续移动鼠标指针单击，将创建出连续的直线段，但最后一个锚点总是以实心方形显示，表示其处于选中状态，没选中的锚点将以空心方形显示，如图 5-2-5 所示。

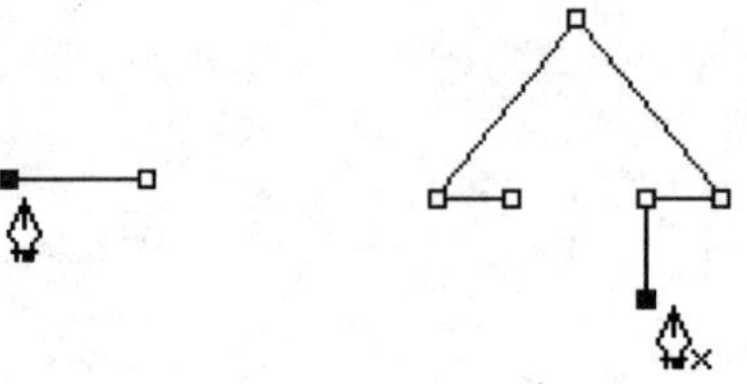

图 5-2-4　　图 5-2-5

提示

①要结束开放路径的创建，可按住 Ctrl 键单击路径以外的位置。

②如果要创建封闭的路径，只需将鼠标指针移到路径的起始锚点处，等鼠标指针的右下角出现一个小圆圈后，单击鼠标左键即可。

5.2.2　绘制曲线

使用钢笔工具也可以绘制出曲线路径，其方法同绘制直线路径相似，只不过在创建锚点的时候需要拖动鼠标建立方向线。方向线和方向点的位置直接影响到曲线的形状，其绘制方法如下：

（1）选择工具箱中的“钢笔工具”，移动鼠标指针到图像中单击并拖动鼠标，确定起始锚点和方向线，如图5—2—6所示。

图5—2—6

（2）移动鼠标指针到下一个位置单击并拖动鼠标（此时钢笔工具变成箭头图标，并且拖拉出的方向线随鼠标的移动而移动），即可创建出曲线路径，如图5—2—7所示。

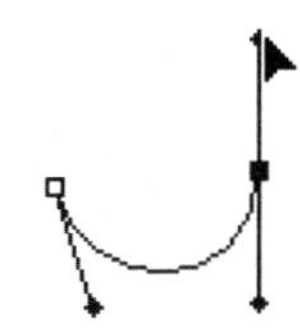

图5—2—7

提示

在拖动鼠标的过程中，如果按住Shift键，将限制在45度角的倍数上移动。

（3）继续单击并拖动鼠标，可继续创建曲线，如图5—2—8所示。

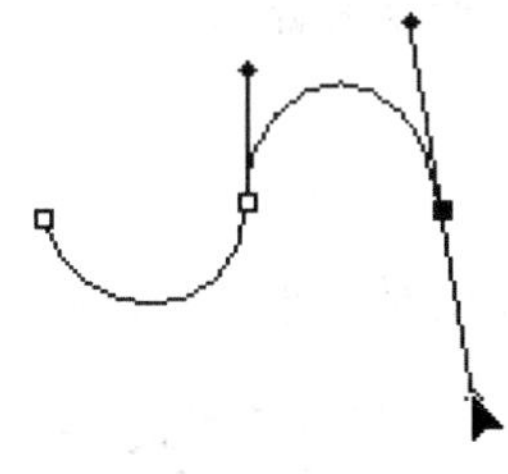

图5—2—8

提示

如果在拖动鼠标的过程中按住Alt键，则仅会改变一侧方向线的角度。

5.2.3　绘制自由曲线

自由曲线是由“自由钢笔工具”绘制而成的，其绘制方法就如同使用铅笔绘制那样自由，因此称之为自由曲线。它不仅能绘制出开放的自由曲线，还能绘制出闭合的自由曲线，其绘制方法如下：

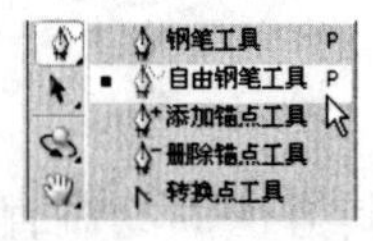

图 5-2-9

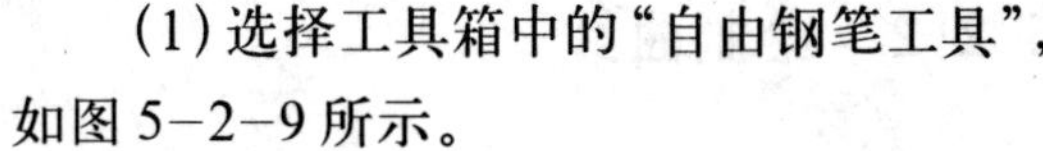

(1) 选择工具箱中的“自由钢笔工具”，如图 5-2-9 所示。

图 5-2-10

(2) 在其选项栏中单击“路径”按钮，如图 5-2-10 所示。

(3) 移动鼠标指针到图像窗口中按住鼠标左键并拖动，即可绘制出开放的自由曲线，如图 5-2-11 所示。

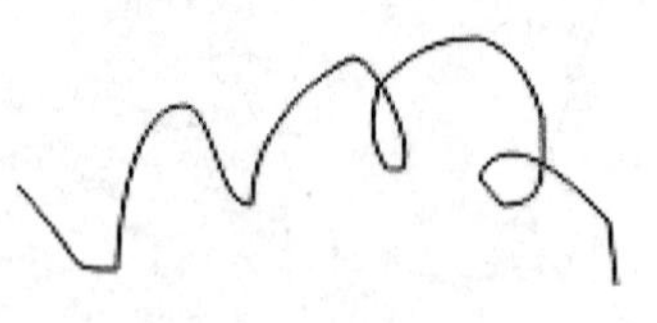

图 5-2-11

(4) 在拖动的过程中如果将鼠标指针移到路径的起点处，等鼠标指针的右下角出现一个小圆圈后，释放鼠标左键即可绘制出一条闭合的自由曲线，如图 5-2-12 所示。

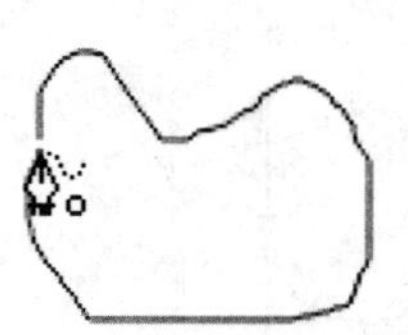

图 5-2-12

5.3 绘 制 形 状

形状的轮廓其实也是路径，工具箱中预设了很多形状工具，用户可以利用这些形状工具绘制出一些常用的形状和路径。

5.3.1 矩形工具

使用矩形工具可以绘制出矩形、正方形的形状、路径和填充像素。其使用方法如下：

(1) 选择形状工具组中的“矩形工具”，如图 5-3-1 所示。

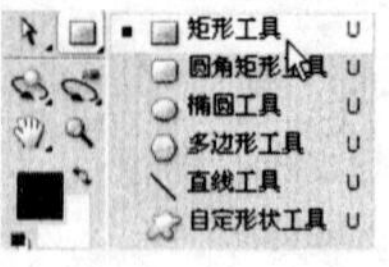

图 5-3-1

(2) 在其选项栏中单击“形状图层”按钮，选择“样式”为“无”，并单击“颜色”色块，从弹出的“拾色器”对话框中设置一种颜色，如图 5-3-2 所示。

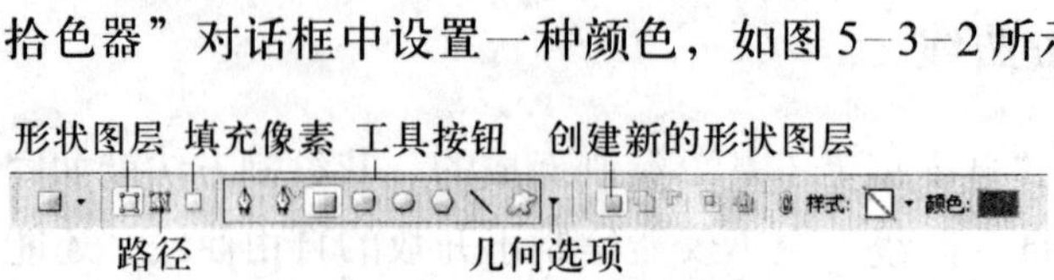

形状图层 填充像素 工具按钮 创建新的形状图层

路径 几何选项

图 5-3-2

形状图层：选择此按钮可以创建出矩形形状，并且在“图层”面板中会自动建立一个形状图层。

路径：选择此按钮可以创建普通的工作路径。

填充像素：选择此按钮可以在当前图层创建一个由前景色填充的形状。

工具按钮：这8个按钮的作用跟工具箱中工具的作用一样，是用来快速切换到各个工具的快捷按钮。

几何选项：单击此三角按钮会弹出一个选项面板，如图5–3–3所示。在这个面板中提供了4个单选按钮和两个复选框。选择“不受约束”单选按钮可随意创建形状大小；选择“方形”单选按钮则只能绘制正方形形状；选择“固定大小”单选按钮，可在后面的文本框中设置固定大小的尺寸；选择“比例”单选按钮，可在后面的文本框中设置比值，按照比例进行绘制形状；勾选“从中心”复选框，将以鼠标按下时指针位置为中心进行绘制；勾选“对齐像素”复选框，则可锁定边缘像素反差较大的区域进行绘制。

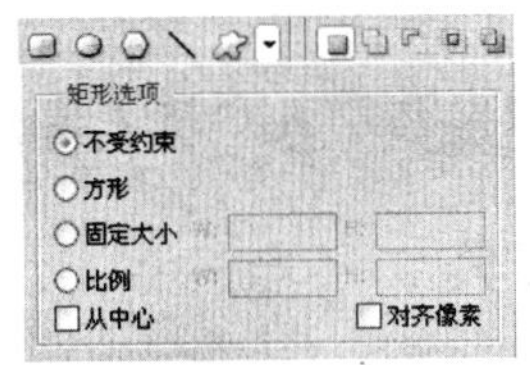

图5–3–3

创建新的形状图层：选择此按钮，用户每次创建形状时都将创建一个新的形状图层。

添加到形状区域：选择此按钮，新创建的形状将添加到当前的形状中去。

从形状区域减去：选择此按钮，原形状会减去与新创建形状相交的部分。

交叉形状区域：选择此按钮，将只保留两个形状相交的部分。

重叠形状区域除外：选择此按钮，原形状与新建形状重叠的部分将被减去。

样式：单击此项后面的按钮会弹出一个“样式选项”面板，如图5–3–4所示。在其中选择样式后，绘制的形状中会显示样式效果。

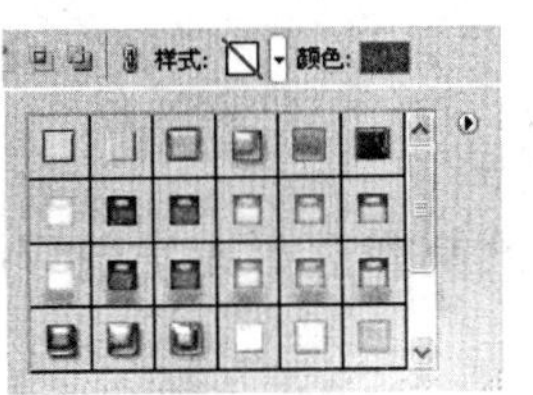

图5–3–4

颜色：单击此项后面的色块，从弹出的“拾色器”对话框中可为形状设置颜色。

（3）移动鼠标指针到图像窗口中按住鼠标左键并拖动，即可绘制出一个矩形形状，如图5–3–5所示。

图5–3–5

（4）若按住Shift键并拖动鼠标，则可绘制出正方形的形状，如图5–3–6所示。

图5–3–6

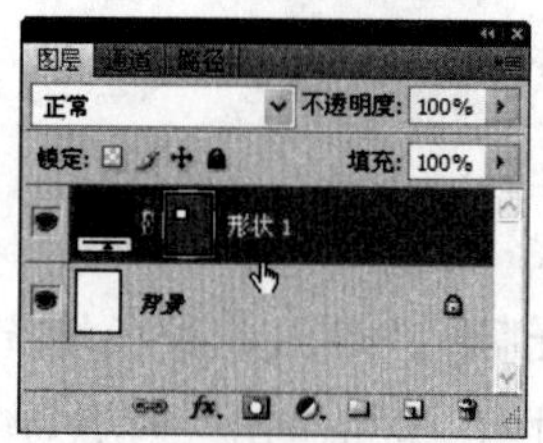

图 5-3-7

(5) 在选项栏中选择以“形状图层”的方式创建形状后，在“图层”面板中会自动建立一个形状图层，如图 5-3-7 所示。

提示

在选项栏中选择“路径”或“填充像素”按钮可分别绘制出路径和填充像素区域。

5.3.2 圆角矩形工具

圆角矩形工具是用来绘制圆角矩形的工具，其用法和选项栏都与矩形工具的相似，只是选项栏中多了一个“半径”选项，如图 5-3-8 所示。

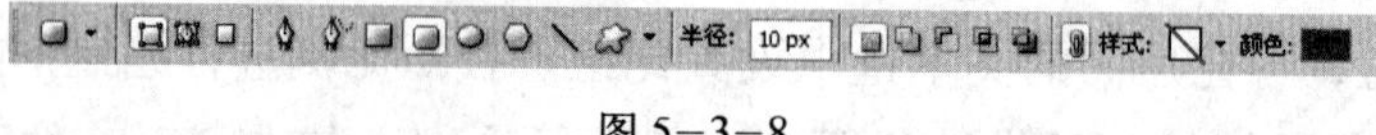

图 5-3-8

“半径”：主要用来决定圆角矩形的平滑度，取值范围为 0～1000px，数值越大边角越平滑。将其设置为不同的数值时，可绘制出不同圆角的矩形，如图 5-3-9 所示。

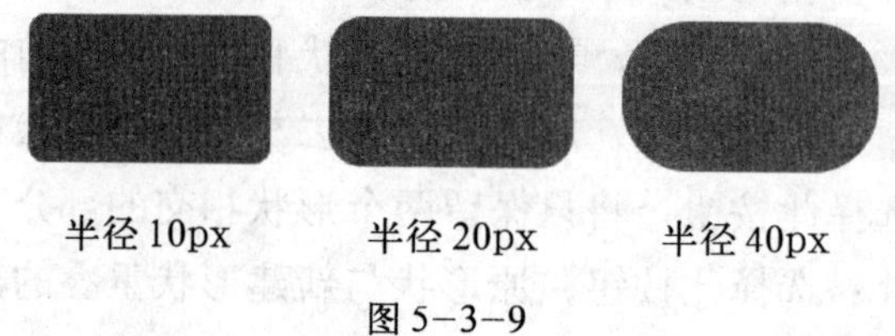

图 5-3-9

5.3.3 椭圆工具

椭圆工具是用来绘制椭圆形或正圆形的工具，其用法和选项栏与矩形工具的相同，在此不再赘述。

提示

按住 Shift 键拖动鼠标即可绘制出正圆形的形状或路径。

5.3.4 多边形工具

多边形工具可用来绘制正多边形或星形，如等边三角形、正五边形、星形等。默认情况下，在图像文件中按住鼠标拖动可绘制出正多边形，当在选项栏中的“多边形选项”面板中选择“星形”选项后，在图像窗口中可绘制出星形。

多边形工具的选项栏和矩形工具的很相似，只是多了一个“边”选项，如图 5-3-10 所示。

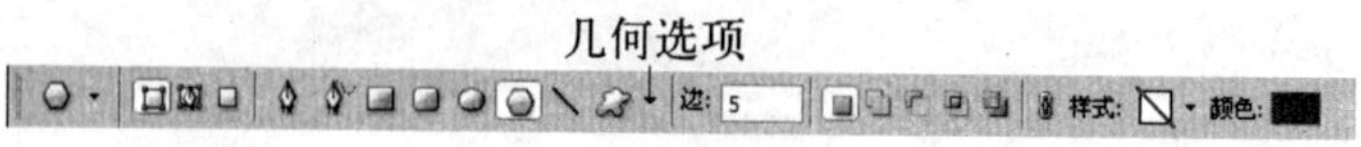

几何选项

图 5-3-10

“几何选项”三角按钮：单击此按钮将弹出如图 5−3−11 所示的“多边形选项”面板。

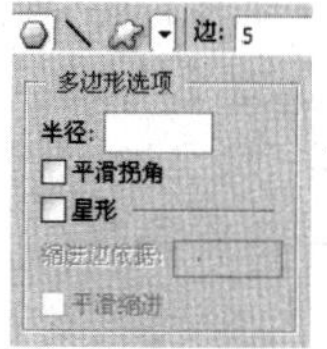

图 5−3−11

半径：可用来设置多边形或星形的半径长度。在右侧文本框中设置相应的参数后，在图像窗口中拖动鼠标指针则只能绘制出固定大小的正多边形或星形。

平滑拐角：勾选此复选框，在图像窗口中拖动鼠标指针可以绘制圆角效果的正多边形或星形，如图 5−3−12 所示。

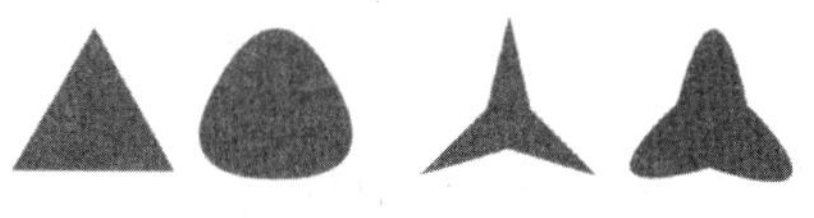

图 5−3−12

星形：勾选此复选框，在图像窗口中拖动鼠标指针可以绘制出星形图形，如图 5−3−13 所示。

图 5−3−13

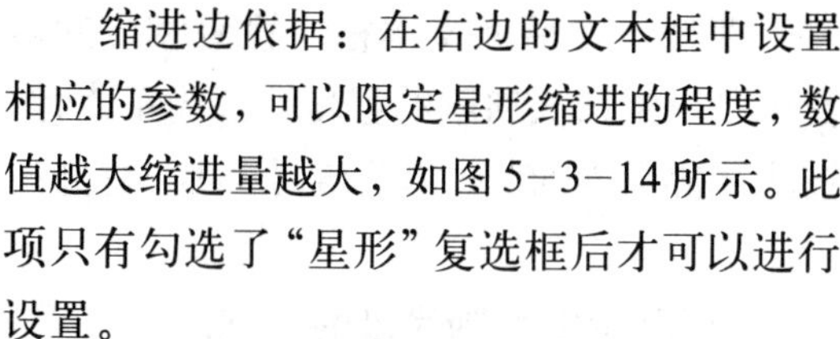

缩进边依据：在右边的文本框中设置相应的参数，可以限定星形缩进的程度，数值越大缩进量越大，如图 5−3−14 所示。此项只有勾选了“星形”复选框后才可以进行设置。

图 5−3−14

平滑缩进：此项是“星形”选项的子选项，它可以使星形的边平滑并向中心缩进，如图 5−3−15 所示。

图 5−3−15

边：在此项中用户可以设置绘制的边数，取值范围为 3～100 之间。

5.3.5　直线工具

直线工具是用来绘制直线或带有箭头的线段工具。其选项栏与以上讲的形状工具的相似，只是多了“粗细”这一项，如图 5−3−16 所示。

图 5−3−16

“几何选项”三角按钮：单击此按钮将弹出图 5−3−17 所示的“箭头”面板。

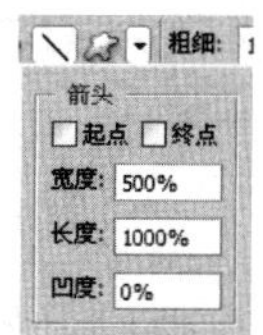

图 5−3−17

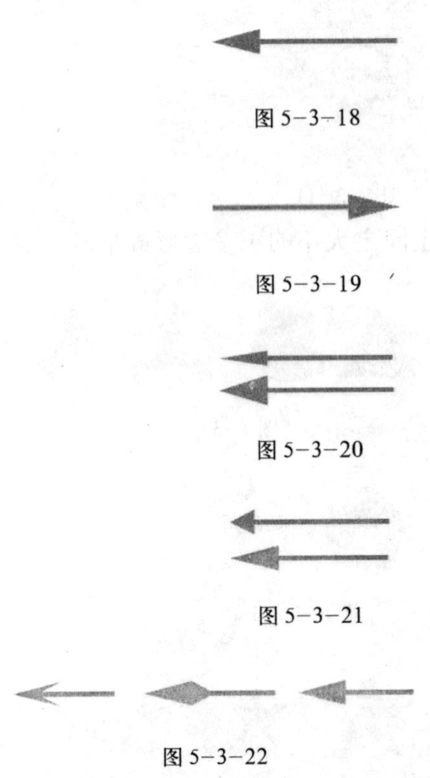

起点：勾选此复选框，在绘制线段时起点处带有箭头，如图 5−3−18 所示。

图 5−3−18

终点：勾选此复选框，在绘制线段时终点处带有箭头，如图 5−3−19 所示。

图 5−3−19

宽度：在后面文本框中设置相应的参数可以设定箭头宽度与线段宽度的百分比，如图 5−3−20 所示。

图 5−3−20

长度：在后面文本框中设置相应的参数可以设定箭头长度与线段长度的百分比，如图 5−3−21 所示。

图 5−3−21

凹度：在后面文本框中设置相应的参数可以设定箭头凹陷的程度。值为正值时，箭头尾部向内凹陷；为负值时，箭头尾部向外凸出，为“0”时，箭头尾部平齐，如图 5−3−22 所示。

图 5−3−22

粗细：在其后面的文本框中设置相应的参数，可以设定绘制线段的粗细。

5.3.6 自定形状工具

自定形状工具可以在图像窗口中绘制一些不规则的图形和自定义的图案。其选项栏与上面讲的形状工具的相似，只是多了一个“形状”选项，自定形状工具的使用方法如下：

(1) 选择工具箱中的“自定形状工具”，在其选项栏中选择“形状图层”按钮，之后单击“形状”选项后面的图标，并从弹出的“自定形状”选项面板中选择一个形状，如图 5−3−23 所示。

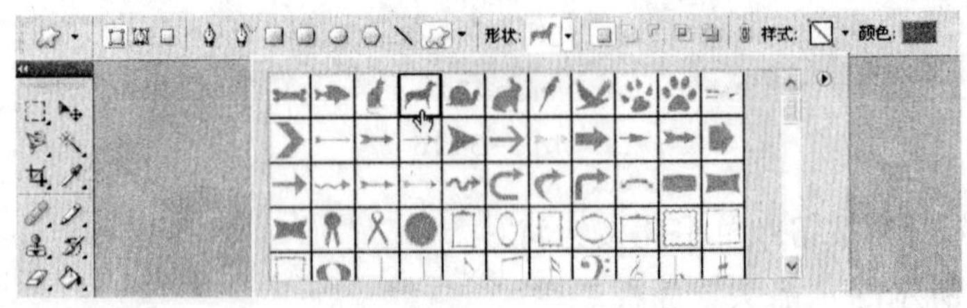

图 5−3−23

形状：单击此项后面的按钮会弹出“自定形状”选项面板。

（2）移动鼠标指针到图像窗口中按住鼠标左键并拖动，即可绘制出刚才选择的形状，如图 5−3−24 所示。

图 5−3−24

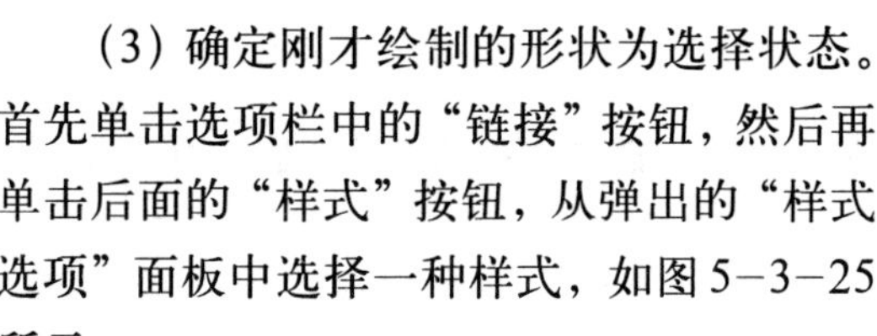

（3）确定刚才绘制的形状为选择状态。首先单击选项栏中的“链接”按钮，然后再单击后面的“样式”按钮，从弹出的“样式选项”面板中选择一种样式，如图 5−3−25 所示。

“链接”按钮

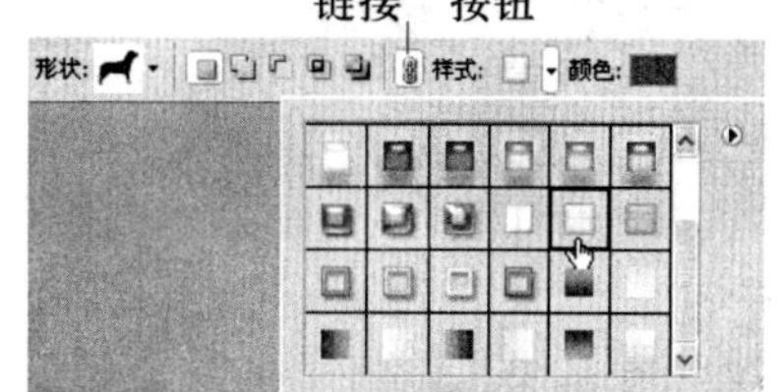

图 5−3−25

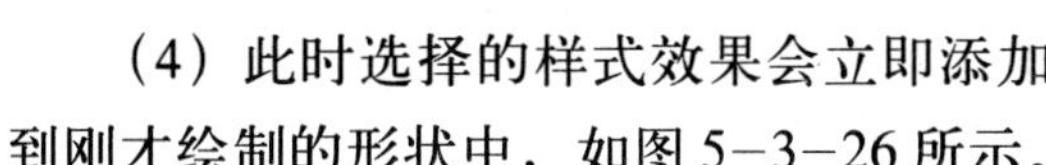

（4）此时选择的样式效果会立即添加到刚才绘制的形状中，如图 5−3−26 所示。

图 5−3−26

提示

单击“自定形状”选项面板右上角的小三角按钮，可以打开一个面板菜单，如图 5−3−27 所示。从中既可以改变面板中形状的显示方式，也可以载入、存储、替换和复位形状。

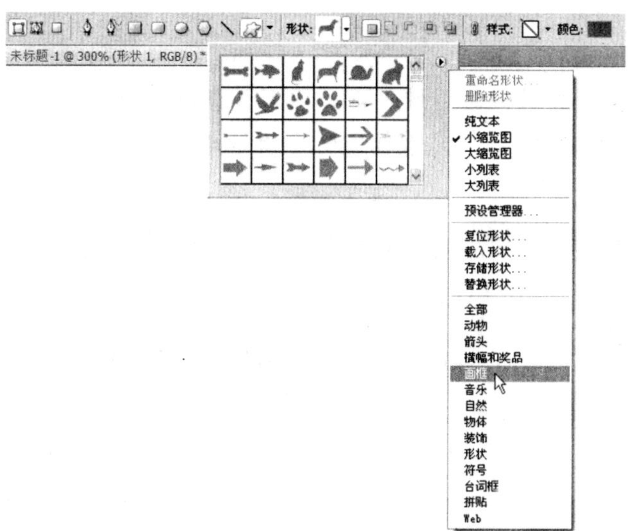

图 5−3−27

5.4 编辑路径

即使是绘制能力很强的用户，也不可能将图形一次性绘制成功，因此编辑路径就显的很重要了。通过编辑路径的锚点、方向线等，可以将路径改变成任意形状。

5.4.1 路径的选择和移动

在编辑路径前，首先需要学会如何选择路径和移动路径。选择和移动路径都是使用“路径选择工具”和“直接选择工具”，下面分别进行介绍。

1.路径选择工具

使用“路径选择工具”可以选择和移动整条路径，其使用方法如下：

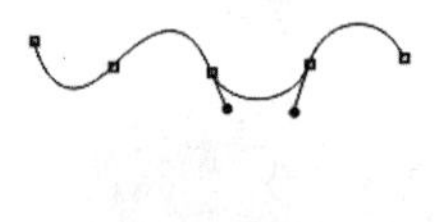

图 5−4−1

（1）创建一段路径或一个形状，如图 5−4−1 所示。

图 5−4−2

（2）选择工具箱中的“路径选择工具”，如图 5−4−2 所示。

图 5−4−3

（3）移动鼠标指针到路径上单击，即可将整条路径选中，如图 5−4−3 所示。

提示

路径中的锚点全部为实心状态时，表示选中了整段路径。

（4）选用“路径选择工具”并按住鼠标左键拖动路径即可移动整段路径。

2.直接选择工具

使用“路径选择工具”可以选择和移动部分路径，其使用方法如下：

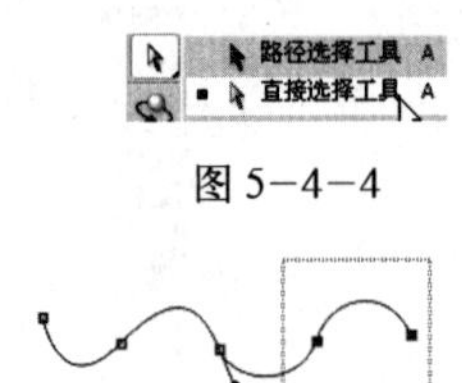

图 5−4−4

图 5−4−5

（1）接着上面的例子继续操作。选择工具箱中的“直接选择工具”，如图 5−4−4 所示。

（2）移动鼠标指针到路径上框选某一段路径，即可将某一段路径选中，如图 5−4−5 所示。

提示

选中路径段的锚点全都为实心状态显示。在选中直线选取工具的情况下，如果一次

性选中整条路径，可按住Ctrl键。

（3）移动鼠标指针到选中的路径段上，按住鼠标左键并拖动路径即可移动此段路径，如图5-4-6所示。

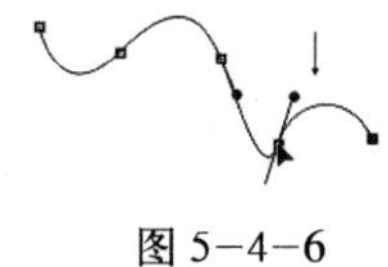

图5-4-6

5.4.2 转换路径

利用“转换点工具”既可以使路径在平滑曲线和直线之间相互转换，又可以调整曲线的形状，其使用方法如下：

（1）选择“钢笔工具”，创建一个三角形形状的路径（此路径是一个用直线相连接的路径），如图5-4-7所示。

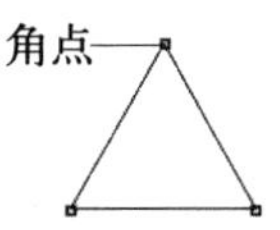

图5-4-7

（2）选择工具箱中的“转换点工具”，如图5-4-8所示。

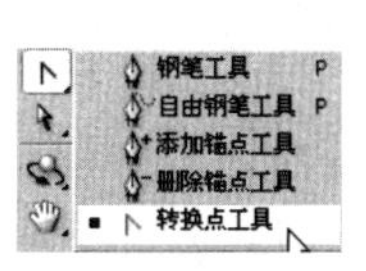

图5-4-8

（3）移动鼠标指针到路径上的角点处按住鼠标左键并拖动，即可将两边的直线转换为平滑曲线，如图5-4-9所示。

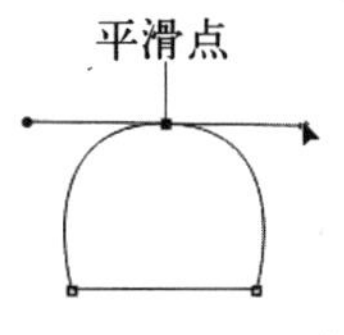

图5-4-9

（4）移动鼠标指针再回到这个平滑点上并单击，此时平滑曲线又被转换为了直线，如图5-4-10所示。

图5-4-10

5.4.3 添加和删除锚点

锚点是路径的重要构成要素，它的疏密决定了路径的可编辑程度。使用工具箱中的“添加锚点工具”或“删除锚点工具”可以添加或删除锚点，其使用方法如下：

（1）选择“钢笔工具”，在图像窗口内任意绘制一段路径，如图5-4-11所示。

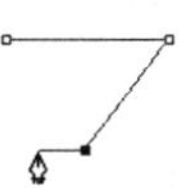

图5-4-11

（2）选择工具箱中的“添加锚点工具”，如图5-4-12所示。

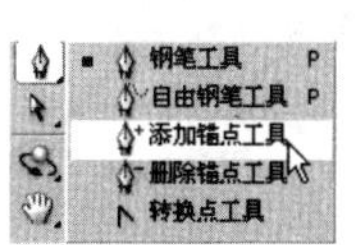

图5-4-12

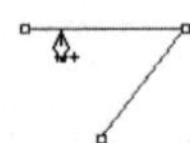

图 5-4-13

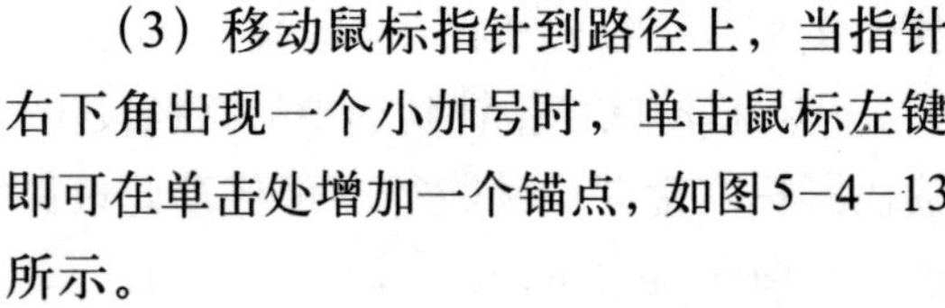

（3）移动鼠标指针到路径上，当指针右下角出现一个小加号时，单击鼠标左键即可在单击处增加一个锚点，如图 5-4-13 所示。

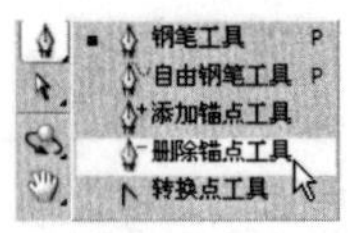

图 5-4-14

（4）选择工具箱中的“删除锚点工具”，如图 5-4-14 所示。

图 5-4-15

（5）移动鼠标指针到路径的某锚点上，当指针的右下角出现一个小减号时，单击鼠标左键即可将此锚点删除，如图 5-4-15 所示。

5.5 管理路径

有效地管理路径可以帮助用户减少不必要的失误，提高工作效率。本节介绍如何存储工作路径、重命名路径等管理路径的知识。

5.5.1 存储工作路径

通常，使用钢笔工具或形状工具创建的路径将作为“临时工作路径”存储在路径面板中，如果没有存储便取消选择该工作路径，当再次创建路径时，新的路径将取代现有路径。所以，及时存储有用的路径很有必要，其存储方法如下：

图 5-5-1

（1）选择“钢笔工具”，任意创建一段路径，如图 5-5-1 所示。

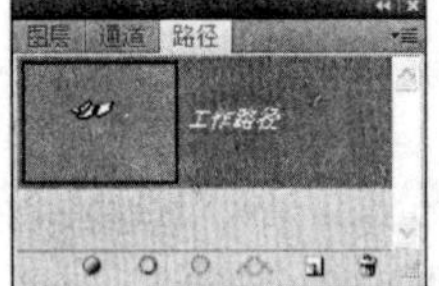

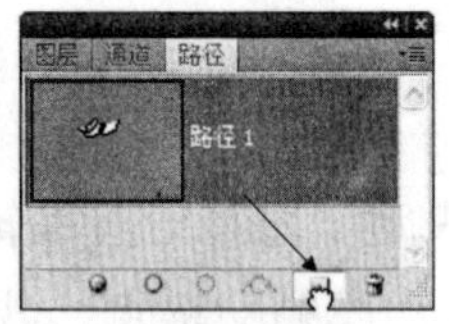

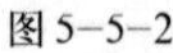

（a）存储路径前　（b）存储路径后

图 5-5-2

（2）将工作路径的名称拖动到路径面板底部的“创建新路径”按钮上，即可将临时的工作路径保存，如图 5-5-2（a）和（b）所示。

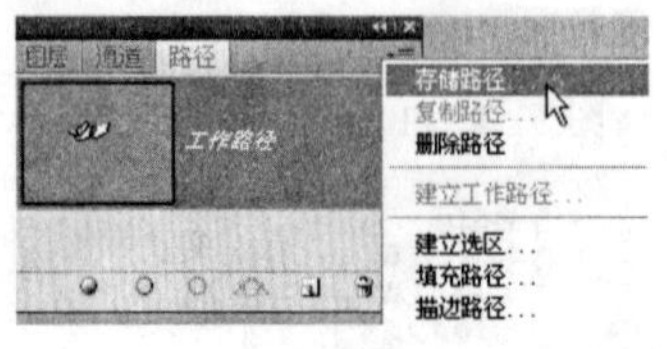

图 5-5-3

（3）另外，在“路径”面板菜单中选择“存储路径”命令，如图 5-5-3 所示。

(4) 在随即弹出的“存储路径”对话框中输入新的路径名称并单击“确定”按钮，也可将路径保存，如图 5-5-4 所示。

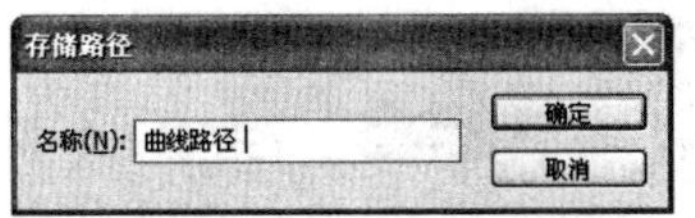

图 5-5-4

5.5.2 重命名路径

在路径面板中为路径起一个比较直观的名字是很有用的，尤其是在拥有很多个路径图层的情况下。

重命名存储路径的方法是：双击路径面板中的路径名，等其呈现输入状态后输入新的名称，按Enter键即可，如图 5-5-5 所示。

图 5-5-5

5.5.3 复制路径

复制路径可以迅速备份一条一模一样的路径，它不但可以快速地制作出一条同样的路径，还可以保护原路径不被损坏，其复制方法如下：

(1) 使用形状工具任意创建一条形状路径并重命名该路径图层为“小猫”，如图 5-5-6 所示。

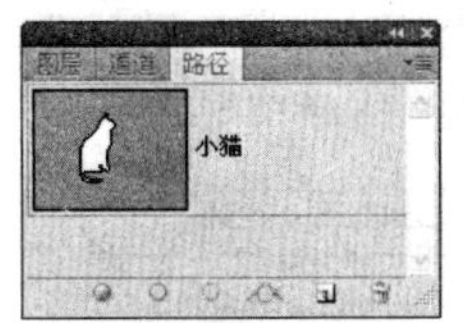

图 5-5-6

(2) 拖动“小猫”图层到“路径”面板底部的“创建新路径”按钮上，即可复制一个路径图层——小猫副本，如图 5-5-7 所示。

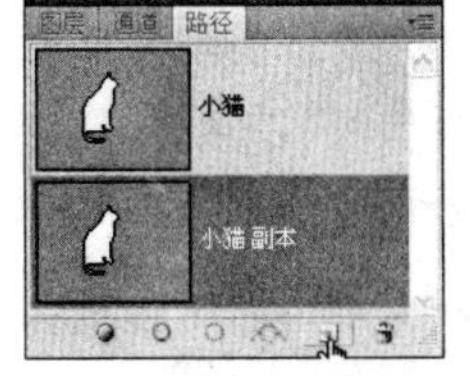

图 5-5-7

(3) 用户也可以在“路径”面板菜单中选择“复制路径”命令，从弹出的“复制路径”对话框中输入新的路径名称并单击“确定”按钮来复制路径。

5.5.4 隐藏和显示路径

在使用路径制作图像的过程中，有时是需要将路径隐藏的，以便于观察制作图像的效果或进行下一步绘制，隐藏和显示路径方法如下：

(1) 首先创建一条路径，然后在“路径”面板的空白处单击，即可将路径隐藏，如图 5-5-8 所示。

图 5-5-8

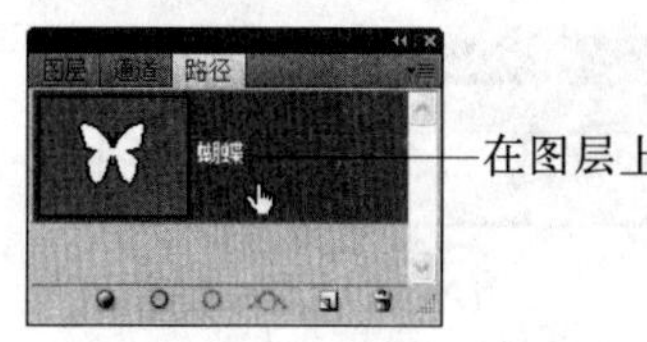

图 5-5-9

(2) 移动鼠标指针到“路径”面板中的图层上单击，即可将该图层中的路径在视图中显示出来，如图 5-5-9 所示。

提示

按“Ctrl+H”组合键可快速将路径在隐藏和显示之间来回切换。

5.5.5 删除路径

删除不需要的路径也属于管理路径的一部分，其方法有多种，下面分别进行介绍：

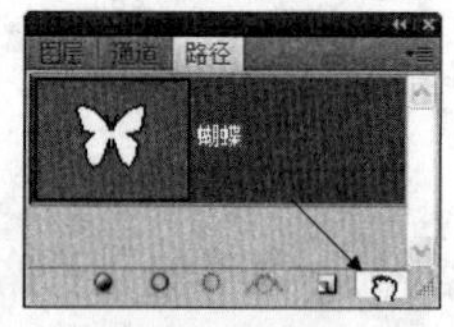

图 5-5-10

(1) 将路径图层拖动到路径面板底部的“删除当前路径”按钮上，即可将该路径删除，如图 5-5-10 所示。

图 5-5-11

(2) 在路径面板中选中要删除的路径图层，再单击路径面板底部的“删除当前路径”按钮，在弹出的提示对话框中单击“是”按钮即可删除路径，如图 5-5-11 所示。

提示

如果按住 Alt 键的同时单击“路径”面板底部的“删除当前路径”按钮，则可直接删除所选路径，不会弹出提示对话框。

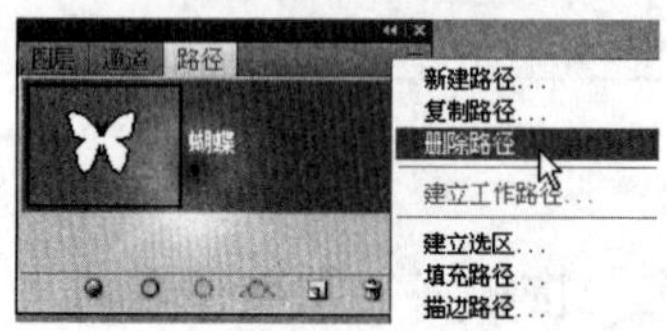

图 5-5-12

(3) 用户也可以选择“路径”面板菜单中的“删除路径”命令将路径删除，如图 5-5-12 所示。

5.6 小　结

本章介绍了关于路径的基础知识，创建、编辑和管理路径等一系列操作。通过对这些知识的学习，读者应能了解路径的作用，知道哪些路径是需要亲自绘制出来的，哪些基本形状是Photoshop预设的。希望读者通过不断地使用路径，将路径和形状完全掌握，在以后的绘图过程中能灵活运用。

5.7 练　习

一、填空题

（1）路径是由________和线段组成的矢量线条。

（2）在平滑曲线转折点和直线转折点之间进行转换，使用________工具。

（3）使用“钢笔工具”除了能创建开放的路径，还能创建________的路径。

二、选择题

（1）在选中“直接选取工具”的情况下，如要一次性选中整条路径，应按住________键。

A．Alt　B．Ctrl　C．Shift　D．以上都不对

（2）要隐藏路径面板中的路径，可以________。

A．按住Ctrl键并单击路径缩略图　　B．按住Shift键并单击路径缩略图

C．按住Alt键并单击路径缩略图　　D．按“Shift+H”键组合并单击路径缩略图

（3）要选取和移动整条路径，可以使用________。

A．移动工具　B．路径选择工具　C．转换点工具　D．直接选择工具

三、问答题

（1）什么是路径，请简要说说它的概念？

（2）请具体说出路径功能的几个作用或特点？

（3）本章介绍了哪些管理路径的方法，至少说出三种。

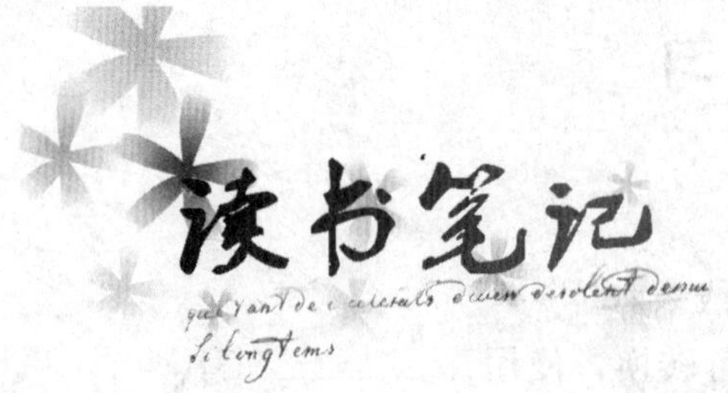

年 月 日

第6章 色 彩

本章内容提要：

- 设置前景色和背景色
- 查看图像的色彩
- 色彩调整命令

6.1 设置前景色和背景色

学会设置前景色和背景色无论是对绘图还是色彩调整都非常重要。在Photoshop中可以通过“拾色器”对话框、“颜色”调板、“色板”调板和“吸管工具”等对前景色和背景色进行设置。

6.1.1 用“拾色器”对话框设置

使用“拾色器”对话框来设置前景色和背景色是最常用的方法。用户单击工具箱中的“前景色”或“背景色”图标即可调出“拾色器”对话框，如图6-1-1（a）和（b）所示。

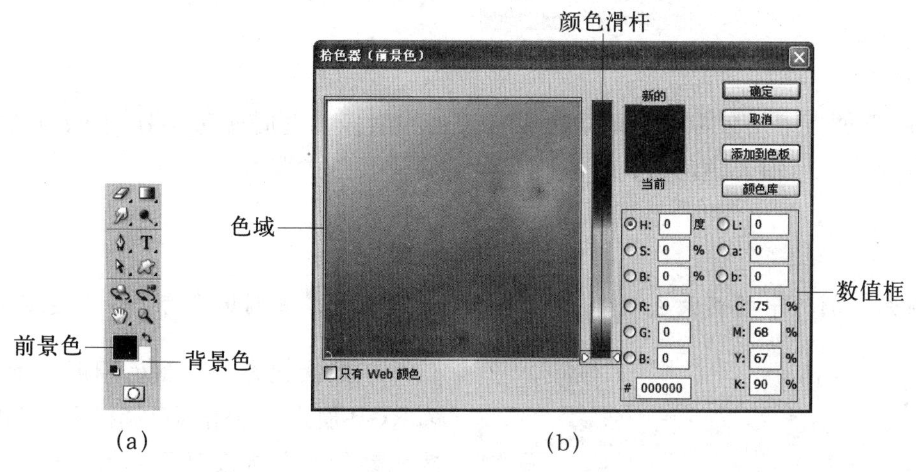

(a) (b)

图6-1-1

提示

单击“前景色”或“背景色”左下角的图标，可以恢复前景色和背景色的颜色到默认状态，即前景色为黑色，背景色为白色；单击右上角的图标，可切换前景色与背景色的颜色。

在“拾色器”对话框左侧的色域中单击鼠标可以选取颜色，拖动中间的颜色滑杆可改变色域中的主色调；用户也可以在右侧的颜色数值框中直接输入数值来设置颜色，之后单击“确定”按钮即可将选中的颜色设置为背景色或前景色。

单击“拾色器”对话框中的“颜色库”按钮会弹出“颜色库”对话框，如图6−1−2所示。在其中拖动滑块可选择颜色的主色调，单击色域区中的某颜色块并单击“确定”按钮可选择该颜色。

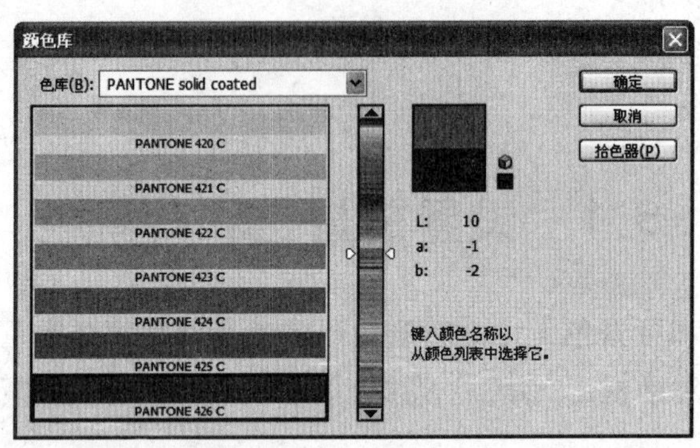

图6−1−2

6.1.2 用“颜色”调板设置

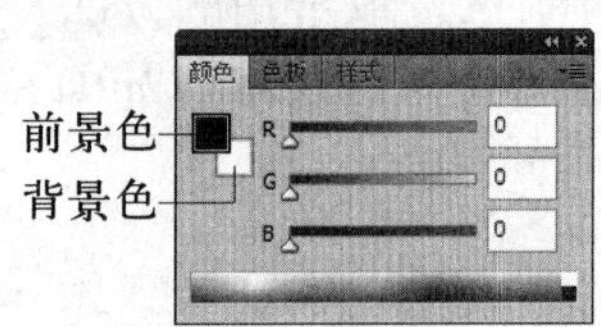

图6−1−3

使用“颜色”调板可以很方便地设置前景色或背景色，选择“窗口／颜色”命令，会调出“颜色”调板，如图6−1−3所示。

在颜色调板中用鼠标单击前景色或背景色的图标，之后拖动RGB上的滑块或直接在RGB数值框中输入颜色值，可以改变当前的前景色或背景色。

提示

“颜色”调板中的前景色或背景色处于选择状态时，其周围会有一个黑色边框。

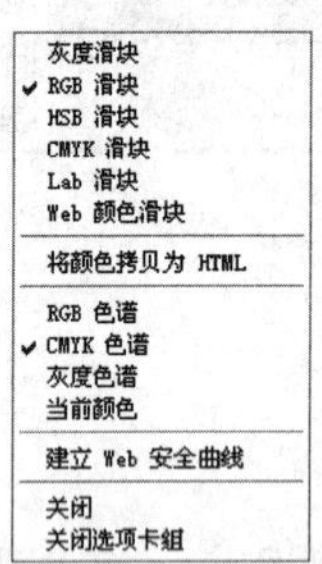

图6−1−4

在默认状态下，颜色调板的颜色模式为RGB模式，单击颜色调板右上角的菜单按钮会弹出调板菜单，用户在其中可以选择所需的颜色模式，如图6−1−4所示。

6.1.3 用“色板”调板设置

使用“色板”调板设置前景色和背景色更为直接，只需用鼠标单击相应的颜色块即可。首先选择“窗口/色板”命令，将“色板”调板调出来，如图6-1-5所示。

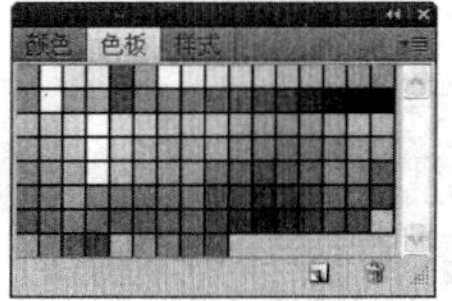

图6-1-5

移动鼠标指针到“色板”控制调板中的色块上，当鼠标指针呈吸管形状时单击鼠标即可将此颜色设置为前景色；按住Ctrl键并单击色块，此颜色将被设置为背景色。

6.1.4 用“吸管工具”设置

使用“吸管工具”设置前景色和背景色的频率也非常高，它可以任意吸取一幅图像中的颜色，并且吸取的颜色会显示在工具箱的前景色或背景色中，其使用方法如下：

(1) 按“Ctrl+O”组合键打开素材中的“铅笔”文件，如图6-1-6所示。

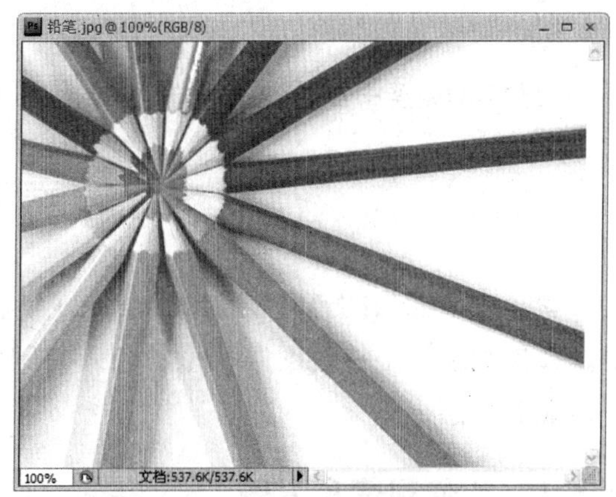

图6-1-6

(2) 选择工具箱中的“吸管工具”，并在其选项栏中选择“取样大小”为取样点，“样本”为所有图层，如图6-1-7所示。

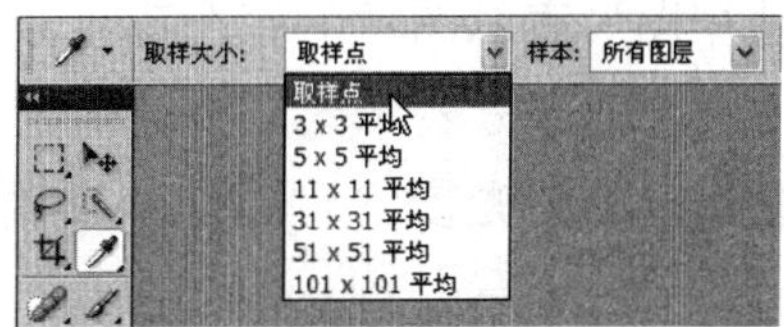

图6-1-7

取样点：吸取单一像素的值。

3 × 3平均：吸取一个3像素×3像素区域的平均值。

5 × 5平均：吸取一个5像素×5像素区域的平均值。

11 × 11平均：吸取一个11像素×11像素区域的平均值。

31 × 31平均：吸取一个31像素×31像素区域的平均值。

51 × 51平均：吸取一个51像素×51像素区域的平均值。

101 × 101平均：读取一个101像素×101像素区域的平均值。

（3）移动鼠标指针到所需的颜色处单击，即可吸取当前位置的颜色到工具箱中的前景色图标中，如图 6-1-8 所示。

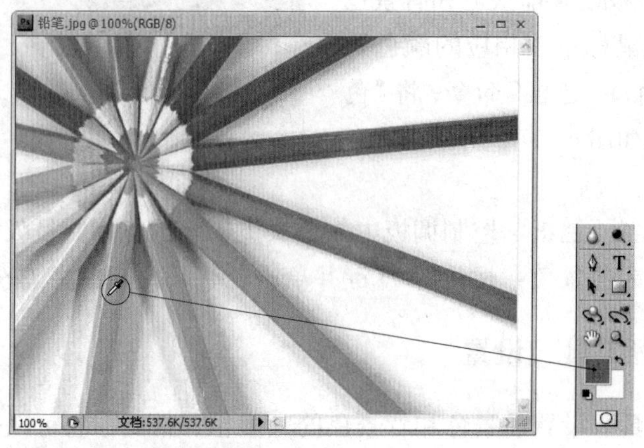

图 6-1-8

提示

按住 Alt 键单击颜色，可将颜色吸取到工具箱中的背景色图标中。

6.2 查看图像的色彩

学会查看图像的色彩在 Photoshop 中也显得很重要，因为它直接影响到对色彩的调整。如果判断不出一幅图像哪里的色彩有问题，就很难调出高质量的色彩，甚至会影响到作品的美感。

6.2.1 如何观察直方图

直方图使用图形表示图像的每个亮度级别的像素数量，展示像素在图像中的分布情况。直方图中不同的部分表示图像中的阴影、中间调和高光，因此调整直方图中的不同部分就可调整图像的曝光度，将图像色调调整至最理想状态。

任意打开一幅图像，此例是素材中的“后海一角”文件，如图 6-2-1 所示。

图 6-2-1

选择“窗口/直方图”命令或单击“直方图”选项卡，即可打开“直方图”调板，如图6–2–2所示。

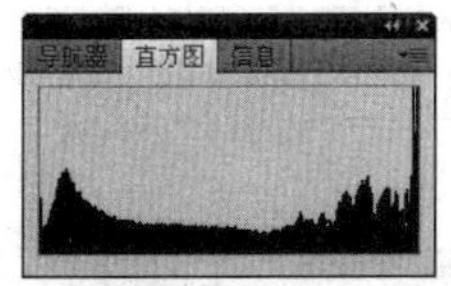

图6–2–2

默认状态下，“直方图”调板以“紧凑视图”形式打开，并且没有控件或统计数据。选择“直方图”调板菜单中的“紧凑视图”、“扩展视图”或“全部通道视图”命令可以调整直方图调板的视图，如图6–2–3所示。

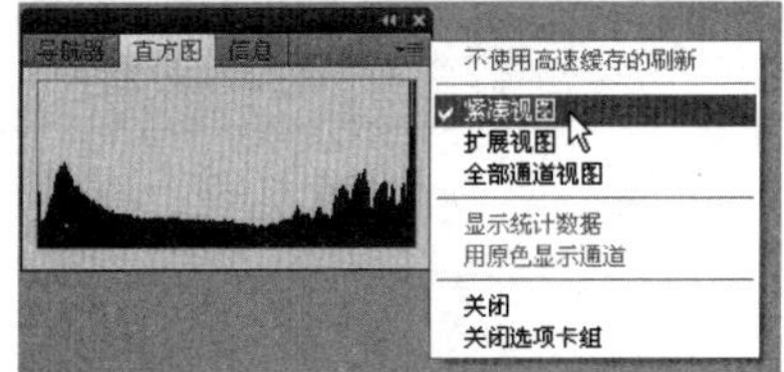

图6–2–3

紧凑视图：显示不带控件或统计数据的直方图，如图6–2–4所示。

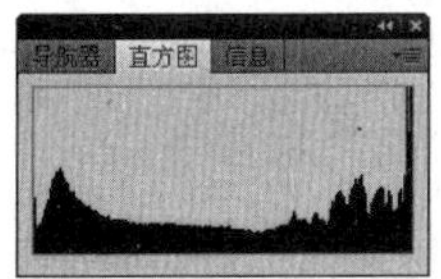

图6–2–4

扩展视图：显示带有统计数据和控件的直方图，以便选取由直方图表示的通道、查看“直方图”调板中的选项、刷新直方图以显示未高速缓存的数据，以及在多图层文档中选取特定图层，如图6–2–5所示。

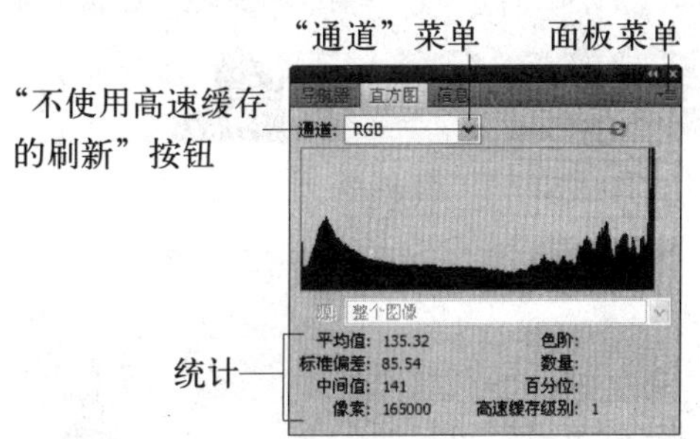

图6–2–5

全部通道视图：除了“扩展视图”的所有选项外，还显示各个通道的单个直方图。此时显示的单个直方图中不包括Alpha通道、专色通道或蒙版，如图6–2–6所示。

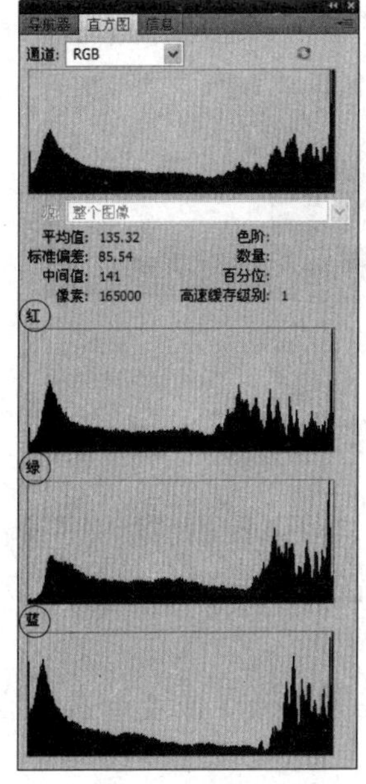

图6–2–6

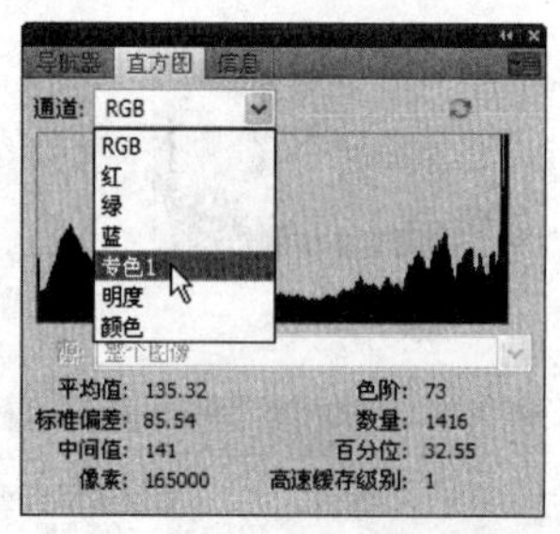

图 6-2-7

在“直方图”调板中，还可以查看直方图中的特定通道。方法是在“通道”下拉列表中选择特定的通道，如图 6-2-7 所示。

选取单个通道可显示文档的单个通道（包括颜色通道、Alpha 通道和专色通道）的直方图。

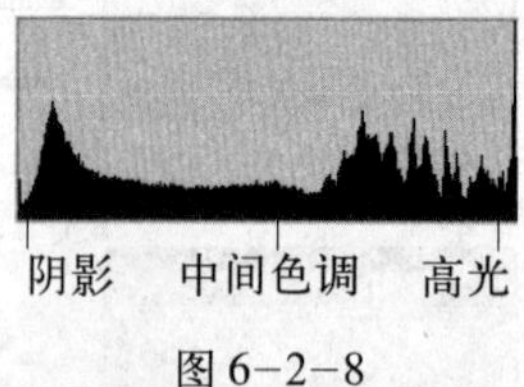

图 6-2-8

在直方图中其左边区域代表图像的“阴影”部分，中间区域代表图像的“中间色调”部分，右边区域代表图像的“高光”部分，如图 6-2-8 所示。

图 6-2-9

低色调的图像（曝光不足的照片），直方图中的谷峰一般集中在“阴影”处（直方图的左边部分），如图 6-2-9 所示。

图 6-2-10

高色调的图像（曝光过度的照片），直方图中的谷峰一般集中在“高光”处（直方图的右边部分），如图 6-2-10 所示。

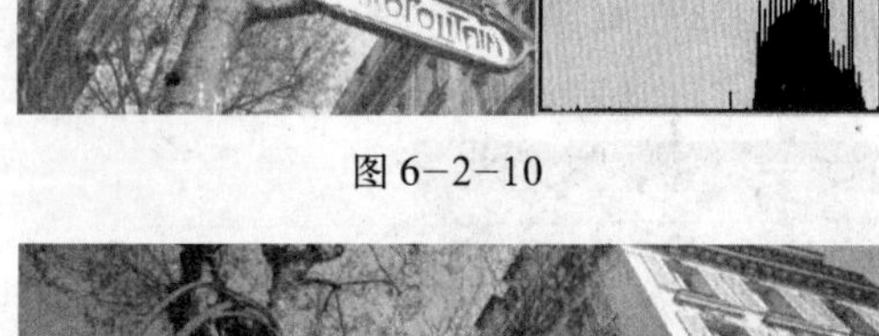

图 6-2-11

平均色调的图像（具有全色调的曝光正常的照片），直方图中的谷峰在整个直方图中都有显示（跨越整个直方图），如图 6-2-11 所示。

6.2.2 如何查看像素的颜色值

进行色彩校正时，可以使用“信息”调板和“颜色”调板查看像素的颜色值。在进行色彩调整时，此反馈非常有用，它可以帮助用户校正图像中的色痕，或者提示颜色是否饱和等。

选择“窗口／信息”命令或者单击“信息”选项卡，即可打开“信息”调板，如图 6-2-12 所示。

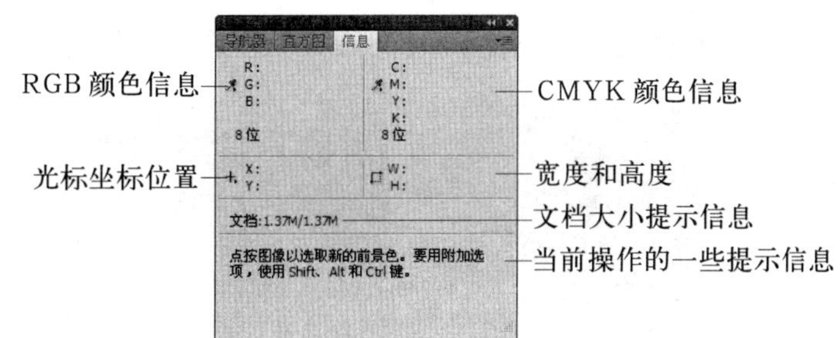

图 6-2-12

提示

按 F8 键可快速开启或关闭“信息”调板。

用户可以使用“吸管工具”查看某个位置的颜色，也可以使用“颜色取样器工具”来查看图像中一个或多个位置的颜色信息，其使用方法如下：

（1）按“Ctrl+O”组合键打开素材中的“美术佳作”文件，如图 6-2-13 所示。

图 6-2-13

（2）选择工具箱中的“颜色取样器工具”，如图 6-2-14 所示。

（3）在其选项栏中选择“取样大小”为取样点，如图 6-2-15 所示。

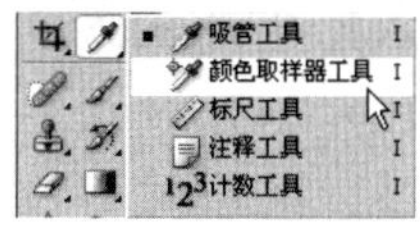

图 6-2-14

图 6-2-15

（4）移动鼠标指针到果子上单击左键，在“信息”调板中即显示出该点的像素颜色值，如图 6-2-16 所示。

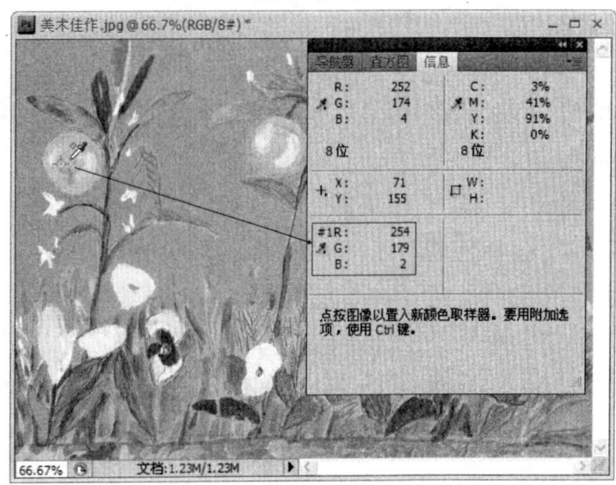

图 6-2-16

(5) 继续单击鼠标左键，最多可同时查看 4 个位置的颜色信息，如图 6-2-17 所示。

图 6-2-17

6.2.3 颜色模式间的转换

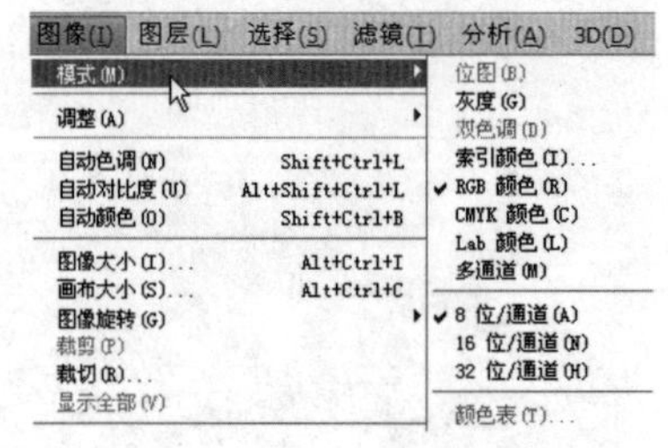

图 6-2-18

不同色彩模式具有不同色域及表现特点，因此在实际工作中，用户常常会根据需要改变色彩模式。默认状态下，Photoshop 的色彩模式为 RGB 模式，如果用户要将其转换为其他色彩模式，只需选择“图像／模式”命令，从弹出的子菜单中选择相应的命令即可，如图 6-2-18 所示。

提示

在菜单中以灰色显示的色彩模式命令，表示当前图像不可使用此模式。

6.3 色彩调整命令

使用色彩调整命令可以调整图像的色彩，如调整饱和度、亮度、偏色等。如果说前面讲的是色彩理论，那么现在介绍的就是具体的色彩调整操作，下面学习几个色彩调整命令。

6.3.1 色阶

通过 Photoshop 中的色阶对话框可以调整图像的阴影、中间调和高光的强度级别，从而校正图像的色调范围和色彩平衡。其使用方法如下：

（1）按“Ctrl+O”组合键打开素材中的“风景”文件，如图6–3–1所示。

图6–3–1

（2）选择“图像／调整／色阶”命令，打开“色阶”对话框，并在对话框中勾选“预览”复选框，如图6–3–2所示。

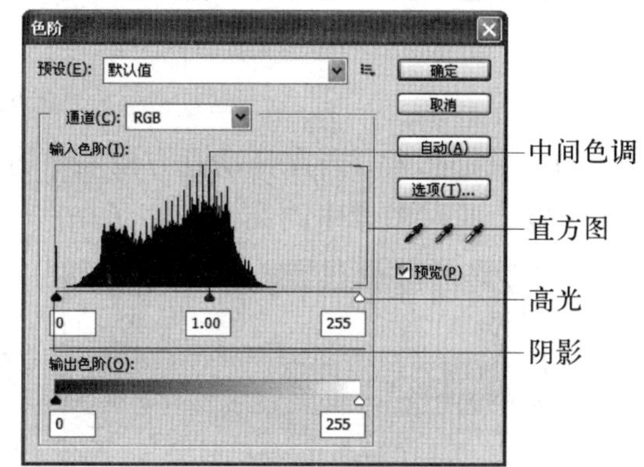

图6–3–2

预设：在其下拉列表框中预设了一些常用效果，用户可以直接调用。

通道：在其下拉列表框中可以选择要进行色调调整的颜色通道。

输入色阶：在直方图正下方的3个三角滑块分别代表阴影部分、中间色调部分和高光部分。拖动滑块或在其文本框中输入数值，可分别设置图像的暗调、中间调和高光。

输出色阶：拖动滑块或在其下的文本框中输入数值，可分别设定新的暗调和高光。

取消：单击此按钮，将放弃所作的设置；按住Alt键，“取消”按钮将变为“复位”按钮，此时单击该按钮将恢复对话框中的参数至默认值。

自动：单击此按钮可自动调整图像的色阶。

选项：单击此按钮会弹出“自动颜色校正选项”对话框，在其中用户可以对目标颜色和剪贴，以及算法进行设置。

预览：勾选此复选框，用户可直接在图像窗口中预览图像效果。

提示

通过图6–3–2的直方图可以发现，这幅图像的“阴影”和“高光”部分有明显缺失。

（3）设置阴影。向右拖动直方图下方左边的黑色三角滑块，拖动至如图6–3–3（a）所示的位置，图像效果如图6–3–3（b）所示。

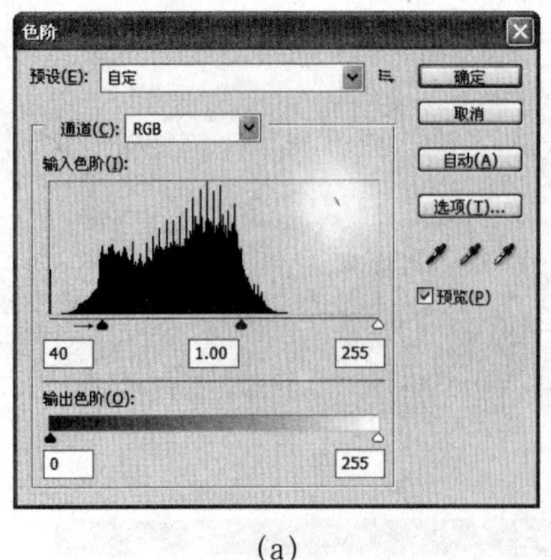

(a)　　　　　　　　　　　　　　(b)

图 6−3−3

(4) 设置高光。向左拖动直方图右下方的白色三角形滑块，拖动至如图 6−3−4 (a) 所示位置，此时图像中的高光变亮了一些，如图 6−3−4 (b) 所示。

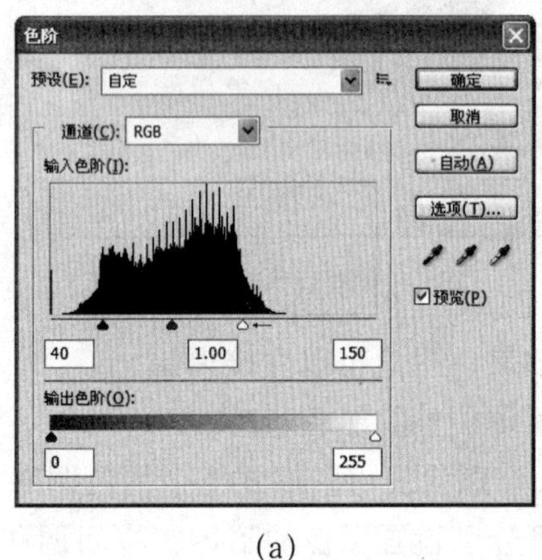

(a)　　　　　　　　　　　　　　(b)

图 6−3−4

(5) 设置中间调。向右拖动直方图下方中间的灰色三角滑块，拖动至图 6−3−5 (a) 所示的位置，图像效果如图 6−3−5 (b) 所示。

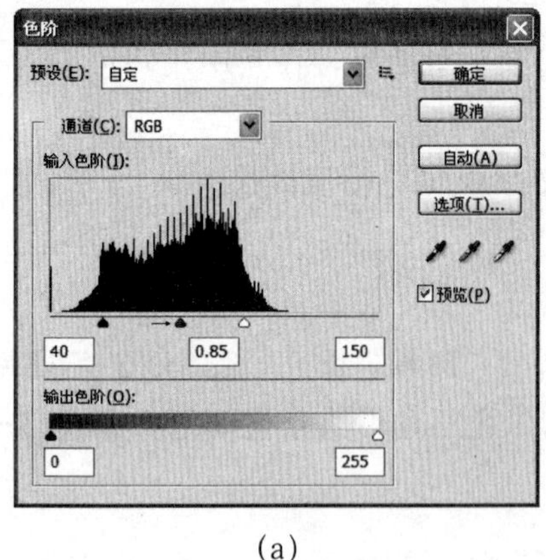

(a)　　　　　　　　　　　　　　(b)

图 6−3−5

(6) 至此，图像的高光、阴影和中间调参数已经设置完了，图像的效果也有了明显的变化。用户还可以使用“设置灰点”吸管为图像设置灰场，降低图像的色差。单击“设置灰点”吸管，并移至图6-3-6所示的灰色区域单击。

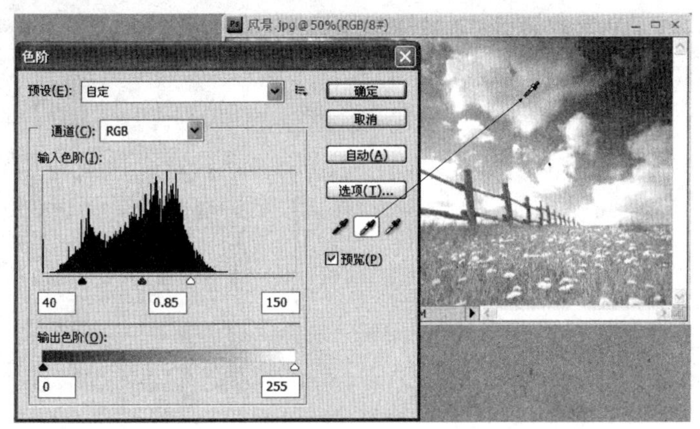

图6-3-6

(7) 单击“确定”按钮，应用所作的设置，此时图像的颜色和色调如图6-3-7所示。

图6-3-7

6.3.2　曲线

通过“曲线”可以调整图像的整个色调范围。通过“曲线”不但可以对高光、阴影和中间调进行调整，而且还可以在整个范围内添加14个调节控制点进行精细调整。通过“曲线”也可对图像中的单个颜色通道进行调整，其使用方法如下：

(1) 按“Ctrl+O”组合键打开素材中的“采秋”文件，如图6-3-8所示。

提示

此素材照片有些偏黄色，下面需要通过曲线功能来矫正此偏色，使照片色彩色平衡。

(2) 选择工具箱中的“颜色取样器工具”，移动鼠标指针到人物脸上的中间调区域单击，此时在“信息”调板中可以看出，R值比G值和B值都要大，说明红色偏多，而蓝色太少，如图6-3-9所示。

图 6-3-8

图 6-3-9

(3) 选择“图像/调整/曲线”命令打开“曲线”对话框，在“通道”中选择红，并向下拖动曲线，将红色信息减少，如图 6-3-10 (a) 所示。在拖动的过程中，在“信息”调板中可以看到数值逐渐变化的过程，如图 6-3-10 (b) 所示。

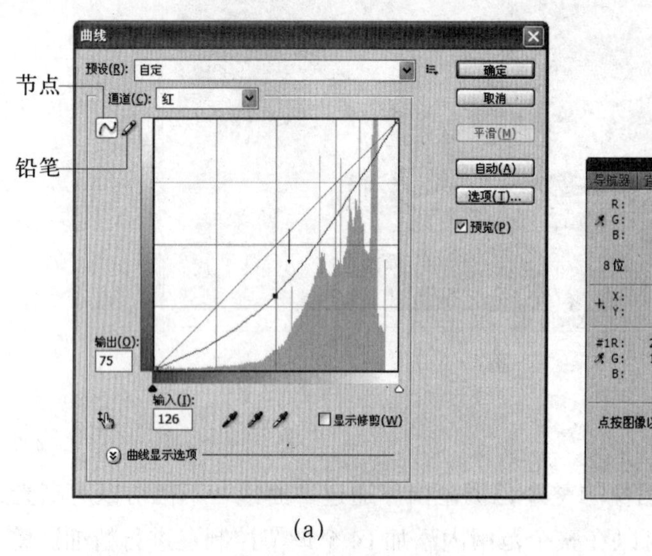

(a)　　(b)

图 6-3-10

拖动的幅度要视画面效果而定，最终要使 R、G、B 的 3 个值基本趋于平衡。

预设：在其下拉列表框中预设了一些常用效果，用户可以直接调用。

通道：在其下拉列表框中可以选择要进行颜色调整的颜色通道。

曲线调节窗口：移动鼠标指针到曲线调节窗口中的曲线附近，待鼠标指针变成十字形状后，按住左键拖动鼠标，即可改变图像的高光、中间调或阴影。

输入、输出：这两项用来显示曲线上当前控制点的“输入”、“输出”值。

节点：单击该按钮，可以在曲线上单击以添加节点，拖动节点，会改变图像的色调。

铅笔：单击该按钮，可以在“曲线调节”窗口中画出所需的色调曲线。

平滑：单击该按钮，可以使曲线变得平滑，但该按钮只有在激活“铅笔”按钮时才可用。

显示修剪：勾选该复选框，可用全黑或全白显示出图像中要修剪的区域。

曲线显示选项：单击该扩展按钮，可展开更多的曲线显示选项。

(4) 在“通道”中选择蓝，并向上拖动曲线，增加蓝色信息，如图 6−3−11 (a) 所示。在“信息”调板中可以看到 B 值和 G 值变得接近了，如图 6−3−11 (b) 所示。此时说明图像的色彩基本上得到了平衡。

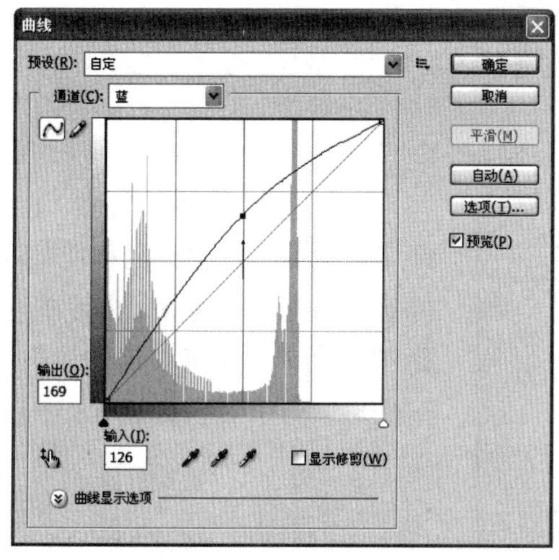

(a)

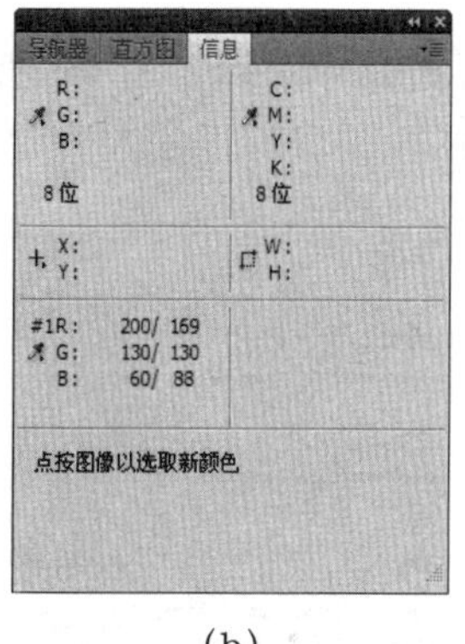

(b)

图 6−3−11

(5) 单击“确定”按钮，图像的偏色情况得到了校正，效果如图 6−3−12 所示。

图 6−3−12

6.3.3 色相／饱和度

“色相／饱和度”命令可以改变图像的色相和饱和度。它可以调整整幅图像或特定区域的像素的色相、饱和度和亮度，其使用方法如下：

图 6-3-13

(1) 按“Ctrl+O”组合键打开素材中的“竹林留影”文件，如图 6-3-13 所示。

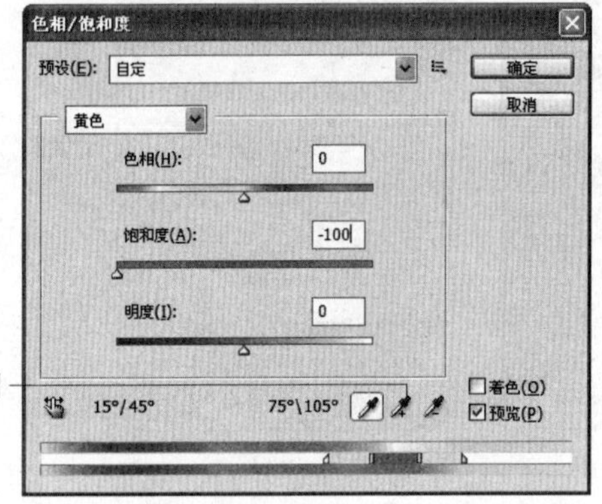

添加到取样

图 6-3-14

(2) 选择“图像／调整／色相／饱和度”命令，打开“色相／饱和度”对话框。首先勾选“预览”复选框，然后在下拉选项中选择“黄色”，并将“饱和度”滑块拖动至“-100”的位置，如图 6-3-14 所示。

色相：在右侧的文本框中输入数值，或拖动下面的滑块，可以更改图像的色相。

饱和度：在右侧的文本框中输入数值，或拖动下面的滑块，可以更改图像的颜色饱和度，输入的数值为负，会减小图像颜色的饱和度；输入的数值为正，会增加图像颜色的饱和度。

明度：在右侧的文本框中输入正值或将滑块向右移动，可增强图像的亮度；输入的数值为负，或将滑块向左移动，可以减弱图像的亮度。

：这几个吸管都是用来改变图像的色彩变化范围的。但它们只有在选择单色通道时起作用，在选择“全图”选项时，该组按钮不能使用，它们的具体作用如下：

激活，移动吸管到图像中单击，可将单击处的颜色作为色彩变化的范围。

激活，移动吸管到图像中单击，可增加当前单击的颜色范围到现有的色彩变化范围中。

激活，可在原有色彩变化范围上删掉当前单击的颜色范围。

着色：勾选该复选框，可以对灰度图像上色，也可以制作图像的单色调效果。

（3）此时大部分黄色图像的饱和度已经降低了。单击"添加到取样"按钮，并移动鼠标指针到图像左上角的绿色处单击，如图6-3-15所示，将绿色的饱和度也降低。

图 6-3-15

（4）在下拉选项中选择"青色"选项，并将"饱和度"滑块拖动至"-100"的位置，如图6-3-16所示。

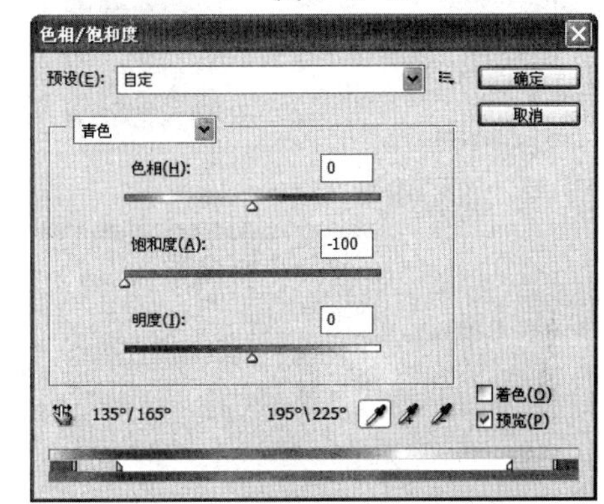

图 6-3-16

（5）单击"确定"按钮，此时图像中的黄色、绿色和青色的饱和度都降低了，效果如图6-3-17所示。

图 6-3-17

（6）最后在画面的左上方制作上简单的文字，一幅特别的照片效果就出来了，如图6-3-18所示。

图 6-3-18

6.3.4 渐变映射

渐变映射可以将渐变的色阶映射到图像的色阶上。有时为了使图像达到一定的视觉效果，还可使用 Photoshop 中的各种功能。

图 6-3-19

（1）按“Ctrl+O”组合键打开素材中的“轻舞飞扬”文件，如图 6-3-19 所示。

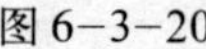
图 6-3-20

（2）拖动“背景”图层到“图层”调板下方的“创建新图层”按钮上，复制一个图层，如图 6-3-20 所示。

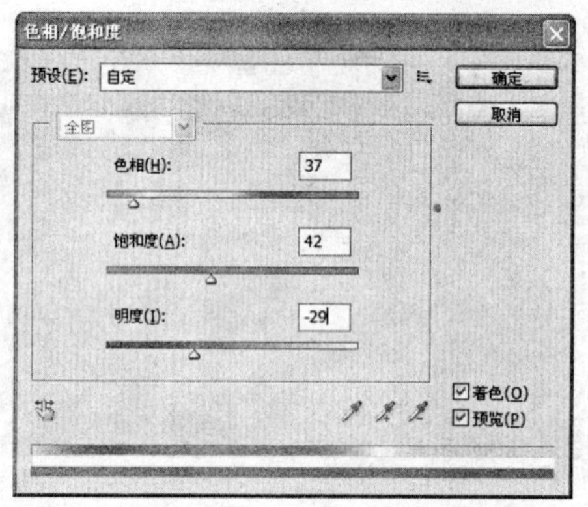

图 6-3-21

（3）选择“图像 / 调整 / 色相 / 饱和度”命令，打开“色相 / 饱和度”对话框。首先勾选“预览”和“着色”复选框，然后在对话框中设置图 6-3-21 所示的参数。

图 6-3-22

（4）单击“确定”按钮，此时图像的颜色变成了一种老照片的褐黄色效果，如图 6-3-22 所示。

(5) 分别单击工具箱中的“前景色”和“背景色”图标，将前景色和背景色设置为橙色 (R：255，G：110，B：30) 和黄色 (R：255，G：255，B：0)，如图6-3-23所示。

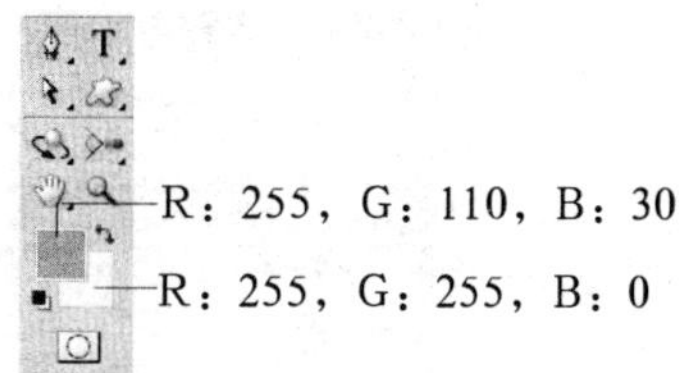

图6-3-23

(6) 在“背景副本”图层上操作。单击“图层”调板下面的“创建新的填充或调整图层”按钮，从弹出的下拉列表中选择“渐变映射”选项，如图6-3-24所示。

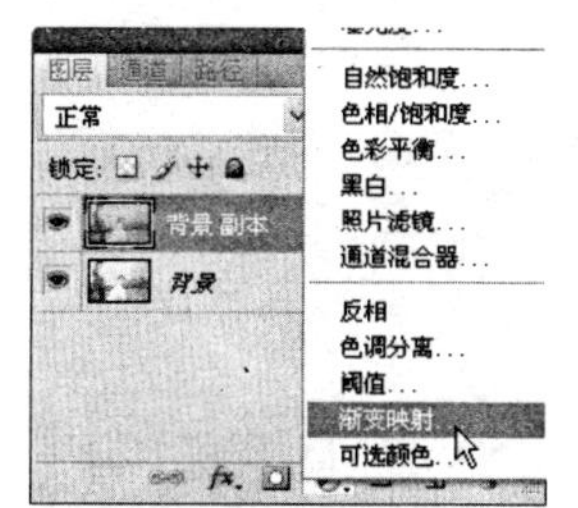

图6-3-24

(7) 在随即弹出的“调整”调板中单击“渐变映射”下方的渐变条，如图6-3-25 (a) 所示。再从弹出的“渐变编辑器”对话框中选择第一个预设——“前景色到背景色渐变”，如图6-3-25 (b) 所示。单击“确定”按钮。

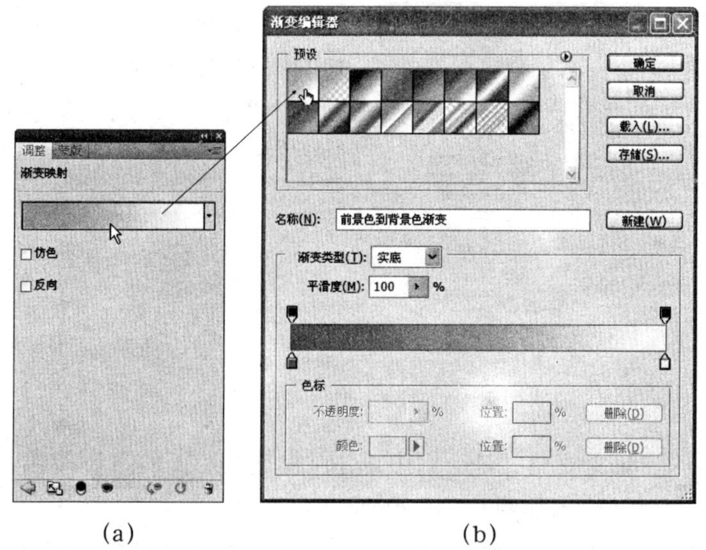

(a)　　(b)

图6-3-25

“调整”调板中的各项含义如下：

渐变映射：单击此渐变色条，可在弹出的“渐变编辑器”对话框中选择和编辑渐变颜色。

仿色：勾选此复选框，系统将会随机加入杂色，使渐变映射的过渡效果更为平滑。

反向：勾选此复选框，将颠倒渐变填充的方向，形成反向映射效果。

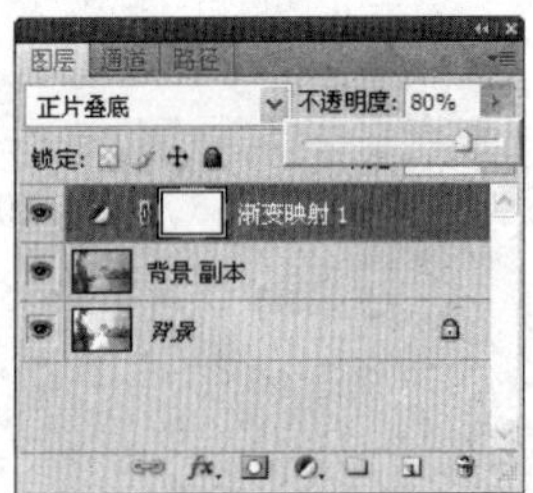

图 6–3–26

（8）设置“渐变映射 1”图层的“图层混合模式”为正片叠底，“不透明度”为 80%，如图 6–3–26 所示。

图 6–3–27

（9）此时图像的颜色变成了一种夕阳下的橘黄色效果，如图 6–3–27 所示。

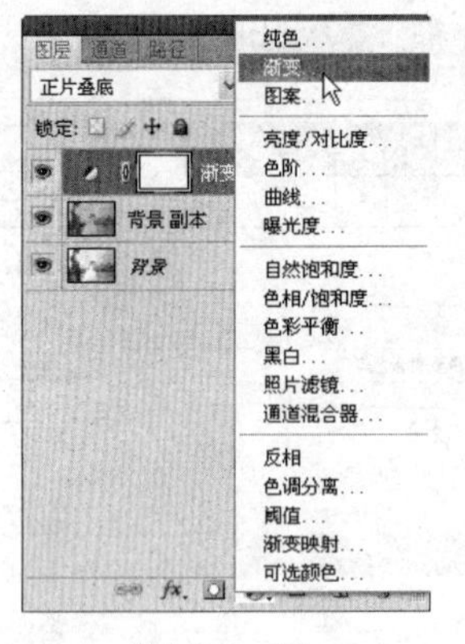

图 6–3–28

（10）单击“图层”调板下面的“创建新的填充或调整图层”按钮，从弹出的下拉列表中选择“渐变...”选项，如图 6–3–28 所示。

（11）从弹出的“渐变填充”对话框中单击“渐变”后面的下拉按钮，并从渐变预设中选择“橙、黄、橙渐变”，如图 6–3–29 所示。

（12）设置“渐变填充 1”图层的“图层混合模式”为正片叠底，“不透明度”为 50%，如图 6–3–30 所示。

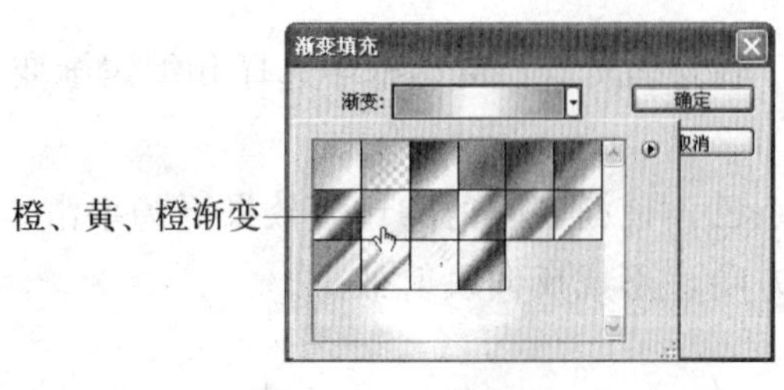

图 6–3–29

图 6–3–30

（13）此时画面的视觉中心集中到了女主人的身上，并且画面的整体色调仍然统一，如图 6–3–31 所示。

图 6–3–31

（14）最后在画面上配上文字，一幅作品就制作完成了，效果如图 6–3–32 所示。

图 6–3–32

6.4 小 结

通过本章的学习，读者应学会用多种方法设置前景色和背景色、查看图像的色彩以及使用色彩调整命令调整图像的色彩等实际操作方法。这些方法在实际工作中都用得上，只有熟练掌握这些方法才能高质量、高效率地提高图像的色彩质量。

6.5 练 习

一、填空题

（1）通过“曲线”不仅可以调整图像的整个色调范围，还可对图像中的________进行调整。

（2）通过 Photoshop 中的色阶对话框可以调整图像的________、________和________的强度级别，从而校正图像的色调范围和色彩平衡。

（3）“色相 / 饱和度”命令可以改变图像的色相和________。它可以调整整幅图像或________的色彩像素的色相、饱和度和亮度。

二、选择题

(1)“图像／调整”子菜单里共有________个调整色彩的命令。

A. 20　B. 21　C. 22　D. 23

(2)打开“曲线”对话框的快捷键是________。

A. Ctrl+U　B. Ctrl+M　C. Shift+U　D. Shift+M

(3)将一幅彩色图像变成灰度图像，可以使用下面的________命令。

A. “色阶”　B. “亮度／对比度”　C. “曲线”　D. “色相／饱和度”

三、问答题

(1)设置工具箱中的前景色和背景色可以使用哪些方法？

(2)本章学习了几种查看图像色彩的方法，分别是什么？

(3)本章学习了哪些色彩调整命令？

第7章　图　层

本章内容提要：

- 图层的基本概念
- 图层的基础知识
- 管理图层
- 图层样式
- 智能对象
- 图层混合模式

7.1　图层的基本概念

图层的概念在Photoshop软件中非常重要，因为它是绘制和处理图像的基础，大多数作品的完成都会或多或少地用到图层。为了更好地理解，我们可以将一个典型的Photoshop图像文件看作是多个图层（具有一定透明度的图片）的堆栈，如图7-1-1（a）和（b）所示。在屏幕中看到的图像，就是俯视这个图层堆栈的结果，如图7-1-2所示。

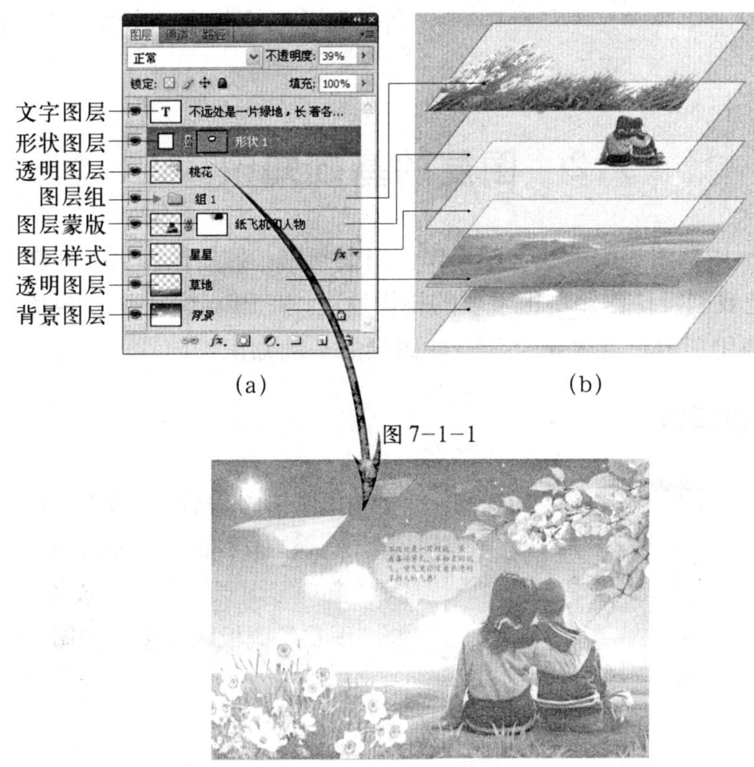

(a)　(b)

图7-1-1

图7-1-2

在图层堆栈里可以有以下几种图层：

背景（Background）图层：位于图层堆栈底部，完全由像素填充。

图像图层（Layer）：图像图层是创作各种合成效果的重要途径。可以将不同的图像放在不同的图层中进行独立操作，并且不影响其他图层中的图像。

透明（Transparent）图层：也可以包含像素，但是这些图层中的有一些区域是完全或部分透明的，因此这些区域下面的任何像素都可以被显示出来。

文字（Type）图层：文字图层用动态的方式编辑文字，以便在需要改变单词拼写、字符间距、文字的颜色、字体或文字的其他特性时，能够轻松地进行操作。

形状（Shape）图层和填充（Fill）图层：它们都是动态的。形状图层由内置的矢量蒙版纯色填充而成；填充图层可以应用纯色、图案和渐变，它拥有一个内置的图层蒙版。

调整（Adjustment）图层：调整图层可以在不改变原图像的基础上，改变图层像素的颜色和色调。调整图层的引入，解决了图像存储后无法恢复的难题。

图层蒙版（Layer Mask）：除背景图层以外，每种图层都可以包含一个或两个蒙版，它们可以是基于像素的图层蒙版，也可以是基于指令的矢量蒙版。

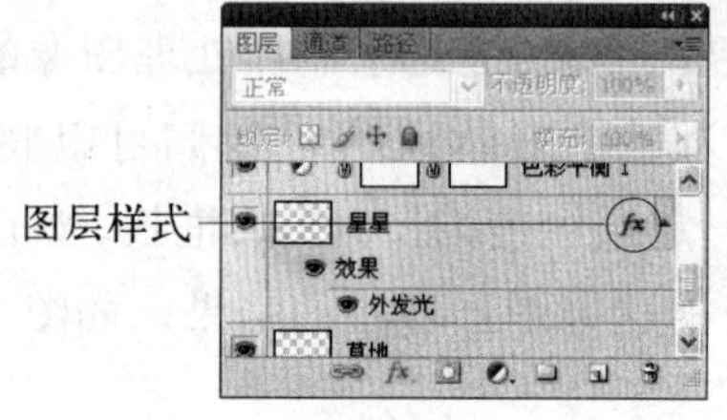

图 7-1-3

图层样式（Layer Style）：所有这些图层，除背景图层外都可以包含一个图层样式。样式是一个指令“包”，涵盖了生成诸如阴影、发光、斜面，以及颜色、图案填充等特效的所有指令，如图 7-1-3 所示。

7.2 图层的基础知识

在 Photoshop 中，图层的一些基础操作使用很频繁，如新建图层、复制图层等，这些普通的操作却是我们设计作品中很重要的操作过程。在 Photoshop CS4 版本中，图层面板的外观略有变化，本节就先来介绍一些图层的基础知识。

7.2.1 显示图层调板

图 7-2-1

在使用图层前，需要将“图层”调板显示出来，这样才能进一步对它进行操作。选择“窗口／图层”命令，或按 F7 键，都可将“图层”调板调出来，如图 7-2-1 所示。

7.2.2　认识图层调板

图层调板的主要功能是将当前图像的组成关系清晰地显示出来，以方便用户快捷地对各图层进行编辑修改。图 7-2-2 中列出了图层调板的一些功能。

除了背景图层外，每个图层都可以应用一个**图层混合模式**，它决定这个图层上的像素如何影响下面图层像素的颜色。

把一个图层的**不透明度**降到 100% 以下，下面的图层就可以显现出来。

填充百分比只在应用图层样式时，才影响它的颜色、渐变和图案叠加部分。

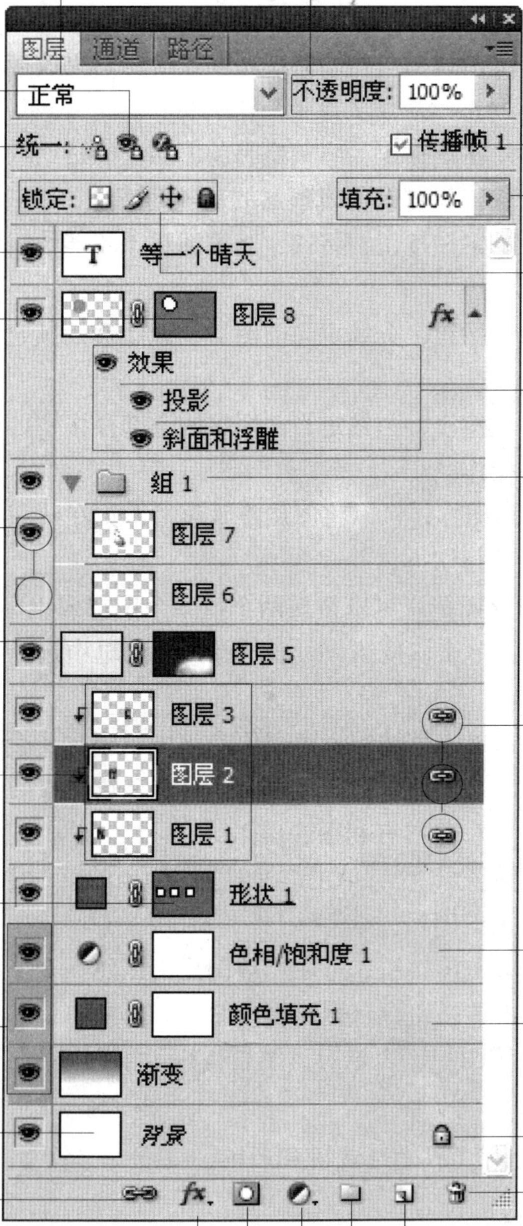

统一图层可视性

统一图层位置

统一图层样式

文字图层可以被激活并编辑。在文字图层上可以使用蒙版，也可以置于剪贴组中。

锁定栏上有 4 个开关，从左至右分别是锁定透明像素、图像像素、位置和"以上全部"。

矢量蒙版是基于矢量的、硬边缘的蒙版，它的形状显示了一部分图层，同时也隐藏了另一部分图层。

图层样式是一系列应用到图层上可编辑的效果，包括投影、斜面和浮雕等。

眼睛图标可以开关，用来显示或隐藏组合中的所有或部分图层。

当图层数量很多时，**图层组**可以保持面板的整齐，对图层组添加蒙版将会影响到图层组中的所有图层。

图层蒙版是基于像素的灰度蒙版，它可以显示图层的一部分，同时隐藏另一部分。

剪贴组包含一个重要的底层，底层剪贴组里的其他图层。其他图层只在底层图像、蒙版或剪贴图层创建的形状内显现。

链接图层可以被一起移动和变换。

形状图层由内置的矢量蒙版纯色填充而成。

调整图层包含改变其下方图层的颜色、色调的指令。可以用蒙版指定它的效果，也可以把它作为剪贴组的一部分。

颜色代码的主要作用是：便于对相关的图层进行辨认和操作。

填充图层可应用纯色、图案和渐变，它拥有一个内建的图层蒙版。

背景图层是一个不透明的底层，在背景图层上不能添加蒙版或图层样式。

锁定图标

链接图层

删除图层

添加图层样式

添加图层蒙版

创建新（透明）图层

创建新组

创建新的填充或调整图层

图 7-2-2

图层调板中各个按钮的作用如下：

图层混合模式：其中共有25个选项，从中可以选择不同的混合模式与下层的图像进行混合。

统一图层位置：单击该按钮，将对图层位置所作的更改应用于翻转中的所有状态和动画中的所有帧。

统一图层可视性：单击该按钮，将对图层可视性所作的更改应用于翻转中的所有状态和动画中的所有帧。

统一图层样式：单击该按钮将，对图层样式所作的更改应用于翻转中的所有状态和动画中的所有帧。

锁定透明像素：单击该按钮，将锁定当前图层上的透明区域。虽然不能编辑锁定透明像素图层的透明区域，但可以编辑该层的不透明区域。

锁定图像像素：单击该按钮，将锁定当前图层。不能编辑锁定图层上的内容，但可以移动该图层。

锁定位置：单击该按钮，会锁定当前图层，无法移动锁定位置的图层，但可以对图层内容进行编辑。

锁定全部：单击该按钮，会锁定当前图层的全部操作，即无法对被锁定的全部图层进行任何编辑和移动操作。

眼睛图标：单击该图标，可以将图层隐藏起来，如在此图标上反复单击，将在显示图层和隐藏图层之间进行切换。

链接图层：单击该图标，可以链接两个或多个图层或组。

添加图层样式 fx：单击该按钮，可以从弹出的菜单中选择某个图层样式对图像进行效果设计。

添加图层蒙版：单击该按钮，可以给当前图层添加一个图层蒙版。

创建新组：单击该按钮，可以创建一个用于存放图层的文件夹，可以把图层按类拖曳到不同的文件夹中，非常有利于管理图层。

创建新的填充或调整图层：单击该按钮，在弹出的菜单中设置选项，可以在图层面板上创建填充图层或调整图层。

创建新图层：单击该按钮，可在当前图层上创建一个新的透明图层。

删除图层：单击该按钮，可删除当前图层。

锁定图标：出现该图标，表示对该图层执行了锁定操作。

提示

按F7键可以快速地打开或者隐藏图层调板。

7.2.3 图层基本操作

在处理图像时，会经常用到一些图层的基本操作，如新建图层、删除图层、复制图层等，本节就针对这些基本操作进行一些讲解。

1. 新建图层

新建图层可以建立一个空白的透明的图层。建立图层有好几种方法，下面只介绍最常用的一种方法——通过图层调板新建图层。其操作如下：

(1) 选择“窗口/图层”命令，调出“图层”调板，如图 7-2-3 所示。

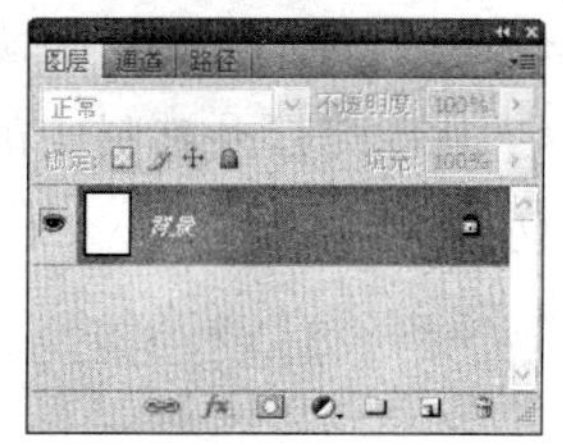

图 7-2-3

(2) 单击“创建新图层”按钮，即可快速新建一个图层，如图 7-2-4 所示。

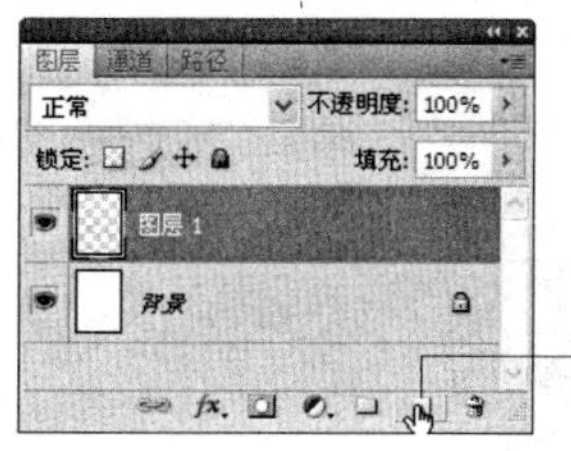

“创建新图层”按钮

图 7-2-4

提示

按住 Alt 键单击“创建新图层”按钮，将打开“新建图层”对话框。

2. 删除图层

删除图层是将没有用的图层删除，下面介绍两种较常用的删除图层的方法。

如果要删除图层，“图层”调板上必须至少有两个图层，如图 7-2-5 所示。

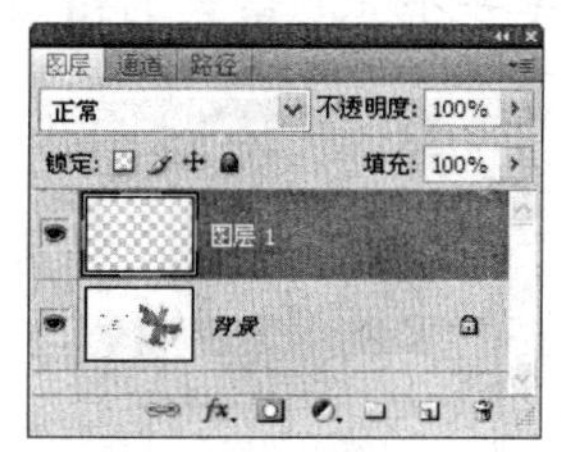

图 7-2-5

(1) 单击图层面板右下角的“删除图层”按钮，从弹出的对话框中单击“是”按钮，即可将当前图层删除，如果单击“否”按钮，会取消删除图层的操作，如图 7-2-6 所示。

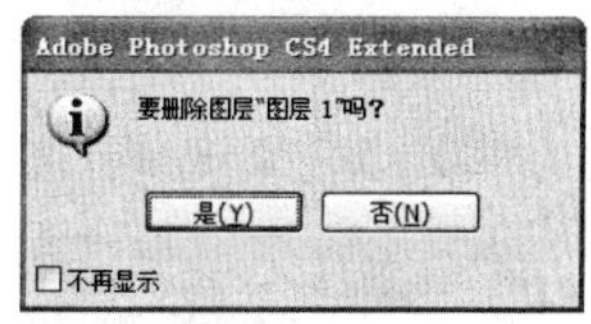

图 7-2-6

(2) 如果想快速地删除图层，直接将不需要的图层拖动到“删除图层”按钮上即可，如图 7-2-7 所示。

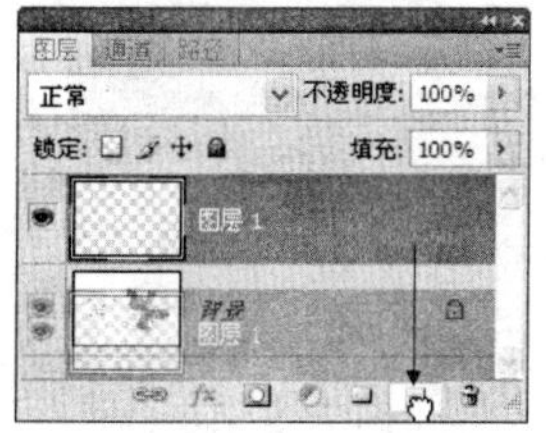

图 7-2-7

3. 复制图层

复制图层就是再创建一个相同的的图层。复制图层的操作很有用，它不但可以快速地制作出图像效果，而且还可保护原文件不被破坏。复制图层同样有好几种方法，下面介绍最常用的一种——通过图层调板复制图层。其操作如下：

(1) 按“Ctrl+O”组合键打开素材中的“瓶子”文件，效果和图层调板状态分别如图 7-2-8 (a) 和 (b) 所示。

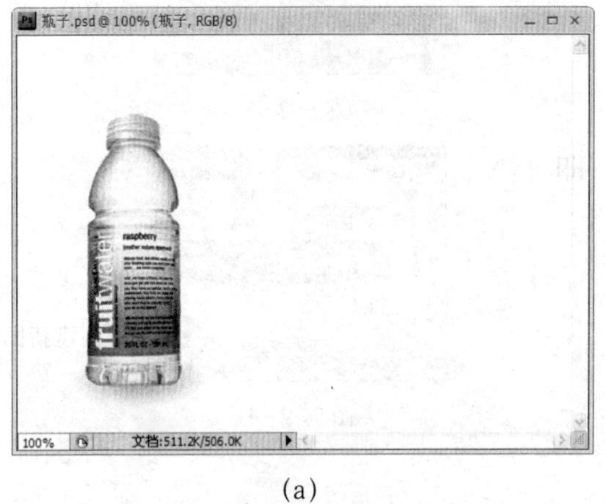

(a)

(b)

图 7-2-8

提示

此“瓶子”文件是一个 PSD 格式的图层文件，其中包含两个图层。

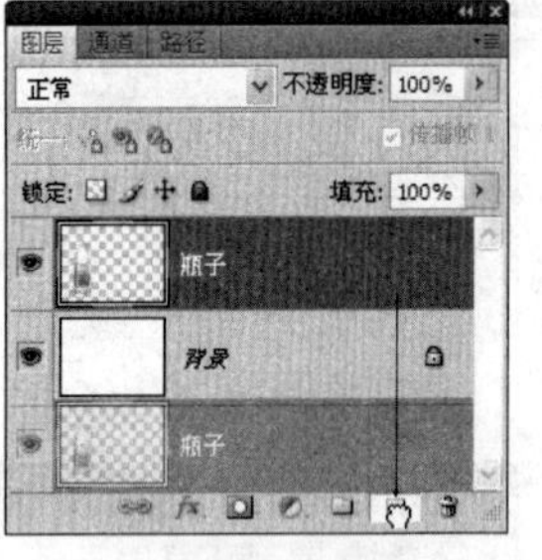

图 7-2-9

(2) 拖动“瓶子”图层到“创建新图层”按钮上，如图 7-2-9 所示。

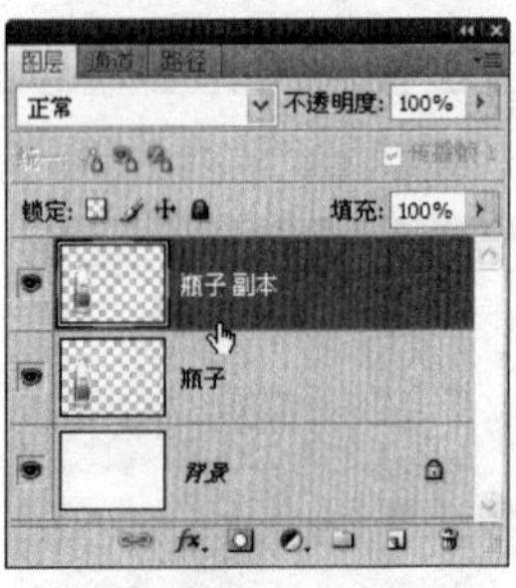

图 7-2-10

(3) 释放鼠标左键后，即可快速复制一个图层，如图 7-2-10 所示。

（4）在“瓶子副本”图层上操作。按“Ctrl+T”组合键并将图像等比例缩小，再将其移至图7-2-11所示的位置。

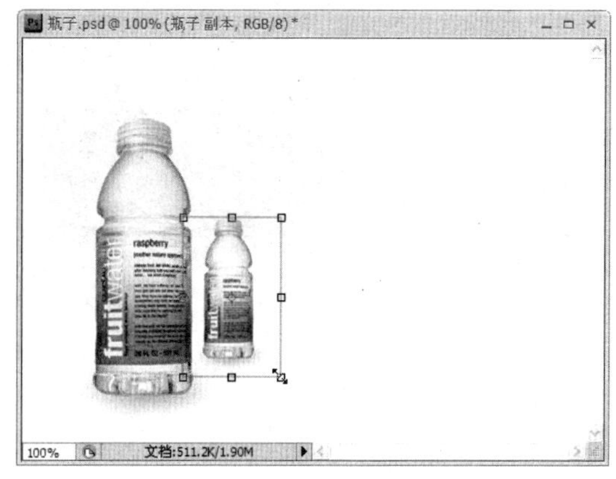

图7-2-11

（5）按Enter键确认变换。如果继续拖动，并调整各图层上的图像大小，将很容易调整出图7-2-12所示的效果。

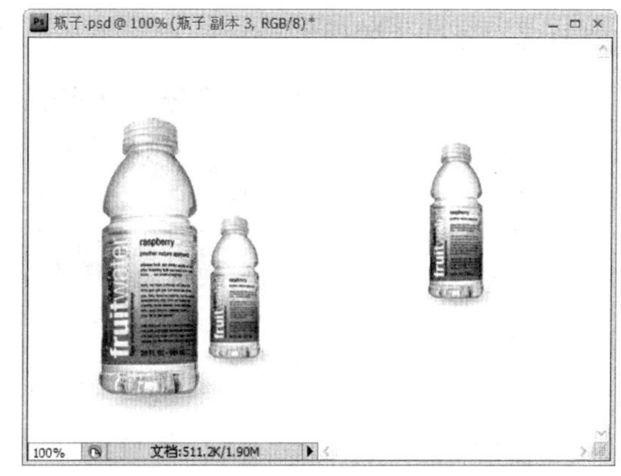

图7-2-12

提示

图层越多，文件的容量就越大，计算机处理图像信息的时间就越长。

7.2.4　选择图层

在图层调板中可以选择多个连续、不连续、相似或所有图层，这有助于用户进行操作。不仅如此，Photoshop还为用户设置了一些快捷键，下面分别对这几种选择图层的方法进行介绍。

1.选择多个连续的图层

（1）按“Ctrl+O”组合键任意打开一张图片，复制5个图层后，单击最上面的图层——“背景副本5”，如图7-2-13所示。

图7-2-13

图 7-2-14

（2）按住Shift键单击下面的“背景副本2”图层，即可将连续的“背景副本5”至“背景副本2”图层选择，如图7-2-14所示。

提示

选择多个连续的图层后，可以将所选择的图层一起移动、变换。

2. 选择多个不连续的图层

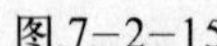

图 7-2-15

（1）接着上面的文件继续操作，单击任意一个图层，如图 7-2-15 所示。

图 7-2-16

（2）按住Ctrl键单击需要选择的图层，即可选择多个不连续的图层，如图 7-2-16 所示。

3. 选择相似图层

选择“相似图层”命令可以选择类型相似的所有图层。

图 7-2-17

（1）按“Ctrl+O”组合键打开一个具有多个文字图层的文件，并在图层面板中单击任意一个文字图层，如图 7-2-17 所示。

（2）执行“选择／相似图层”命令，如图 7-2-18 所示。

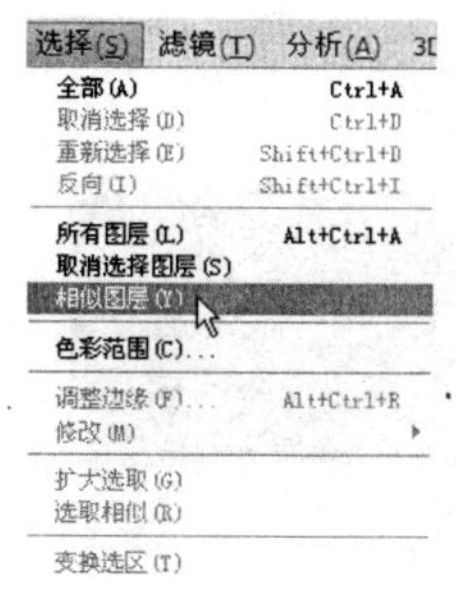

图 7-2-18

（3）此时在图层面板中所有类型相似的文字图层都被选中了，如图 7-2-19 所示。

图 7-2-19

4．选择所有图层

选择所有图层是指选择除“背景”图层外的所有图层。

（1）按“Ctrl+O”组合键打开一个具有多个图层的文件，如图 7-2-20 所示。

图 7-2-20

（2）执行“选择／所有图层”命令，如图 7-2-21 所示。

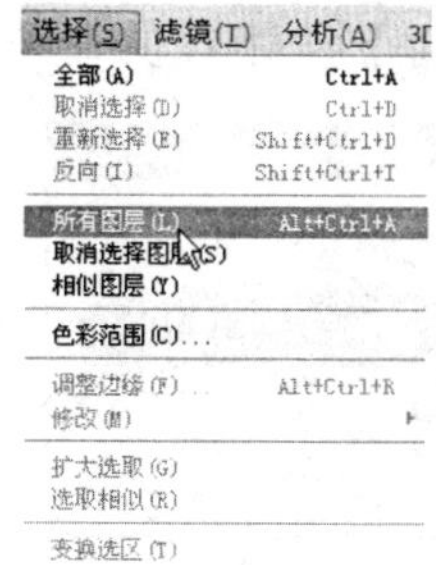

图 7-2-21

图 7-2-22

(3) 此时除“背景”图层以外的所有图层都被选中了，效果如图 7-2-22 所示。

7.3 管 理 图 层

能否管理好图层，决定着能否设计出好的作品，同时也可以看出设计者的制作水平。很多用户不重视图层的管理，这会制约设计者的制作，下面就介绍几种管理图层的方法。

7.3.1 重命名图层

重命名图层很有用，如果一个作品里的图层特别多，给每一个图层起一个简单又好记的名称，会为今后的修改提供方便。

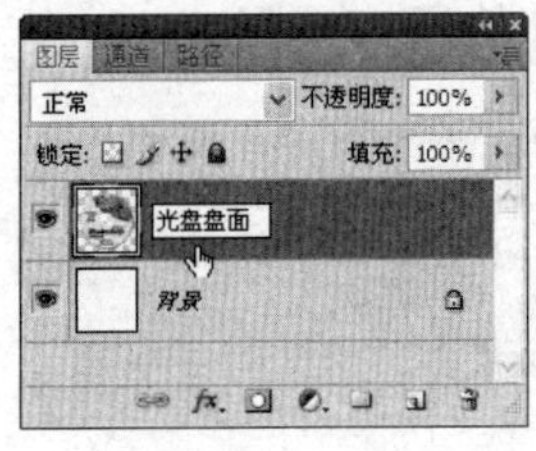

图 7-3-1

为图层重命名，在图层调板中双击需要修改名称的图层上的文字部分，等文字出现图 7-3-1 所示的状态时，输入新的名称即可。

7.3.2 显示、隐藏图层内容

显示、隐藏图层内容的操作在制作图像时经常会用到，它可以将不需要显示的图层内容暂时隐藏起来，这有利于设计人员查看或修改图像。

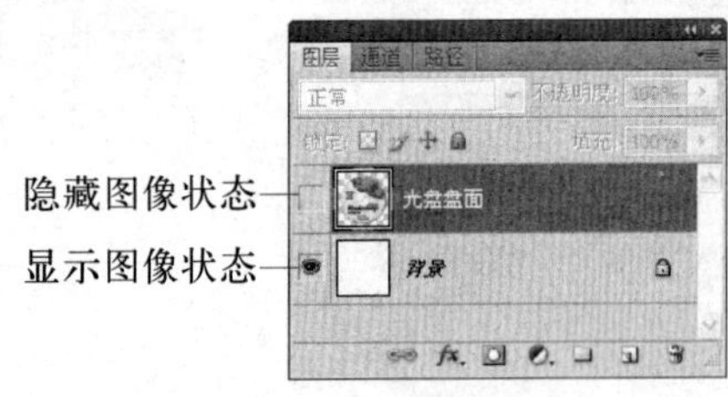

图 7-3-2

要想隐藏图层上的内容，只需单击图层面板中目标图层前面的眼睛图标，将图层前面的眼睛图标隐藏即可，如图 7-3-2 所示。再次单击该图标位置，将重新显示该图层内容。

提示

若按 Alt 键单击某图层前面的眼睛图标，则可将其他图层中的图像全部隐藏，而只保留该图层为显示状态。

7.3.3　创建图层组

使用图层组可以将许多图层放到一个图层组文件夹中，这是非常有用的图层管理工具，利用图层组管理图层可以更加方便地编辑图像。

选择“图层／新建／组”命令，弹出图7－3－3所示的“新建组”对话框。

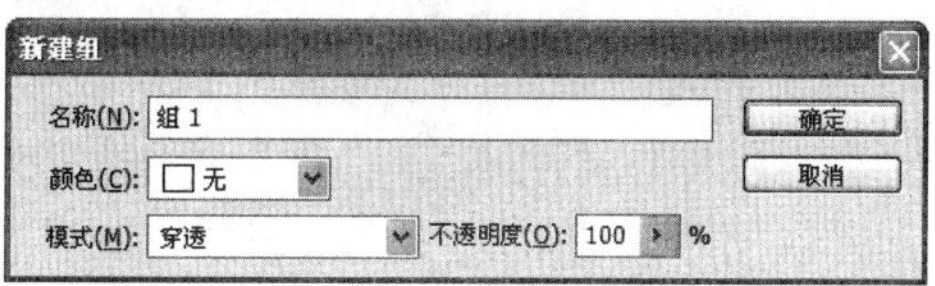

图 7－3－3

其各选项的含义如下：

名称：在右侧的文本框中可以输入新图层组的名称，如果不设置，将以默认的“组1”、“组2”……来自动命名。

颜色：用来设定图层组图层的颜色，此项主要作用是便于管理图层，对图像本身不产生任何影响。

模式：用以设置图层组的混合模式，如果在此项设置了混合模式，图层组中的每一个图层都将具有相同的混合模式。

不透明度：用以设置图层组的不透明度，如果为图层组设置了不透明度，图层组中的每一个图层都将具有所设的不透明度。

在“新建组”对话框中设置好各项参数后，单击“确定”按钮，即可在图层面板中建立一个图层组文件夹，如图7－3－4所示。

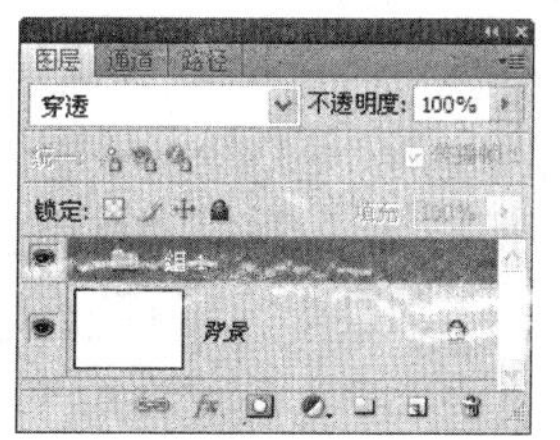

图 7－3－4

7.3.4　更改缩览图大小

更改缩览图大小也是管理图层的有效方法之一，因为图层缩览图越大，占用图层面板的地方就越大，但如果没有缩览图，或缩览图特别小，又不容易看清各个图层上的内容，所以，合理地调整缩览图的大小，可以方便图像的制作。

要更改缩览图大小，需要在图层调板菜单中选择“面板选项”命令，如图7－3－5所示。

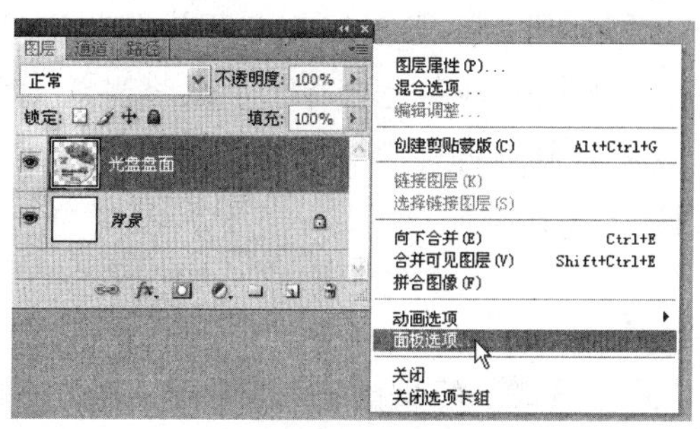

图 7－3－5

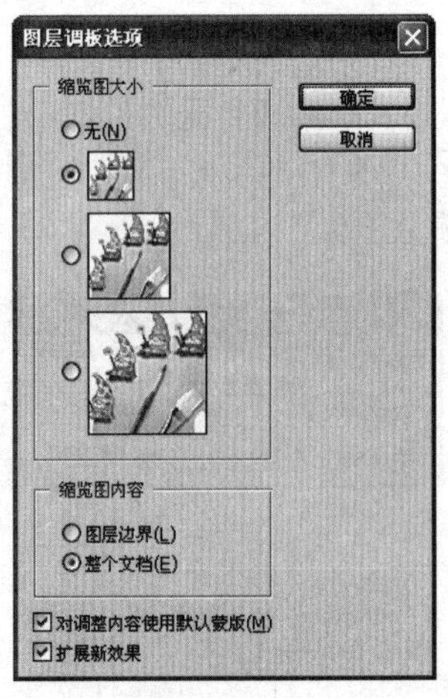

图 7-3-6

在弹出的“图层调板选项”对话框中任选一个单选按钮，单击“确定”按钮即可更改缩览图显示的大小，如图 7-3-6 所示。

图层边界：勾选此复选框，缩览图将会扩展到图层调板的边界。

整个文档：勾选此复选框，缩览图将显示整个图层的大小（既显示图形部分，又显示透明部分）。

7.3.5　移动图层位置

移动图层的位置可以重新摆放图层的顺序，这是设计制作时经常用到的操作。图层摆放的顺序不同，产生的图像效果也将不同。

1.使用菜单移动图层的位置

使用菜单移动图层的位置比较直观，但操作起来稍微慢一些，通常使用菜单命令后面的快捷键移动图层的位置。

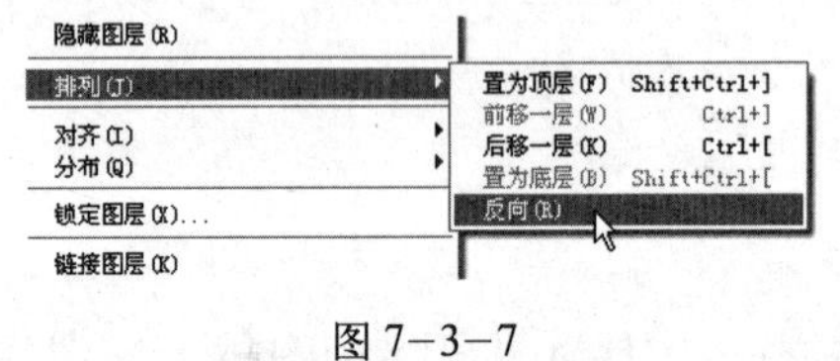

图 7-3-7

选择“图层／排列”，将打开图 7-3-7所示的5个子选项。选择不同的子选项，当前图层将会移到不同的位置，下面对5个子选项的作用予以详细介绍。

置为顶层：执行此命令，可以将当前图层移到所有图层的最上面。

前移一层：执行此命令，可以将当前图层向上移动一层。

后移一层：执行此命令，可以将当前图层向下移动一层。

置为底层：执行此命令，可以将当前图层移到所有图层的最下面，即背景层的上方。

反向：执行此命令，可以反转选定图层的顺序（要使用此选项，选择的图层数至少要在两个以上）。

提示

“置为顶层”的快捷键是“Shift+Ctrl+]”；“前移一层”的快捷键是“Ctrl+]”；“后移一层”的快捷键是“Ctrl+[”；“置为底层”的快捷键是“Shift+Ctrl+[”。

2.在图层调板上移动图层的位置

在图层调板上移动图层的位置比较快捷，是最实用的移动图层位置的方法。

在图层调板上移动图层，只需用鼠标拖动图层到目标位置即可。

7.3.6 合并图层

合并图层就是将多个图层合并成一个图层。在设计图像的过程中，一般会用到很多图层，这样会使图像文件变大，处理速度变慢，因此，在设计作品的过程中需要将一些处理完的图层合并起来。

合并图层的方法如下：

单击图层面板右上角的“图层调板菜单”按钮，从弹出的下拉菜单中选择所需的合并命令即可，如图7—3—8所示。

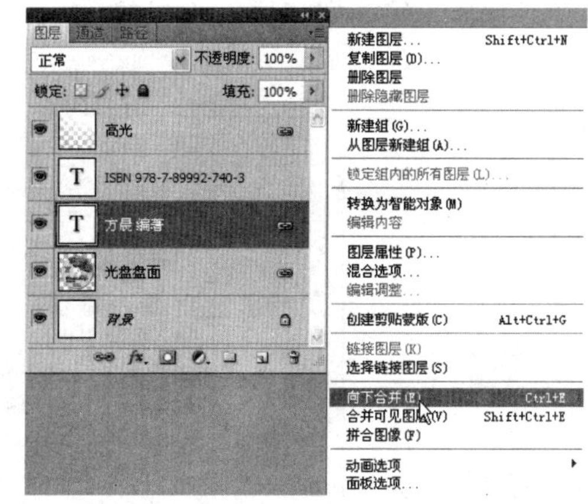

图7—3—8

向下合并：单击此命令，可以将当前图层合并到下面的一个图层中去。

合并可见图层：单击此命令，可以将所有显示的图层合并到背景图层中去。

拼合图像：单击此命令，可以将所有显示的图层合并。如果图层调板中有隐藏的图层，会弹出一个提示对话框，单击“确定”按钮，将扔掉隐藏的图层，并将显示的图层合并；若单击“取消”按钮，将取消合并图层操作。

提示

“向下合并”的快捷键是“Ctrl+E”；“合并可见图层”的快捷键是“Shift+Ctrl+E”。

7.4 图层样式

图层样式是Photoshop中比较有代表性的功能之一，它能够在很短的时间内制作出各种特殊效果，如阴影、发光、浮雕等。Photoshop CS4的图层样式面板界面非常友好，操作起来也很方便，常用它来作一些按钮、图标等质感较强的图像。用户对图层样式所作的修改，效果会实时地显示在图像窗口中。但此功能对“背景”图层不起作用，如果想为“背景”图层添加图层样式，须将其转换为普通图层后才可以。

7.4.1 图层样式类型

图层样式类型中包含了各个样式的参数，用户只有对这些参数进行设置才能制作出富有个性的样式效果，也只有对它们进行掌握，才能熟练应用图层样式。

图 7-4-1

选择“图层/图层样式”命令，或单击“图层”调板底部的按钮，会弹出所有图层样式的类型选项，如图 7-4-1 所示。

选择其中的任意一个样式类型选项，会弹出“图层样式”对话框，如图 7-4-2 所示。下面分别对每一个选项的作用予以介绍。

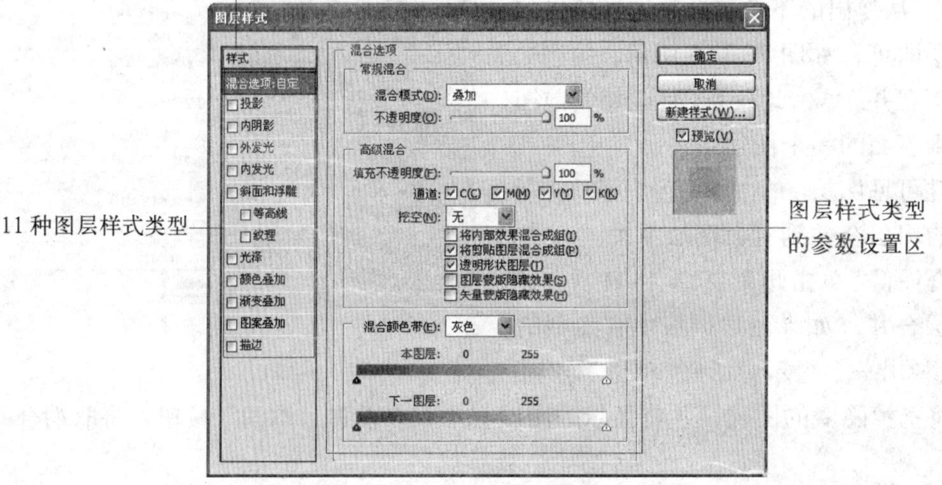

图 7-4-2

（1）混合选项

“混合选项”是一种高级混合方式，包括“常规混合”、“高级混合”和“混合颜色带”3 组设置。它可以设置当前图层与其下一层图层的不透明度和颜色混合效果。

（2）投影

“投影”样式可以给任何图像添加投影，使图像与背景产生明显的层次，是使用比较频繁的一个样式。

（3）内阴影

“内阴影”样式可以为图像制作内阴影效果，在其右侧的参数设置区中可以设置“内阴影”的不透明度、角度、阴影的距离和大小等参数。

（4）外发光

“外发光”可以在图像的外部产生发光效果，在文字和图像制作中经常使用，并且制作方法简单。

（5）内发光

“内发光”可以在图像的内部制作出发光效果，参数选项和“外发光”的基本相同。

（6）斜面和浮雕

“斜面和浮雕”可以制作出具有立体感效果的图像，其不但包含右侧的结构和阴影选项组，而且还包含两个复选框——等高线和纹理，利用等高线和纹理，用户可以对“斜面和浮雕”进行更进一步设置。

（7）光泽

“光泽”可以为图像制作出光泽的效果，如金属质感的图像。选择此样式选项后，在其右侧的参数设置区中可以设置光泽的颜色、不透明度、角度、距离和大小等参数。

（8）颜色叠加

“颜色叠加”可以在当前图像的上方覆盖一层颜色，在此基础上如再使用混合模式和不透明度，可以为图像制作出特殊的效果。

（9）渐变叠加

“渐变叠加”可以在当前图像的上方覆盖一种渐变颜色，使其产生类似于渐变填充层的效果。其各个选项的使用与上面的类似。

（10）图案叠加

“图案叠加”可以在当前图像的上方覆盖一层图案，之后用户可对图案的“混合模式”和“不透明度”进行调整、设置，使之产生类似于图案填充层的效果。

（11）描边

“描边”可以为图像添加描边效果，描边可以是一种颜色，一种渐变，或一种图案，是设计中常用的手法。选择此样式选项，图层样式面板也将切换到相应的状态。

提示

虽然用户使用上述任何一种图层样式都能得到一种相应的效果，但是在实际应用中通常是多种图层样式并用。

7.4.2　复制、粘贴图层样式

当用户制作了一个很好的图层样式效果后，可以将这个效果复制到另一个图层中加以利用，这样不仅省去了重设效果的繁琐操作，还保证了效果的质量。其使用方法如下：

（1）按“Ctrl+O”组合键打开素材中的“描边”文件，如图7-4-3所示。

图7-4-3

提示

此素材是一个带有两个图层的PSD格式文件，并且在文字图层上有两个图层样式——投影和描边。

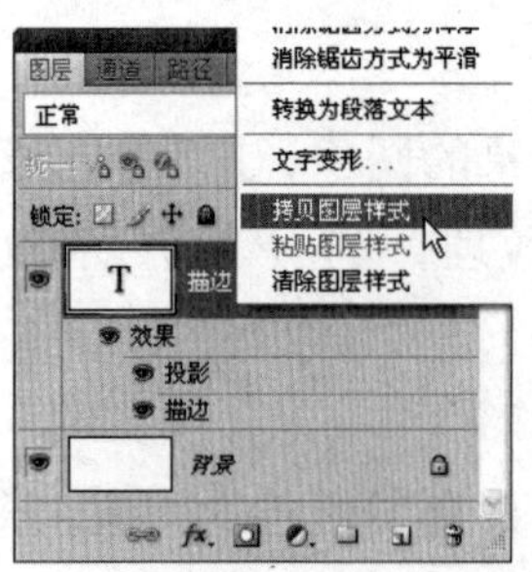

图 7-4-4

（2）在文字图层的名称处单击鼠标右键，在弹出的快捷菜单中选择“拷贝图层样式”命令，如图 7-4-4 所示。

单击此处可将此图层的内容隐藏

图 7-4-5

（3）单击“描边”图层前面的“眼睛”图标，将此图层的内容隐藏，如图 7-4-5 所示。

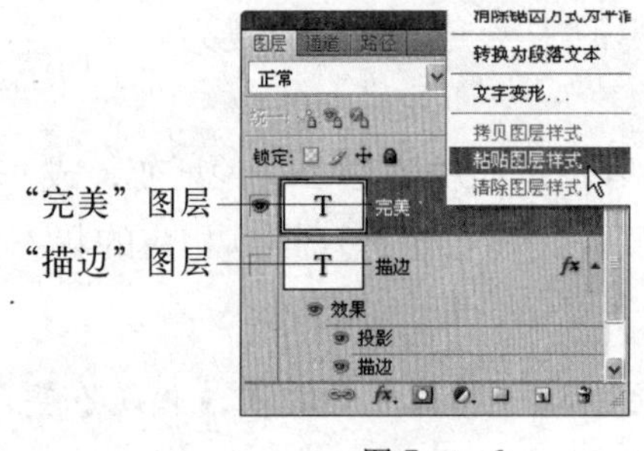

图 7-4-6

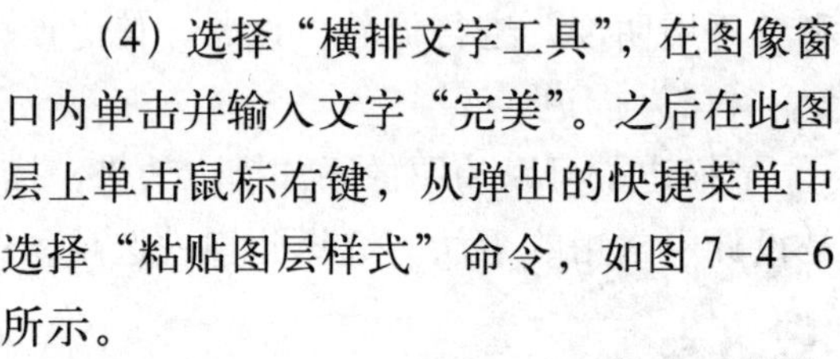

（4）选择“横排文字工具”，在图像窗口内单击并输入文字“完美”。之后在此图层上单击鼠标右键，从弹出的快捷菜单中选择“粘贴图层样式”命令，如图 7-4-6 所示。

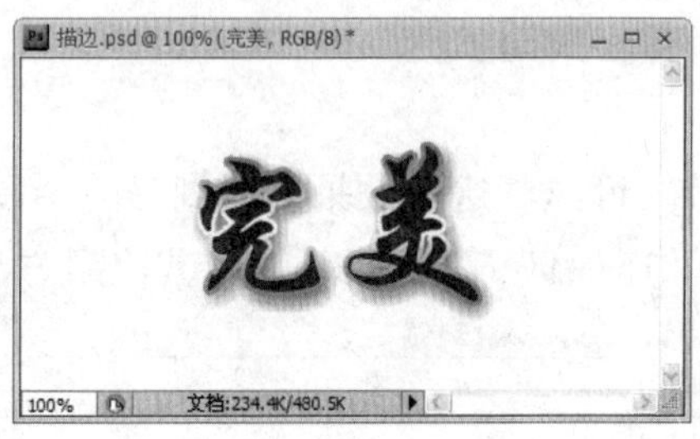

图 7-4-7

（5）执行上面的操作后，即可将“描边”中的图层样式复制到“完美”图层中，效果如图 7-4-7 所示。

提示

复制图层样式与复制图层不同，复制图层样式只是复制图层样式效果的参数设置，并不是将图层完全复制。

7.4.3 隐藏和删除图层样式

如果不需要某个图层样式效果时，可以将其隐藏或删除。

1. 隐藏图层样式

如果不想将图层样式效果删除，但又不想让它显示在图像窗口中，此时用户可以选择隐藏图层样式的方法将图层样式隐藏。其方法是选择“图层／图层样式／隐藏所有效果”命令，或单击该图层样式效果左侧的眼睛图标将图层样式效果隐藏，如图7–4–8所示。

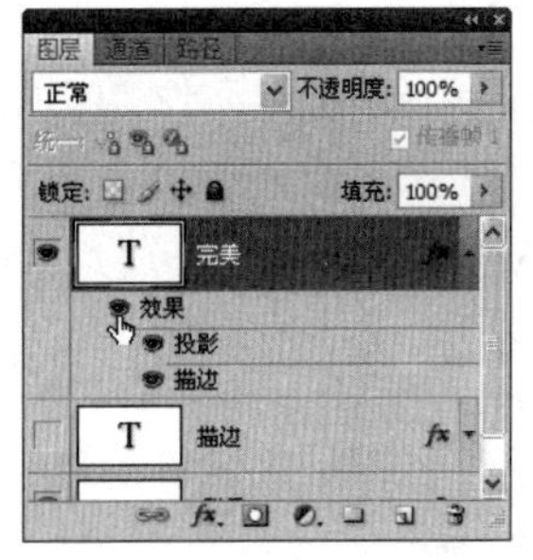

图7–4–8

2. 删除图层样式

“删除图层效果”命令可以将当前图层的部分或全部样式删除。其删除方法如下：

删除某个样式效果：方法是拖动想要删除的图层样式效果至“图层”面板底部的“删除”按钮上，如图7–4–9所示。

删除全部样式效果：方法是拖动图层样式效果最上面的部分至“图层”面板底部的“删除”按钮上，如图7–4–10所示。

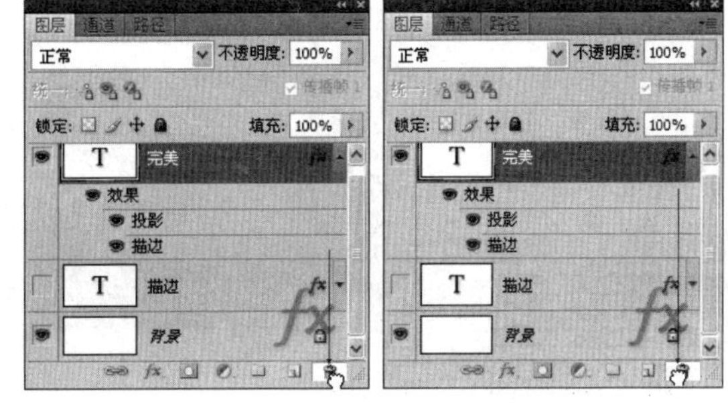

图7–4–9　　图7–4–10

提示

执行“图层／图层样式／清除图层样式”命令也可将所有的图层样式效果清除。

7.5 智能对象

智能对象是Photoshop提供的一项较先进的功能，之所以说它较先进，是因为它确实有着诸多优点和优势。下面我们要从几个方面来讲解，以帮助用户了解和掌握关于智能对象的理论及操作方法。

7.5.1 认识智能对象

智能对象就像是一种容器，可以在其中放入普通图像或矢量图形数据。嵌入的数据将保留其所有原始特性，并仍然可以被编辑。

利用智能对象，用户可以将若干个图层转换为智能对象的形式，从而降低Photoshop文件的复杂程度；也可以将矢量文件以智能对象的形式置入到Photoshop文件中，使Photoshop也能使用矢量文件的效果；还可以直接在智能对象中使用滤镜，此时的滤镜被称为智能滤镜，这在以前的版本中是不可以的。

除了上面介绍的几种先进功能外，智能对象还有一个最大的特点——可逆性编辑。它可以将位图或矢量文件还原成源文件的形式进行编辑，并且不存在链接的形式（用户可随意删除“链接”的文件）。

7.5.2 创建智能对象

前面已经对智能对象的概念、作用以及特点有了一个大概的了解，下面介绍智能对象是如何创建的。

(1) 按“Ctrl+O”组合键打开素材中的“莲花”文件（此素材是一个多图层的PSD格式文件），如图 7–5–1 (a) 和 (b) 所示。

(a)　　(b)

图 7–5–1

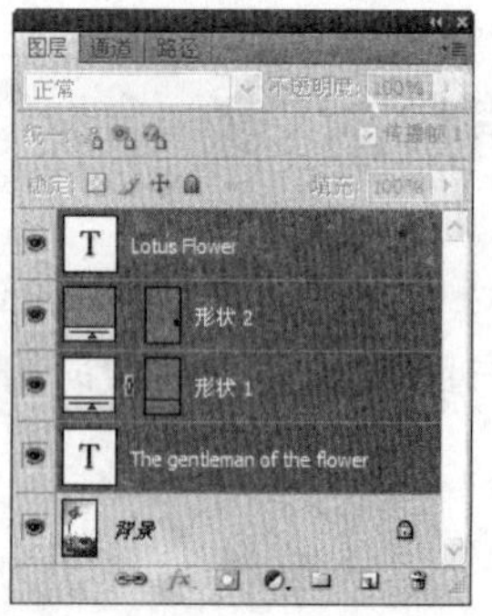
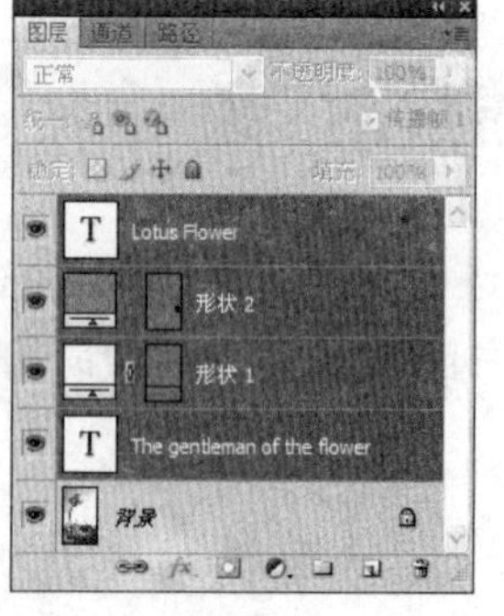

图 7–5–2

(2) 按住 Ctrl 键，分别单击“Lotus Flower”、“形状 2”、“形状 1”和“The gentleman of the flower”图层，选中除“背景”图层以外的所有图层，如图 7–5–2 所示。

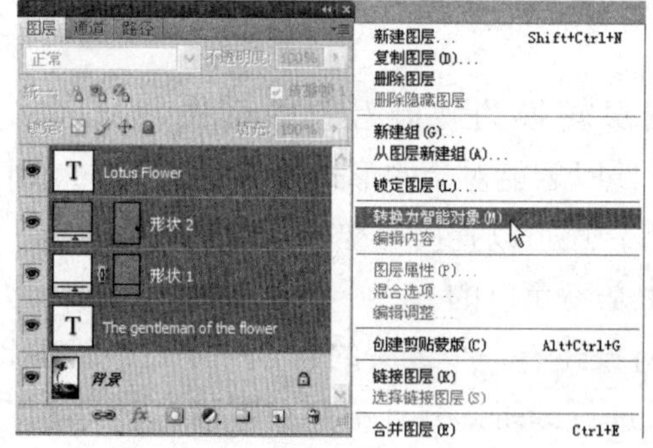

图 7–5–3

(3) 单击“图层面板菜单”按钮，在弹出的菜单中选择“转换为智能对象”命令，如图 7–5–3 所示。

（4）此时就在“图层”面板中建立了一个“智能对象”，图层状态如图7–5–4所示。

显示此图标表示这个图层是一个“智能对象图层”

图 7–5–4

7.5.3　编辑智能对象

编辑智能对象的操作其实就是对源文件的修改，对它更改后，结果会直接反映到最终的文件——智能对象上。

（1）接着上例继续操作。双击“智能对象”图层右下角的“智能对象缩览图”，此时会弹出提示对话框，如图 7–5–5 所示。

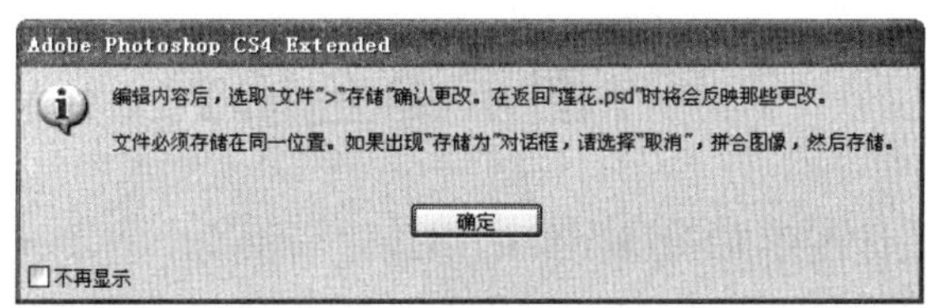

图 7–5–5

（2）单击“确定”按钮，“智能对象”图层中的文件随即在另一个窗口中被打开，并且还保持着原来的图层关系，如图 7–5–6（a）和（b）所示。

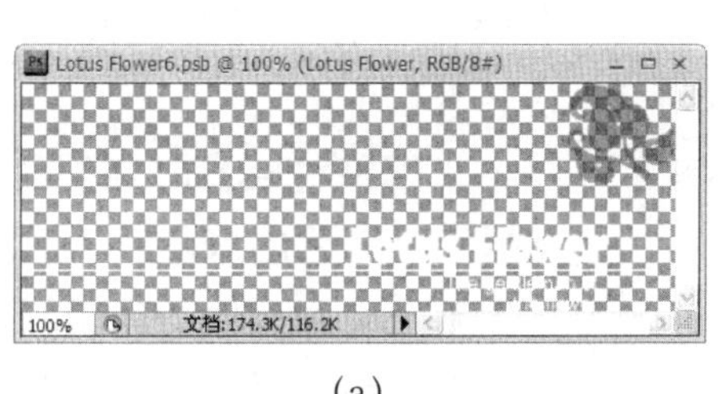

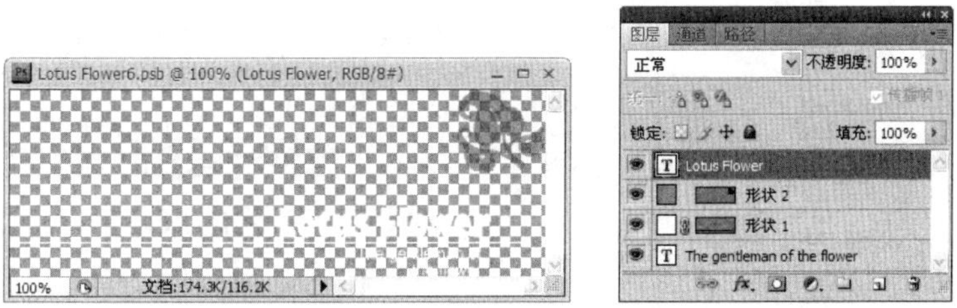

（a）

（b）

图 7–5–6

（3）选择“横排文字工具”，双击“Lotus Flower”图层前面的缩览图，将“Lotus Flower”文字更改为“花之君子”，如图 7–5–7 所示。

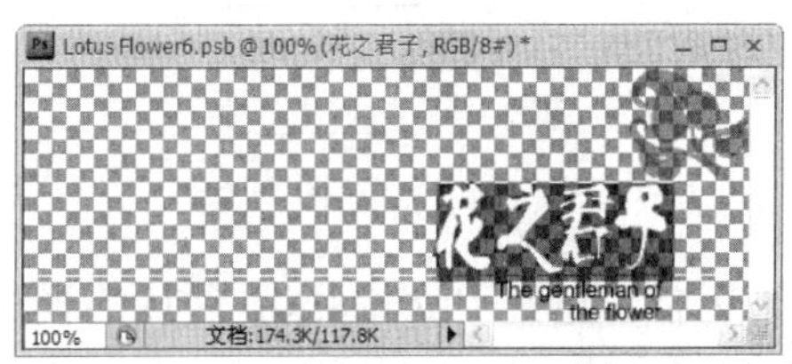

图 7–5–7

（4）选择“文件 / 存储”命令，并关闭文件。此时“莲花”文件中的文字立即被更新了，效果如图 7–5–8 所示。

图 7-5-8

7.6 图层混合模式

图层混合模式可以让图层和图层之间的图像进行混合，选择不同的混合模式会出现不同的混合效果。要熟练使用图层混合模式，需要对各个混合模式都要有一定的了解。

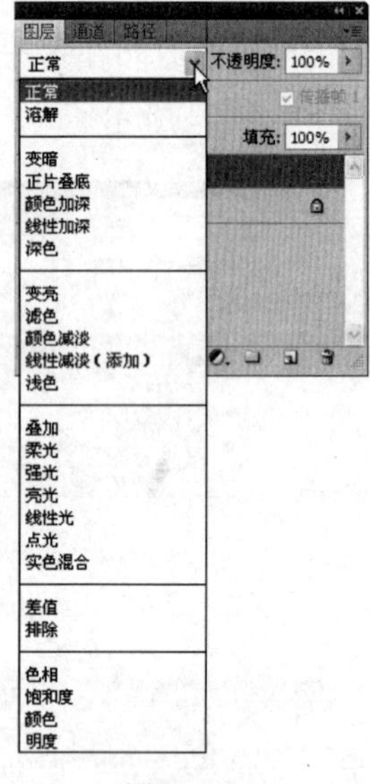

图 7-6-1

在图层面板上单击“设置图层的混合模式”右侧的下拉按钮，会弹出所有图层混合模式选项，共25种，如图7-6-1所示。下面就对各个混合模式的含义进行简要解释。

了解每种模式的具体含义之前，先要掌握三个颜色的概念：

基色：图像中的像素颜色。

混合色：是绘画或编辑工具等应用的颜色。

结果色：是基色与混合色相作用产生的颜色。

（1）正常：这是Photoshop默认的模式，使用时不产生特殊效果。当其右侧的“不透明度”值为100%时，绘制的图像只是将下一层的图像覆盖，当“不透明度”小于100%时，通过绘制的图像可以看到其下图层的图像，实现图像的混合。

（2）溶解：选择此选项可以产生溶解 的效果，其右侧的“不透明度”值越小，溶解效果就越明显。

（3）变暗：选择此选项，软件将取基色和混合色的暗色作为结果色。

（4）正片叠底：选择此选项，结果色都是较暗的颜色。

（5）颜色加深：选择此选项，可以使图像色彩加深，图像亮度降低。

（6）线性加深：选择此选项，系统会通过降低亮度使基色变暗，以反映混合色，和白色混合没有变化。

（7）深色：选择此选项，可以依据图像的饱和度，用当前图层中的颜色直接覆盖下方图层中的暗调区域颜色。

（8）变亮：选择基色或混合色中较亮的颜色作为结果色，比混合色暗的像素被替换，比混合色亮的像素保持不变。

（9）滤色：此选项与“正片叠底”选项相反，通常这种模式的颜色都较浅。任何颜色基色和绘制的黑色混合，原颜色不受影响；和绘制的白色混合将得到白色；和绘制的其他颜色混合，将产生漂白的效果。

（10）颜色减淡：选择此选项，将通过降低对比度使基色的颜色变亮来反映绘制的颜色，和黑色混合没有变化。

（11）线性减淡（添加）：选择此选项，将通过增加亮度使基色的颜色变亮来反映混合色，和黑色混合没有变化。

（12）浅色：选择此选项，可以依据图像的饱和度，用当前图层中的颜色直接覆盖下方图层中的高光区域颜色。

（13）叠加：选择此选项，是在保留基色明暗变化的基础上使用“正片叠底”和“屏幕”选项，混合色将被叠加到基色上，但保留基色的高光和阴影。

（14）柔光：选择此选项，系统将根据混合色的明暗来决定结果色是变亮还是变暗。当混合色比50%的灰色亮时，图像变亮；如果比50%的灰色暗，则图像变暗。

（15）强光：选择此选项，系统将根据绘制色来决定执行“正片叠底”还是“屏幕”选项。当混合色比50%的灰色亮时，则图像变亮，就像执行“屏幕”选项一样；如果比50%的灰色暗时，则图像变暗，就像执行“正片叠底”选项一样。

（16）亮光：选择此选项，系统将根据绘制色通过增加或降低对比度加深或减淡颜色。当绘制的颜色比50%的灰色亮时，图像通过降低对比度被照亮；如果比50%的灰色暗，图像通过增加对比度被变暗。

（17）线性光：这是Photoshop CS软件新增加的模式选项，选择此选项，系统会根据绘制色通过增加或降低亮度加深或减淡颜色。当绘制的颜色比50%的灰色亮时，图像通过增加亮度被照亮；如果比50%的灰色暗，图像通过降低亮度变暗。

（18）点光：这是Photoshop CS软件新增加的模式选项，选择此选项，系统会根据绘制色来替换颜色。当绘制的颜色比50%的灰色亮时，绘制色被替换，但比绘制色亮的像素不变化；如果比50%的灰色暗，比绘制色亮的像素被替换，比绘制色暗的像素不变化。

（19）实色混合：使用此混合模式可以创建一种近似于色块化的混合效果。

（20）差值：选择此选项，系统将用较亮的像素值减去较暗的像素值，差值作为结果色的像素值，当与白色混合时将使结果色与基色反相，与黑色混合则不产生变化。

（21）排除：选择此选项，可生成与“正常”选项相似的效果，但比差值模式生成的颜色对比度小，因而颜色较柔和。

（22）色相：此项采用基色的亮度、饱和度以及绘制色的色相来创建结果色。

（23）饱和度：此项采用基色的亮度、色相以及绘制色的饱和度来创建结果色。

（24）颜色：此项采用基色的亮度以及绘制色的色相、饱和度来创建结果色。

（25）明度：选择此选项，系统将采用基色的色相、饱和度以及绘制色的亮度来创建结果色。此选项生成的效果与“颜色”选项相反。

7.7 小 结

本章重点介绍了图层知识，图层是Photoshop编辑图像的重要功能，对它的理解直接影响着处理图像的能力。熟练掌握图层的基本操作、管理以及样式等知识，是创作出优秀作品的前提。

7.8 练 习

一、填空题

（1）打开图层调板的快捷键是“＿＿＿＿＿＿”。

（2）图层调板上的混合模式共有＿＿＿＿＿＿种。

（3）当图层调板中出现fx符号时，表示该图层设置了＿＿＿＿＿＿样式。

二、选择题

（1）“向下合并”的快捷键是“＿＿＿”。

A．Shift+Ctrl+E B．Ctrl+E C．Shift+E D．Shift+M

（2）选择多个不连续的图层时需要按住＿＿＿键。

A．trl B．Alt C．Shift D．Shift+Alt

（3）将一个图层移到所有图层的最上面，可以按快捷键“＿＿＿”。

A．Ctrl+] B．Ctrl+[C．Shift+Ctrl+] D．Shift+Ctrl+[

三、问答题

（1）智能对象有哪些作用？

（2）本章学习了哪几种管理图层的方法？

（3）图层样式可以用来实现哪些效果？

第 8 章　通道和蒙版

本章内容提要：

- 认识通道
- 通道的基本操作
- 通道的应用
- 认识蒙版
- 蒙版的基本操作
- 蒙版的应用

8.1　认识通道

通道是存储不同类型信息的灰度图像，可以用来调整图像的颜色和创建复杂选区，在绘制和修饰图像方面应用极为广泛，有着其他工具不可替代的作用。

8.1.1　颜色通道

顾名思义，颜色通道就是含有颜色信息的通道。颜色通道是在用户新建和打开图像时自动创建的。图像的颜色模式决定了所创建的颜色通道的数目，例如打开一幅RGB颜色模式的图像，如图 8-1-1（a）所示，其通道数量就是一个 RGB 复合通道加红、绿、蓝 3 个单色通道，共 4 个通道，如图 8-1-1（b）所示。

（a）

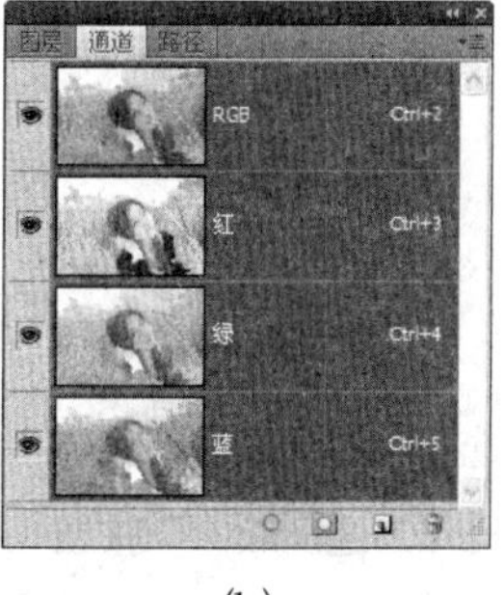

（b）

图 8-1-1

提示

由于图像的颜色模式不同，因此各颜色通道上的信息也是不同的，“通道”面板最上面的通道称为复合通道，是其下方各个单色通道叠加后的图像效果。

8.1.2 Alpha 通道

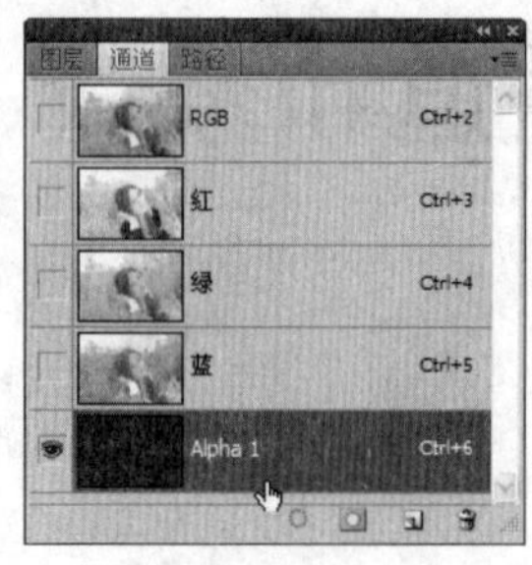

图 8-1-2

Alpha 通道的主要功能是保存和编辑选区，一些在图层中不易得到的选区都可以通过灵活使用Alpha通道来创建。Alpha 1通道在“通道”面板中的表现形式如图 8-1-2 所示。

8.1.3 专色通道

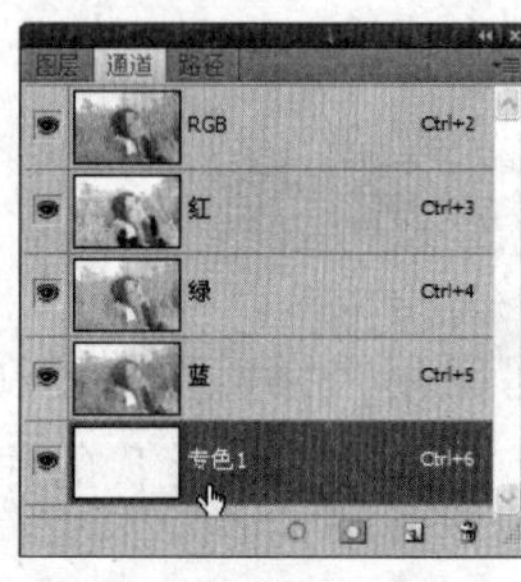

图 8-1-3

在进行颜色较多的特殊印刷时，除了默认的颜色通道外，用户还可以创建专色通道。专色是用特殊的预混油墨来替代或补充印刷色（CMYK）油墨，且每一个专色通道都有相应的印版。在打印输出一个含有专色通道的图像时，必须先将图像模式转换到多通道模式下才可以。专色1通道在“通道”面板中的表现形式如图 8-1-3 所示。

8.1.4 通道控制面板

通道控制面板也是Photoshop中一个重要的面板，它可以完成通道的创建、合并以及删除等操作。当打开一幅图像文件后，在通道控制面板中会自动建立起颜色通道，如图 8-1-4 所示。

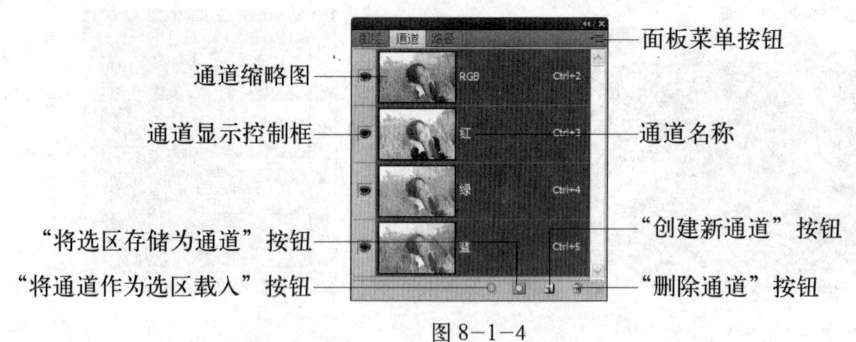

图 8-1-4

提示

如果在界面中找不到该面板，可以选择“窗口／通道”命令来将其调出。

通道控制面板中的各项含义如下：

通道缩略图：显示该通道的预览图，以供用户处理图像时预览参考。

通道显示控制框：该图标与图层控制面板中“眼睛”图标的作用相同，用于控制该通道中的内容是否在图像窗口中显示出来。要隐藏某个通道，只需单击该通道对应的“眼睛”图标，将其隐藏即可。

“将选区存储为通道”按钮：单击该按钮，可以将图像中的选区转化为一个遮罩，并将选区保存在新建的Alpha通道中。

“将通道作为选区载入”按钮：单击该按钮，可以将当前通道中的图像内容转化为选区。

面板菜单按钮：单击该按钮，将弹出一个下拉菜单，在其中可执行一些与通道有关的操作。

通道名称：显示对应通道的名称。按其右侧显示的组合键可快速地切换到相应的通道中。

“创建新通道”按钮：单击该按钮，可以创建一个新的Alpha通道，在Photoshop中最多可以创建24个Alpha通道。

“删除通道”按钮：单击该通道按钮可以删除当前通道。

8.2　通道的基本操作

通道的操作方法与图层类似，包括新建通道、复制通道和删除通道等操作，下面分别对通道的这些基本操作进行介绍。

8.2.1　创建新通道

单击通道控制面板底部的“创建新通道”按钮，即可在通道面板中创建一个Alpha通道，新建的Alpha通道在通道面板中显示为黑色。

若按住Alt键单击“创建新通道”按钮，会弹出“新建通道”对话框，如图8-2-1所示。在此对话框中设置相应的参数选项后，单击“确定”按钮，也可创建出新的Alpha通道。

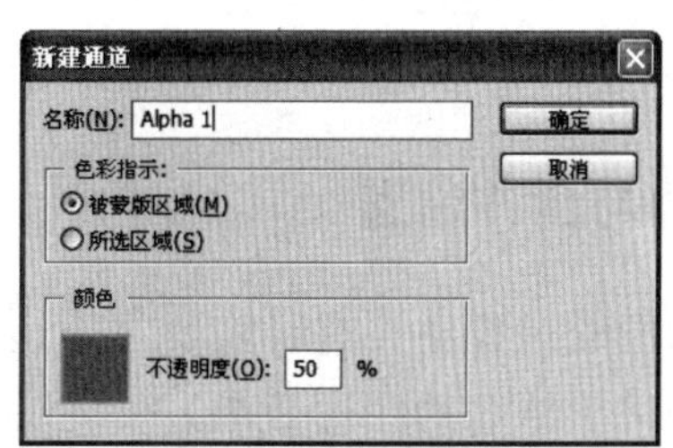

图8-2-1

名称：在其右侧的窗口中可以设置创建的Alpha通道的名称。

被蒙版区域：选择此选项后，在新建通道中没有颜色的区域代表选择范围，而有颜色的区域则代表被蒙版的范围。

所选区域：选择此选项，相当于对“被蒙版区域”选项进行了反相，得到与其相反的效果。

颜色：此项用于设置蒙版的颜色。单击其下面的色块，可以在弹出的“拾色器”对话框中选择合适的颜色。蒙版的颜色对图像的编辑没有影响，只是用来区别选区与非选区。

不透明度：此项用于设置蒙版的不透明度。它不会影响到图像的透明度，只是对蒙版起作用。

8.2.2 复制、删除通道

在“通道”面板中，用户既可以复制通道，也可以删除通道。

1.复制通道

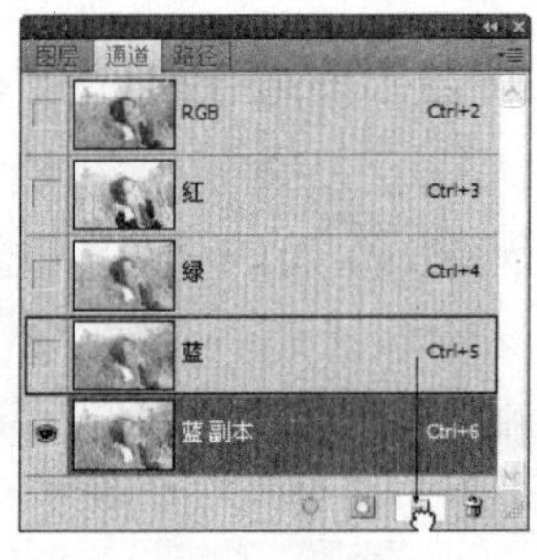

图 8-2-2

复制通道可以将一个通道中的图像移到另一个通道中，而原来通道中的图像不变。复制通道的操作方法与复制图层的操作方法类似，首先选中需要复制的通道，然后将其拖动到下方的“创建新通道”按钮上，释放鼠标后即可复制出一个副本通道，如图 8-2-2 所示。

2.删除通道

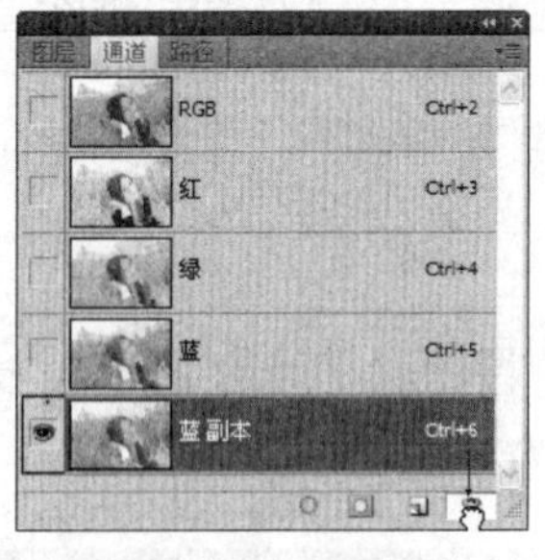

图 8-2-3

通道的数量越多，占用的磁盘空间也就越大，在完成图像的编辑后，用户可以删除不再需要的通道，以释放更多的磁盘空间。其操作方法很简单，只需用鼠标将需要删除的通道拖到通道控制面板下方的“删除通道”按钮上即可，如图 8-2-3 所示。

8.2.3 分离与合并通道

在编辑图像的过程中，有时需要将通道拆分，对其分别进行修改和编辑，然后再将其合并，以制作出特殊的图像效果。

1.分离通道

分离通道可以将一个图像文件中的各个通道分离出来。分离通道后，复合通道会自动消失，只剩下颜色通道、Alpha 通道或专色通道，这些通道之间是相互独立的，并且分别置于不同的文档中，但它们仍然属于同一图像文件，此时我们可以分别对通道进行编辑和修改。分离通道的具体操作如下：

(1) 按"Ctrl+O"组合键打开素材中的一个RGB颜色模式的文件——"夏日戈壁"，如图8-2-4所示。

图 8-2-4

(2) 选择"通道"选项卡，单击右上角的"通道面板菜单"，在弹出的菜单中选择"分离通道"命令，即可将此图像的各个通道分离，如图8-2-5所示。

图 8-2-5

2.合并通道

选择"通道面板菜单"中的"合并通道"命令，可以将分离的通道合并，让分离后的通道恢复分离前的颜色，其具体操作如下：

(1) 接着上例继续操作。选择"通道面板菜单"中的"合并通道"命令，随即弹出"合并通道"对话框，在其中的"模式"下拉列表框中选择合并后文件的色彩模式，如图8-2-6所示。

图 8-2-6

模式：表示合并通道的模式，在其右侧的窗口中包括RGB颜色、CMYK颜色、Lab颜色和多通道4种颜色模式。值得注意的是模式的选择是由图像的模式来决定的，如果原图像中有Alpha通道和专色通道，一般在其右侧的窗口中选择"多通道"模式。

通道：此选项中的数值决定了参加合并的通道数，其数值与图像的模式也有关。

(2) 单击"确定"按钮，系统将弹出图8-2-7所示的对话框。

图 8-2-7

图 8-2-8

(3) 再次单击“确定”按钮，即可将分离后的 3 个灰度图像恢复成原来的 RGB 图像，如图 8-2-8 所示。

8.3 通道的应用

在图像的处理过程中，通道的应用非常广泛，不仅可以用来存储选区，而且还可以调整图像的颜色和选择复杂的图像。前面已经对通道的一些基本操作作了介绍，本节讲解通道的实际应用，介绍通道究竟可以用在哪些方面。

8.3.1 使用通道调整色彩

在 Photoshop 中，可以把图像看作是由原色通道组成的，通过改变原色通道中的信息可以调整图像的色彩。

图 8-3-1

(1) 按“Ctrl+O”组合键打开素材中的“蓝天”文件，如图 8-3-1 所示。

提示

现在要在通道中将这幅图像的天空变成黄色。

图 8-3-2

(2) 观察通道，可以发现此图像由 4 个通道组成，分别是 RGB 复合通道和红、绿、蓝 3 个单色通道，而且 3 个单色通道的深浅程度各不相同，如图 8-3-2 所示。

分析：在 RGB 模式的图像文件中，单色通道中的暗部表示该色缺失，亮部表示该色存在，而且RGB模式的成色原理是加色，即绿＋蓝＝青，红＋蓝＝品红，红＋绿＝黄。观察通道可以发现，3个单色通道中的天空颜色深浅度都不一样，这说明3个通道中对天空颜色的分配均不一样。根据RGB色彩的成色原理，降低蓝色成分即可使天空变黄，其实现方法有3种：

(1) 隐藏蓝色通道。单击蓝色通道前面的“眼睛”图标，隐藏蓝色通道，即可将天空变黄，效果如图8-3-3所示。

图 8-3-3

(2) 通过色彩命令调整。确认选择的是“蓝”通道，按“Ctrl+L”组合键打开“色阶”对话框，将蓝色通道的天空部分调暗，如图8-3-4所示。

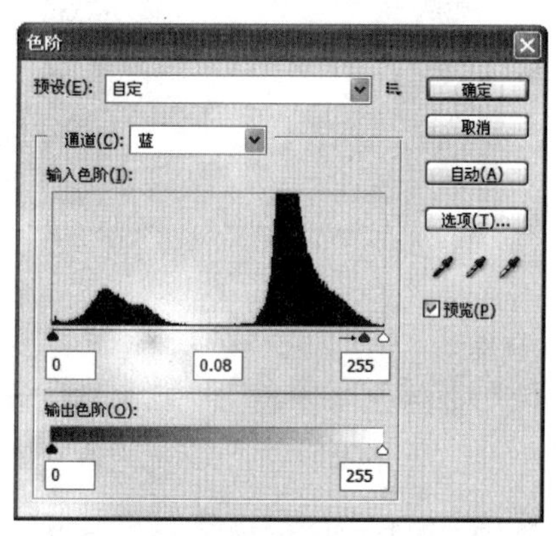

图 8-3-4

提示

进入“蓝”通道中可以发现，天空的部分是处于灰色的状态，因此，在“色阶”对话框中调整色彩深浅时，用户只需拖动中间的灰色滑块即可。

(3) 手工调整。选择“画笔工具”，用灰色或黑色在蓝色通道的天空位置涂抹，效果和通道面板状态如图8-3-5 (a) 和 (b) 所示。

(a)　(b)

图 8-3-5

8.3.2 使用通道抠图

在日常工作中，很多情况下都需要给物体去背景。对于一些简单的物体，用魔棒工具或钢笔工具就能完成；对于那些稍复杂一些的物体，用户就可以通过灵活使用 Alpha 通道来实现了。

图 8-3-6

（1）按“Ctrl+O”组合键打开素材中的“都市丽人”文件，如图 8-3-6 所示。

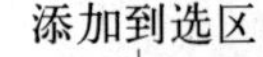

图 8-3-7

（2）选择工具箱中的“魔棒工具”，单击选项栏中的“添加到选区”按钮，并设置“容差”为 32，如图 8-3-7 所示。

（3）移动鼠标指针到人物外面的区域单击鼠标若干次，将外面的区域大致选中，如图 8-3-8 所示。

图 8-3-8

（4）单击“通道”面板底部的“将选区存储为通道”按钮，将选区存储为Alpha通道，如图 8-3-9 所示。

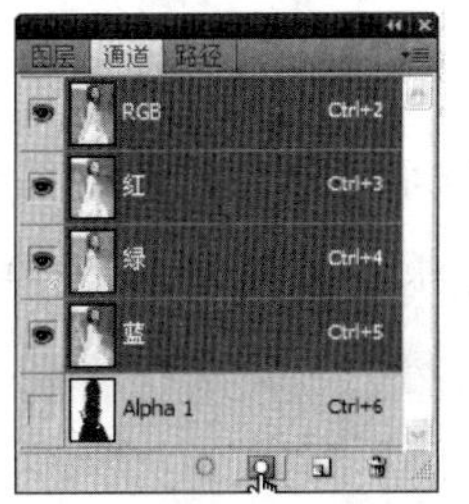

图 8-3-9

（5）单击“Alpha 1”通道，再单击“RGB”复合通道前面的“眼睛”图标，如图 8-3-10（a）所示，此时在“Alpha 1”通道中的黑色部分在画面中显示为半透明红色，如图 8-3-10（b）所示。

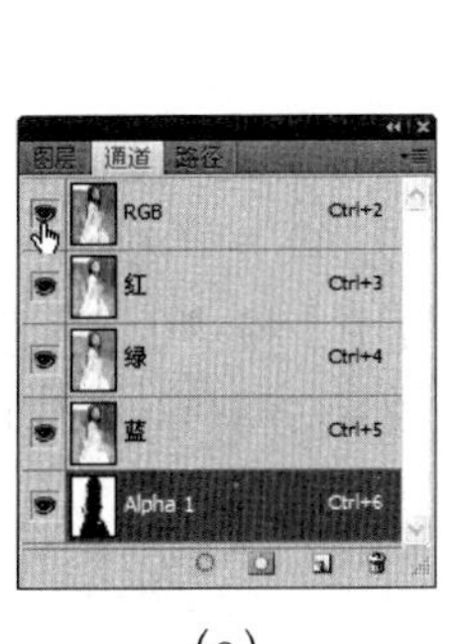

（a）

（b）

图 8-3-10

（6）选择“画笔工具”，在选项栏中设置合适的画笔大小，“模式”设置为正常，“不透明度”和“流量”都设置为100%，如图 8-3-11 所示。

（7）设置工具箱中的前景色为白色（R：255，G：255，B：255），用画笔将人物周围的半透明红色擦除，使红色部分完全覆盖住人物，如图 8-3-12 所示。

图 8-3-11

图 8-3-12

提示

在 Alpha 中用白色涂抹将会扩大选择区域；用黑色涂抹将会取消选择区域；用不同的灰色涂抹，Photoshop 将会根据灰色深浅的程度创建出不同的半透明选区。

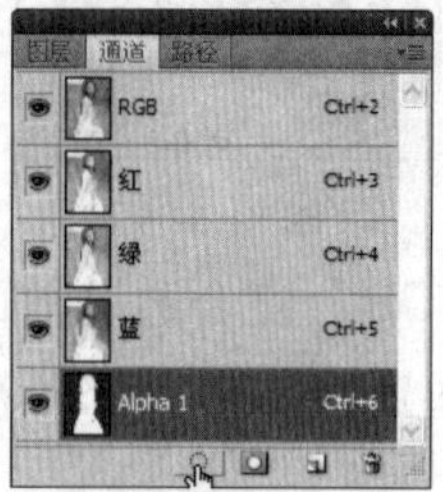

图 8-3-13

（8）按“Ctrl+I”组合键将颜色反相，之后单击“通道”面板底部的“将通道作为选区载入”按钮，将 Alpha 1 通道中的白色部分载入为选区，如图 8-3-13 所示。

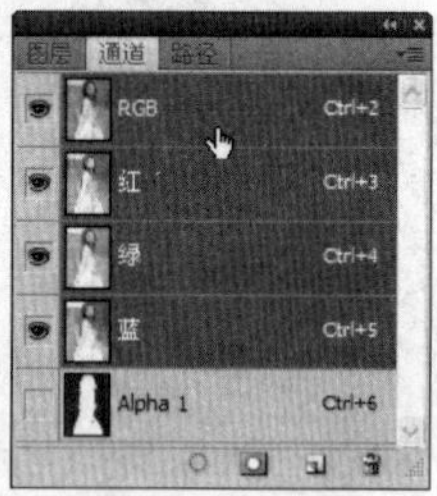

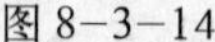

图 8-3-14

（9）单击“Alpha 1”通道前面的“眼睛”图标，使其隐藏。再单击“RGB”复合通道，准备在复合通道中进行编辑，如图 8-3-14 所示。

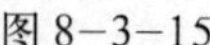

图 8-3-15

（10）单击“图层”选项卡，回到“图层”面板中。按“Ctrl+J”组合键将选区内的图像复制到新的图层中，如图 8-3-15 所示。

图 8-3-16

（11）之后可在图像的背景加入一些设计元素，使作品完整，如图 8-3-16 所示。

8.4 认 识 蒙 版

蒙版是合成图像的一项重要功能。通过创建和编辑蒙版可以合成出各种图像效果，并且不会使图像受损。在 Photoshop 中，蒙版有好几种，包括快速蒙版、图层蒙版、矢量蒙版和剪贴蒙版，本节就对它们的作用、创建、编辑以及应用进行介绍。

8.4.1 图层蒙版

图层蒙版是 Photoshop 图层中最常用的一种蒙版，通过使用图层蒙版可以创建出各种梦幻般的图像效果，是合成图像必不可少的技术手段。图层蒙版主要依靠灰度图像来控制图层中图像的显示和隐藏。图层蒙版在“图层”面板中的表现形式如图 8-4-1 所示。

图 8-4-1

8.4.2 矢量蒙版

矢量蒙版的作用与图层蒙版的作用相似，可显示、隐藏图层中的部分内容，或保护部分区域不被编辑。它在“图层”面板中的表现形式如图 8-4-2 所示。

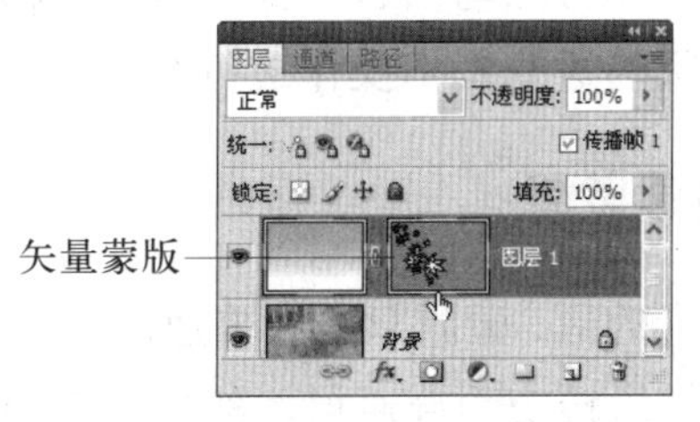

图 8-4-2

8.4.3 快速蒙版

快速蒙版与图层蒙版和矢量蒙版不同，它是一个制作和编辑选区的临时环境，用于辅助用户创建选区。在快速蒙版模式下，用户可以使用各种绘图工具或滤镜命令对蒙版进行编辑，以确定选择区域和非选择区域，创建出不同形状的选区。

默认情况下，为图像设置快速蒙版后，图像中的无色区域表示选择区域，半透明的红色区域表示未选择区域，如图 8-4-3 所示。

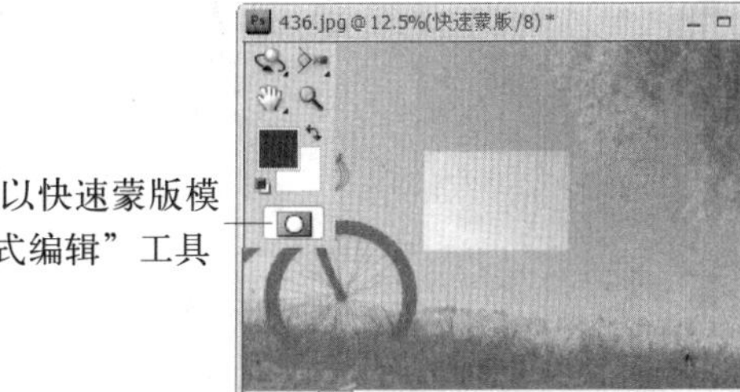

图 8-4-3

8.4.4 剪贴蒙版

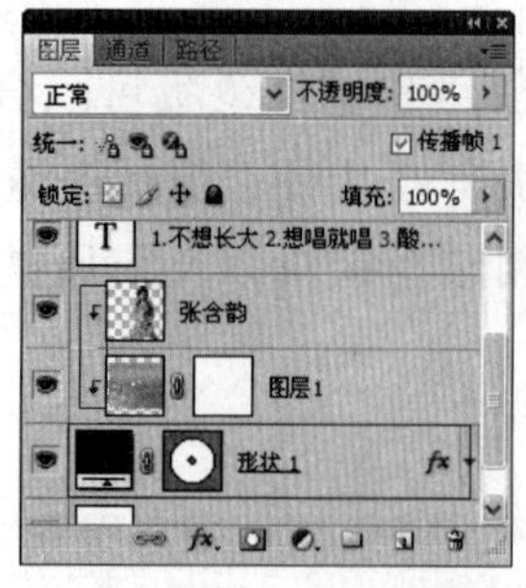

图 8-4-4

剪贴蒙版是一种比较特殊的蒙版，它不仅可以将图像隐藏或显示，而且还可保护原图像不被破坏。剪贴蒙版主要由两部分组成，即基层和内容层。基层位于整个剪贴蒙版的底部，其图层名称带有下划线；而内容层则位于基层上方，图层缩览图呈缩进状态，并带有↓图标，如图 8-4-4 所示。

提示

本节对蒙版的种类和它们的作用作了简单的介绍。由于篇幅有限，下面将以图层蒙版为例，对蒙版的基本操作进行介绍。

8.5 蒙版的基本操作

蒙版的操作方法与图层的操作方法类似，包括新建蒙版、编辑蒙版和删除蒙版，下面分别对蒙版的这些基本操作进行介绍。

8.5.1 创建蒙版

值得注意的是，蒙版只能在普通图层或通道中建立，如果要在图像的背景层上建立，可以先将背景层转变为普通层，然后再在该普通层上创建蒙版即可。在图像文件中创建蒙版的方法多种，下面介绍最常用的一种——通过图层面板创建，具体方法如下：

图 8-5-1

(1) 按“Ctrl+O”组合键打开素材中的“奖杯”文件，如图 8-5-1 所示。

（2）拖动“背景”图层到“图层”面板底部的“创建新图层”按钮上，复制一个“背景 副本”图层，如图 8-5-2 所示。

图 8-5-2

（3）在“背景 副本”图层上操作。选择“图像 / 调整 / 色相 / 饱和度”命令，如图 8-5-3 所示。

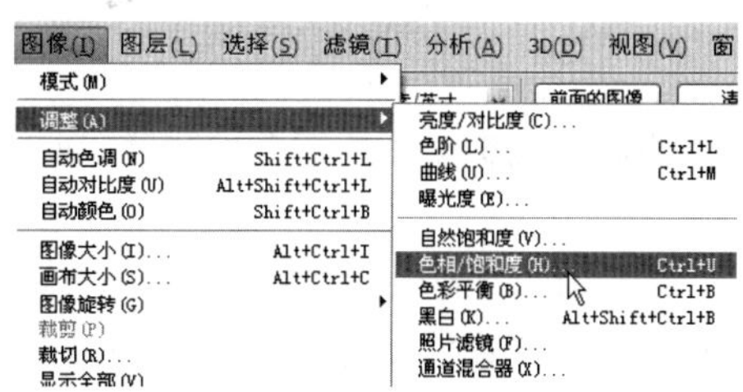

图 8-5-3

（4）在打开的“色相 / 饱和度”对话框中设置图 8-5-4 所示的参数。

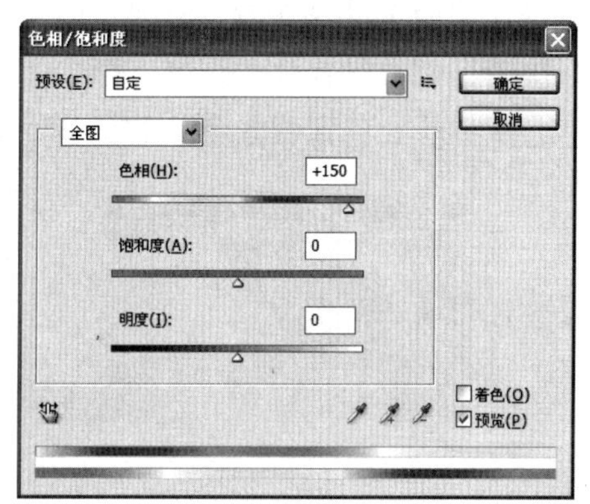

图 8-5-4

（5）单击“确定”按钮后，图像颜色如图 8-5-5 所示。

图 8-5-5

（6）单击“图层”面板底部的“添加图层蒙版”按钮，此时即可为“背景 副本”图层上的图像添加一个图层蒙版，如图 8-5-6 所示。

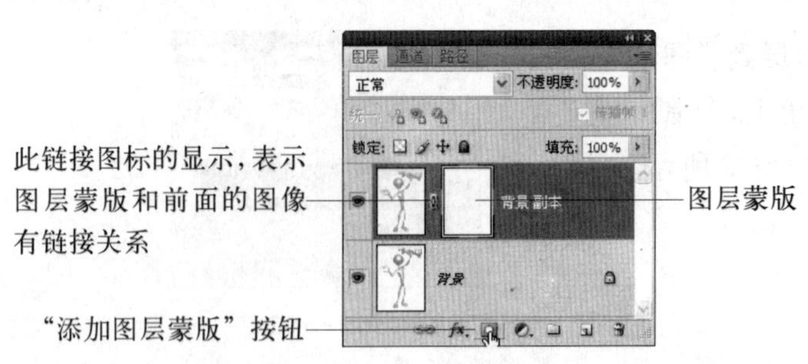

图 8-5-6

8.5.2 编辑蒙版

在图像中创建了图层蒙版后，就可以对其进行编辑了。用户既可以使用绘图工具创建透明或半透明的效果，也可以使用工具箱中的画笔工具或渐变工具在图层蒙版中进行涂抹或添加渐变颜色，以隐藏或显示特定的部分，达到合成图像的作用，并且处理后的蒙版状态将在蒙版缩略图中显示出来。

（1）接着上例继续操作。选择“渐变工具”，设置前景色为黑色，背景色为白色。在选项栏中选择“前景色到背景色”的渐变，渐变方式为“线性渐变”，如图 8-5-7 所示。

图 8-5-7

（2）在图层蒙版上操作。按图 8-5-8（a）所示的方向和距离拉出渐变，图像效果和图层蒙版状态如图 8-5-8 所示。

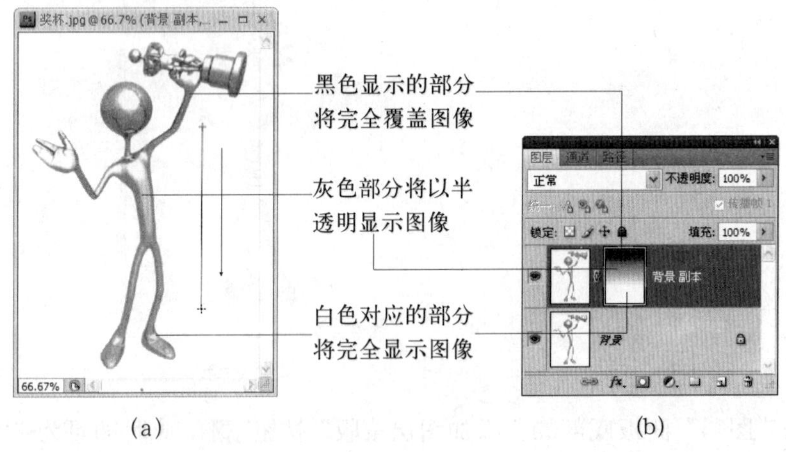

(a)　　(b)

图 8-5-8

8.5.3 删除蒙版

如果对编辑的图层蒙版效果不满意，用户可以将其删除，删除蒙版的方法如下：

用鼠标右键单击蒙版缩略图，在弹出的快捷菜单中选择“删除图层蒙版”命令，即可删除当前图层的图层蒙版，如图8-5-9所示。

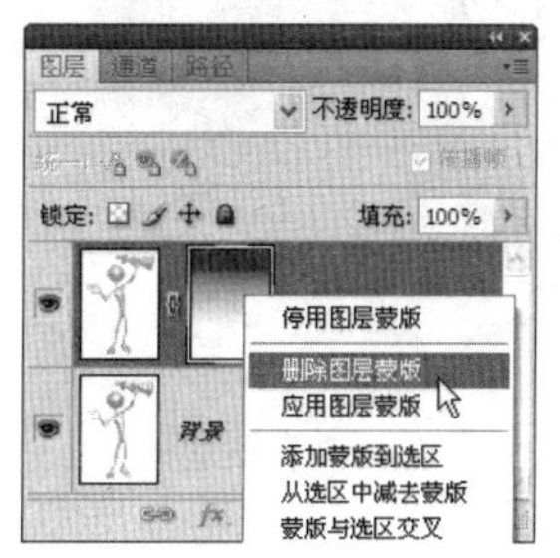

图8-5-9

提示

删除图层蒙版后，该图层将恢复为普通层的状态，其图像效果也将恢复为原始效果。

8.6 蒙版的应用

前面对Photoshop中的各种蒙版已经有了一个大致的了解，并学习了蒙版的一些基本操作。本节将在此基础上安排几个蒙版的实例，帮助用户更深入地了解蒙版的作用。

8.6.1 使用快速蒙版合成图像

合成图像最关键的问题就是如何将几幅图片较自然地融合在一起，本例将使用快速蒙版处理这一问题，制作出蒙太奇效果。

(1) 按“Ctrl+O”组合键打开素材中的 “靓丽女孩1”文件，如图8-6-1所示。

(2) 按“Ctrl+O”组合键再打开素材中的“靓丽女孩2”文件，如图8-6-2所示。

图8-6-1

图8-6-2

图 8-6-3

（3）选择“移动工具”，将“靓丽女孩 2”图像拖动到“靓丽女孩 1”文件中，并摆放在图 8-6-3 所示的位置。

（4）设置前景色为白色，背景色为黑色。选择“渐变工具”，并在选项栏中选择“前景到背景”渐变，渐变模式为“线性渐变”，其他设置如图 8-6-4 所示。

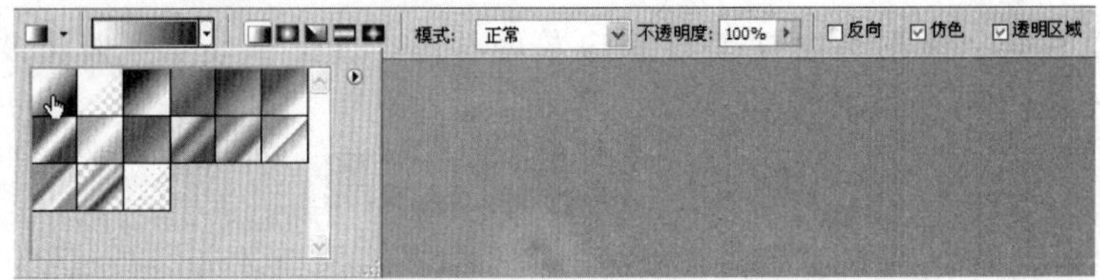

图 8-6-4

图 8-6-5

（5）在“图层 1”图层上操作，按一下 Q 键。按图 8-6-5 所示的距离和方向拉出渐变蒙版。

图 8-6-6

（6）再按一下 Q 键，进入标准模式编辑。首先按Delete键删除左边的部分图像，然后按“Ctrl+D”组合键取消选区，图像效果如图 8-6-6 所示。

提示

在按Q键切换到快速蒙版或退出快速蒙版状态时，需要在英文输入状态下进行。

8.6.2 使用图层蒙版合成图像

使用图层蒙版合成图像的方法要比快速蒙版更灵活，因为快速蒙版只是编辑选区的一个临时环境，一旦结束了操作，再想修改就比较麻烦；而在图层蒙版上则可以反复编辑，即使编辑完成后也可以再修改，并且隐藏和显示图像的方式非常明显。

(1) 按“Ctrl+O”组合键打开素材中的“云彩”和“墙壁”文件，如图8-6-7 (a)和 (b) 所示。

(a)

(b)

图 8-6-7

(2) 选择“移动工具”，拖动“墙壁”文件到“云彩”文件中，并摆放在图8-6-8所示的位置。

图 8-6-8

(3) 在“图层1”图层上操作。单击“图层”调板底部的“添加图层蒙版”按钮，为“图层1”图层上的图像添加一个图层蒙版，如图 8-6-9 所示。

图 8-6-9

(4) 选择“画笔工具”，在选项栏中设置“画笔”为“柔角200像素”，“不透明度”和“流量”都设为“100%”，如图 8-6-10 所示。

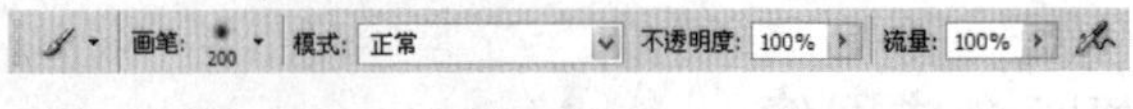

图 8-6-10

图 8-6-11

(5) 设置前景色为黑色，按住鼠标左键在相框外面的部分拖动，将图8-6-11所示的墙壁隐藏。

(6) 选择“画笔工具”，在选项栏中设置“画笔”为“柔角50像素”，“不透明度”和“流量”都设为“50%”，如图 8-6-12 所示。

图 8-6-12

(7) 移动鼠标指针到剩余的墙壁上进行涂抹，将剩余的墙壁制作成半透明，图像最终效果如图 8-6-13 所示。

图 8-6-13

8.6.3 使用矢量蒙版合成图像

与图层蒙版不同的是，矢量蒙版与分辨率无关，并且由钢笔或形状工具创建。

（1）按“Ctrl+O”组合键打开素材中的“落叶”文件，如图 8−6−14 所示。

图 8−6−14

（2）设置工具箱中的前景色为橘黄色（R：231，G：112，B：11），背景色为白色，如图 8−6−15 所示。

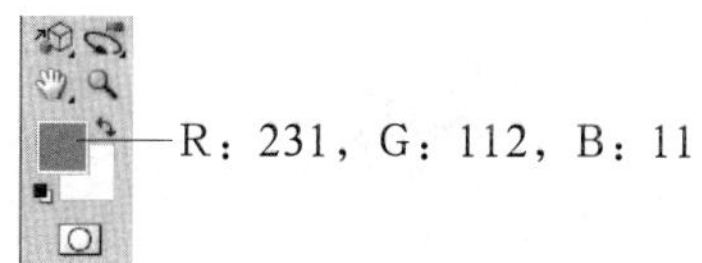

图 8−6−15

（3）选择“渐变工具”，在选项栏中选择“前景色到背景色”渐变，“渐变模式”为线性渐变，其他设置如图 8−6−16 所示。

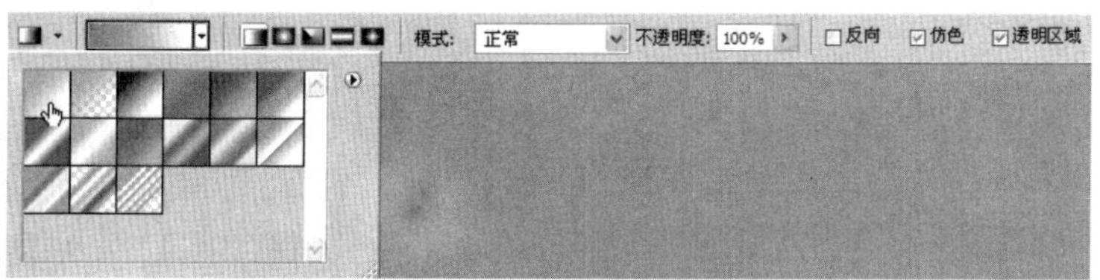

图 8−6−16

（4）单击“图层”调板底部的“创建新图层”按钮，新建一个“图层 1”图层。移动鼠标指针到窗口内，按图 8−6−17 所示的距离和方向拉出渐变。

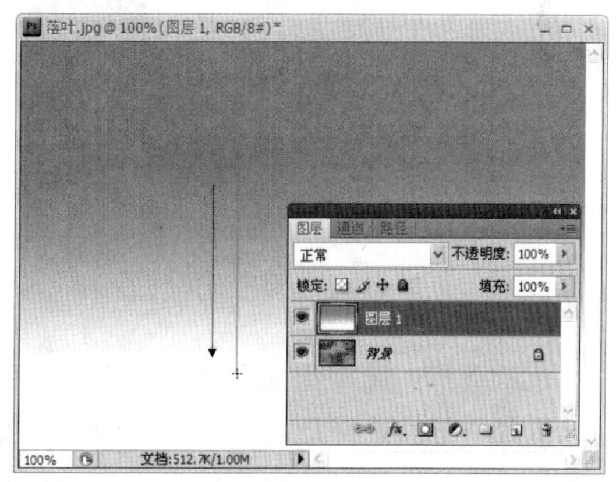

图 8−6−17

（5）选择“自定形状工具”，单击选项栏中的“路径”按钮，并选择“叶子 2”形状，如图 8−6−18 所示。

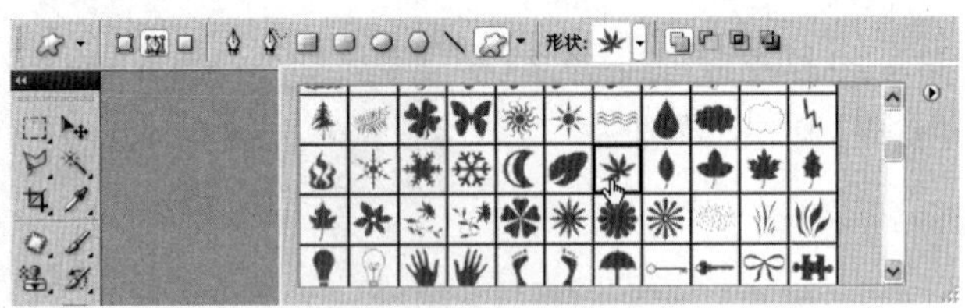

图 8-6-18

(6) 在“图层 1”上操作，按住 Shift 键拖动鼠标，在图 8-6-19 所示的位置创建多片叶子形状。

(7) 选择“直接选择工具”，单击其中一片叶子，按“Ctrl+T”组合键并调整叶子的角度。使用同样的方法逐个调整每片叶子的角度，如图 8-6-20 所示。

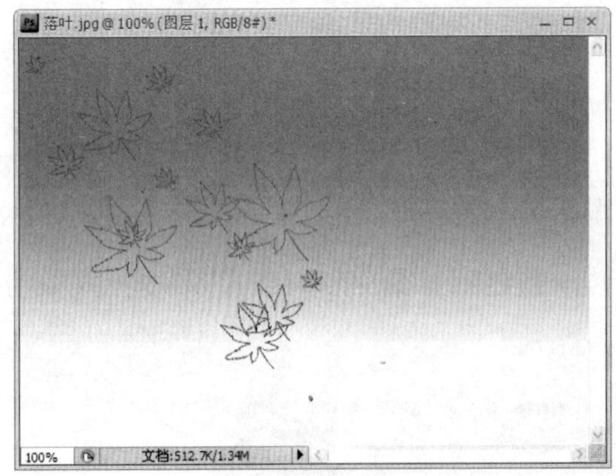

图 8-6-19

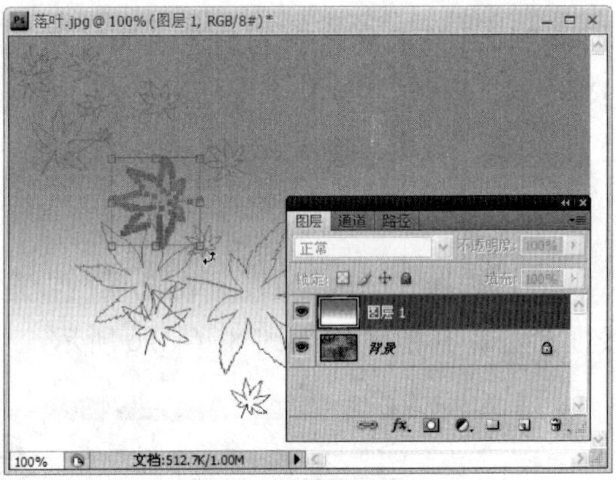

图 8-6-20

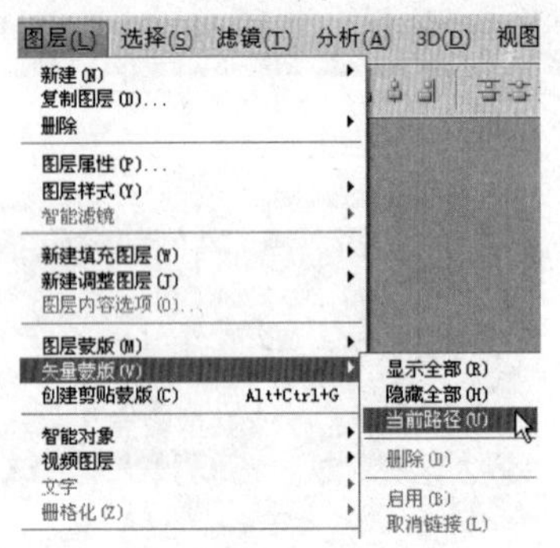

图 8-6-21

(8) 选择“图层 / 矢量蒙版 / 当前路径”命令，如图 8-6-21 所示。

显示全部：选择此项会将所有内容在矢量蒙版中显示。

隐藏全部：选择此项会将所有内容在矢量蒙版中隐藏。

当前路径：选择此项会将当前路径在矢量蒙版中显示。

(9) 此时就为当前的路径创建了一个矢量蒙版，图像效果和“图层”调板状态如图 8-6-22 (a) 和 (b) 所示。

(a)

灰色的部分隐藏图像

矢量蒙版

(b)

图 8-6-22

（10）选择“自定形状工具”，单击选项栏中的“路径”按钮，再次选择“叶子 2”形状，并单击“添加到路径区域”按钮，如图 8-6-23 所示。

“添加到路径区域”按钮

图 8-6-23

（11）移动鼠标指针到画面的右下角按住鼠标左键并拖动，在矢量蒙版上再添加几片叶子，如图 8-6-24 所示。

图 8-6-24

（12）按住 Shift 键单击矢量蒙版缩览图，可以将矢量蒙版暂时关闭，以查看图像原始的状态。此时矢量蒙版上会显示一个红色的叉，如图 8-6-25 所示。

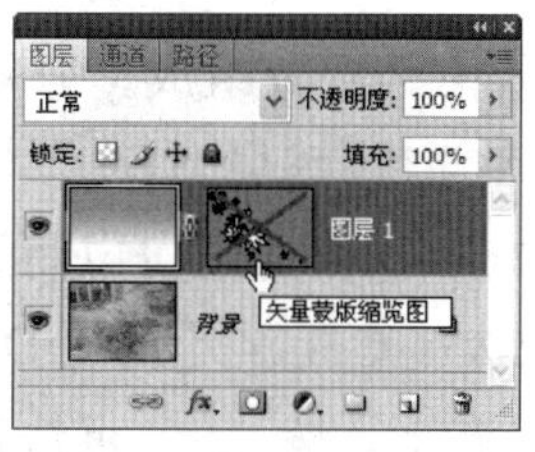

图 8-6-25

（13）移动鼠标指针到矢量蒙版缩览图上单击右键，从弹出的快捷菜单中选择“栅格化矢量蒙版”命令，可将矢量蒙版转换为图层蒙版来进行编辑，如图 8-6-26 所示。

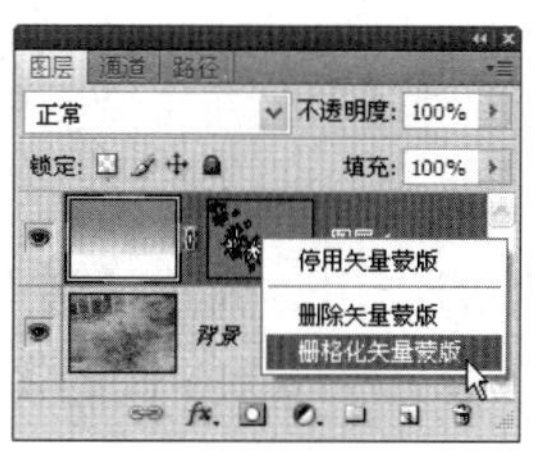

图 8-6-26

图 8-6-27

(14) 最后用文字工具在画面的右下角输入相应的文字，使作品完整，效果如图 8-6-27 所示。

8.7 小 结

本章对蒙版和通道的类型以及使用都一一作了介绍，它们是 Photoshop 的重要功能，任何一个渴望掌握图像处理真谛的人都应对它们的使用技巧进行深入的研究，只有这样才能掌握图像处理的高级技巧。

8.8 练 习

一、填空题

(1) Alpha 通道的主要功能是__________和编辑选区。

(2) 在__________图层上用户是无法创建蒙版的。

(3) 在图层蒙版中填充黑色或用黑色涂抹，会__________住图像。

二、选择题

(1) 剪贴蒙版主要由两部分组成，分别是基层和_____。

A．普通图层　B．形状图层　C．内容层　D．“背景”图层

(2) 将选区保存为 Alpha 通道可以将选区_____保存起来。

A．临时　B．永久　C．24 小时　D．以上都不对

(3) 在英文输入状态下，按_____可快速地在“标准模式编辑”和“快速蒙版模式编辑”间来回切换。

A．Shift 键　B.Q 键　C．Alt 键　D．F 键

三、问答题

(1) 简述快速蒙版的作用。简述通道与蒙版的区别。

(2) 打开一幅颜色模式为 CMYK 的图像，对其进行通道分离，并观察分离出的结果，说明它和 RGB 模式图像的区别?

第9章　滤　镜

本章内容提要：

- 认识滤镜
- 使用滤镜
- 编辑滤镜
- 外挂滤镜
- 滤镜应用

9.1　认识滤镜

滤镜的主要作用是用来实现图像的各种特殊效果，它在Photoshop中具有非常神奇的作用。其功能也非常强大，经常用来制作一些材质、光晕、火焰等特殊效果。用户可将滤镜理解为一个加工“图像”的机器，图像经过它的加工后，会产生各种奇妙的变化。

理解滤镜的最好方法就是亲自去逐个尝试，在不断的实践中积累经验，这样才能恰到好处地运用滤镜，发挥出滤镜应有的作用。

9.2　使用滤镜

本节将介绍滤镜的使用，其中包括两部分，分别是普通滤镜和智能滤镜。它们的使用方法非常简单，区别也不大，下面分别进行介绍。

9.2.1　使用普通滤镜

要使用滤镜，可以从“滤镜”菜单中选择相应的命令或子菜单中的命令。下面以高斯模糊滤镜为例说明滤镜的使用。

(1) 按“Ctrl+O”组合键打开素材中的“午后阳光”文件，如图9-2-1所示。

图9-2-1

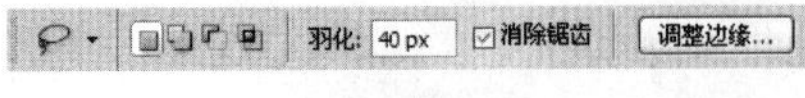

图 9–2–2

（2）选择工具箱中的“套索工具”，并在其选项栏中设置“羽化”为 40px，如图 9–2–2 所示。

图 9–2–3

（3）移动鼠标指针到画面中按住鼠标左键并拖动，将人物用“套索工具”选中，如图 9–2–3 所示。

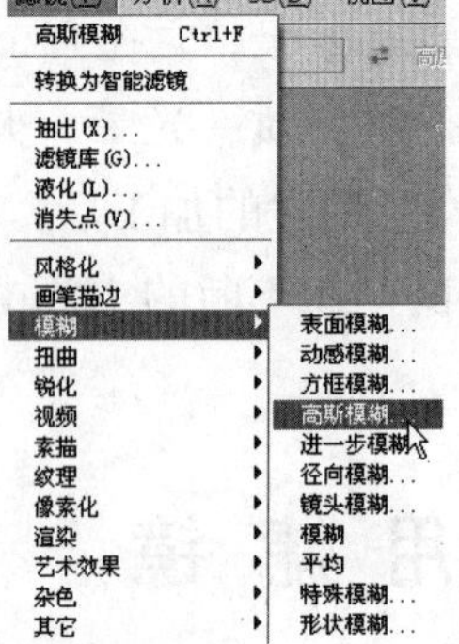

图 9–2–4

（4）选择“滤镜 / 模糊 / 高斯模糊”命令，如图 9–2–4 所示。

图 9–2–5

（5）打开“高斯模糊”对话框，设置“半径”为 3.5 像素，如图 9–2–5 所示。

(6) 单击“确定”按钮，应用滤镜效果。按“Ctrl+D”组合键取消选区，图像效果如图 9-2-6 所示。

图 9-2-6

提示

有些滤镜没有参数设置对话框，执行这些滤镜命令后，会直接将滤镜效果应用到当前图像上。

9.2.2　使用智能滤镜

只要是智能对象图层都可以使用智能滤镜，应用于智能对象的任何滤镜也都是智能滤镜。使用智能滤镜就像为图层添加图层样式那样为图层添加滤镜命令，并且可以对添加的滤镜进行反复的修改。

(1) 按“Ctrl+O”组合键打开素材中的“回蔚”文件，如图 9-2-7 所示。

图 9-2-7

(2) 选择“滤镜/转换为智能滤镜”命令，如图 9-2-8 所示。

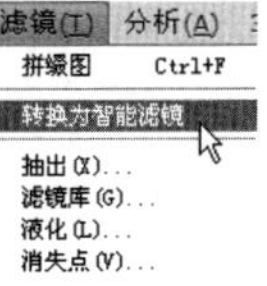

图 9-2-8

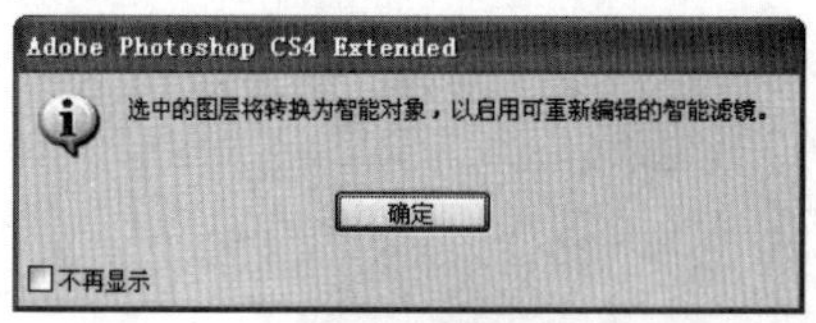

图 9-2-9

（3）在随即弹出的提示对话框中单击“确定”按钮，如图 9-2-9 所示。

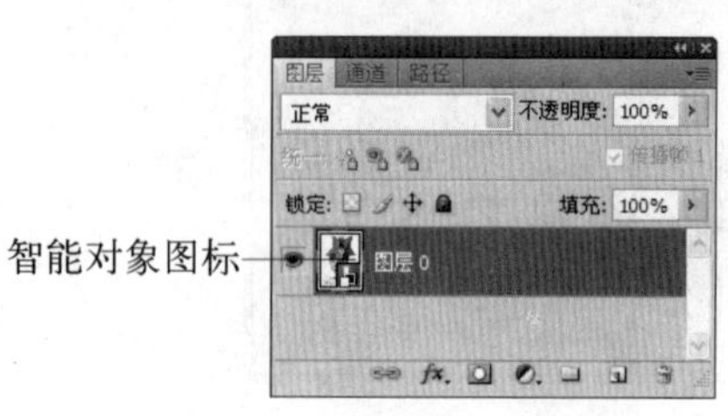

图 9-2-10

（4）此时就将一个普通的图层转换为一个智能对象图层，如图 9-2-10 所示。

提示

要想在普通图层上应用智能滤镜，必须要把这个图层先转换为智能对象图层。

（5）选择“滤镜 / 素描 / 半调图案”命令，在打开的“半调图案”对话框中设置图 9-2-11 所示的参数。

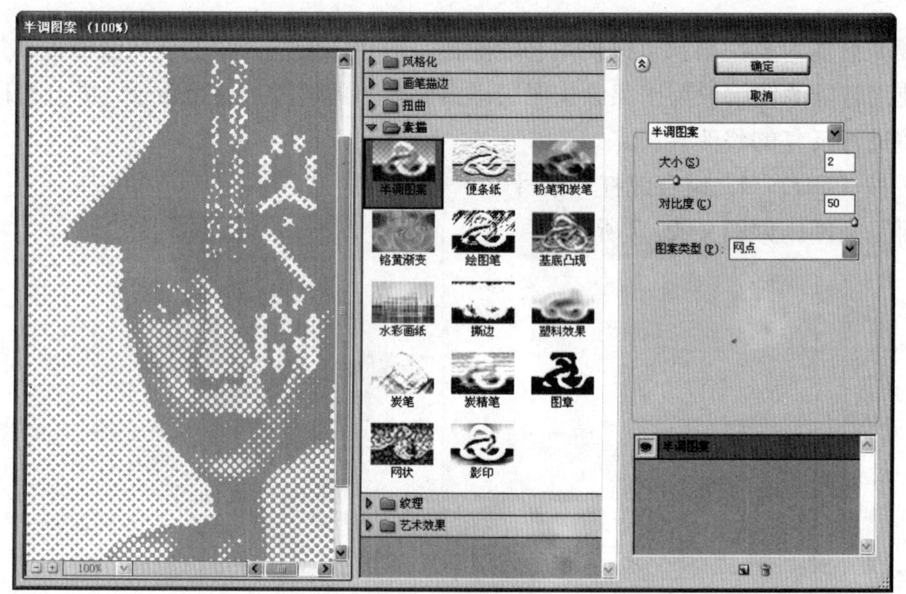

图 9-2-11

（6）单击“确定”按钮，图像效果和“图层”面板状态如图 9-2-12（a）和（b）所示。

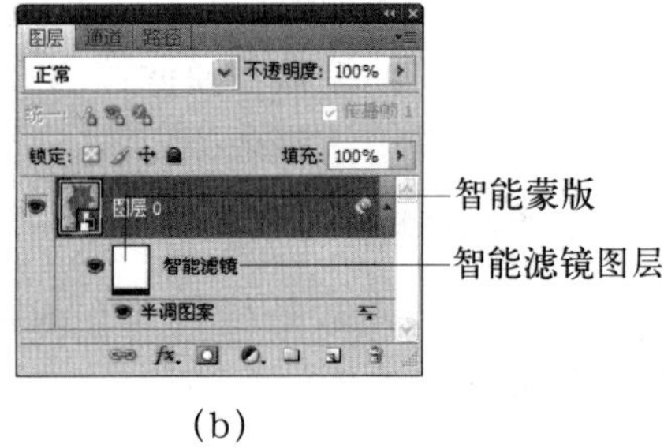

(a)　　　　　　　　　　(b)

图 9-2-12

(7) 选择“滤镜／纹理／马赛克拼贴”命令，再使用一个滤镜，这时在“图层”面板中会显示出智能滤镜的列表，图像效果和“图层”面板状态如图 9-2-13 (a) 和 (b) 所示。

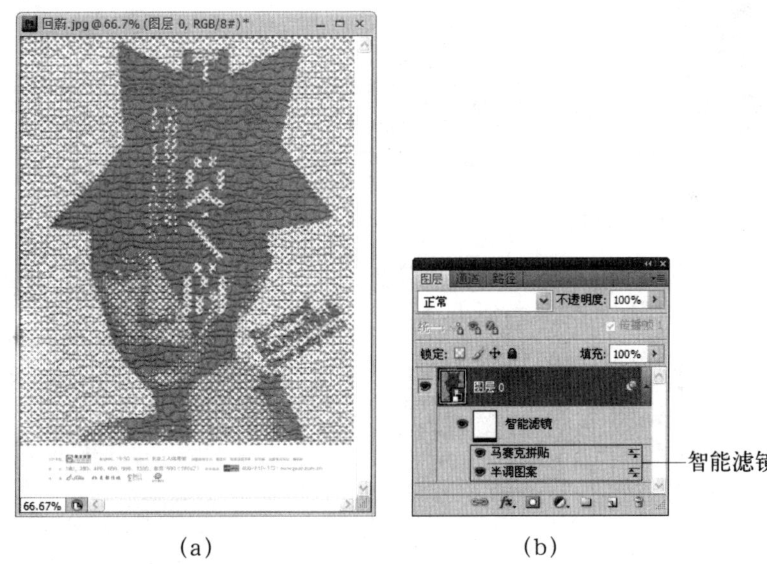

(a)　　　　　　　　　　(b)

图 9-2-13

提示

在上图中可以看出，一个智能对象图层主要是由智能蒙版和智能滤镜列表构成的，其中智能蒙版主要用于隐藏或显示智能滤镜的处理效果，而智能滤镜列表则显示了当前智能滤镜图层中所应用的滤镜名称。

9.3 编 辑 滤 镜

有的时候为图像应用一次滤镜后并不能获得满意的效果，需要反复使用或修改参数才行。本节就来介绍如何编辑普通滤镜和智能滤镜，使滤镜使用起来更从容。

9.3.1 编辑普通滤镜

本节将介绍 4 种编辑普通滤镜的方法，分别是重新修改滤镜参数、使用滤镜库、重复使用滤镜以及渐隐滤镜效果。

1. 重新修改滤镜参数

重新修改滤镜参数是指打开有滤镜参数对话框的滤镜进行修改，而不是指所有滤镜，修改滤镜参数的方法如下：

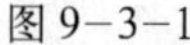
图 9–3–1

(1) 按“Ctrl+O”组合键打开素材中的“各国儿童”文件，如图 9–3–1 所示。

图 9–3–2

(2) 选择“滤镜 / 风格化 / 浮雕效果”命令，在弹出的“浮雕效果”对话框选中设置参数，如图 9–3–2 所示。

（3）单击“确定”按钮，效果如图9-3-3所示。

图9-3-3

提示

此时发现效果不是很好，想重新设置一下参数。

（4）首先按“Ctrl+Z”组合键将操作返回，然后按“Ctrl+Alt+F”组合键再次调出刚才的“浮雕效果”对话框，并在其中设置合适的参数，如图9-3-4所示。

图9-3-4

（5）单击“确定”按钮，效果如图9-3-5所示。这样就成功地重新修改了滤镜参数。

图9-3-5

2. 使用滤镜库

Photoshop 滤镜库中陈列了各种滤镜，在其中不仅可以方便地调用各种滤镜，还可以预览滤镜效果，是一种很好的编辑滤镜的功能，其使用方法如下：

（1）接着上例继续操作。选择“滤镜／滤镜库”命令，在弹出的对话框中任意选择一种滤镜，此时在左侧的预览窗口中显示了应用滤镜的效果，如图 9–3–6 所示。

图 9–3–6

（2）单击右下角的“新建效果图层”按钮，新建一个效果图层，在滤镜库中再选择一个滤镜，此时应用的滤镜效果放在了新建的效果图层中。单击各效果图层前面的“眼睛”图标处可分别关闭或开启各个滤镜效果，如图 9–3–7 所示。

图 9–3–7

(3) 单击“确定”按钮，效果如图9-3-8所示。

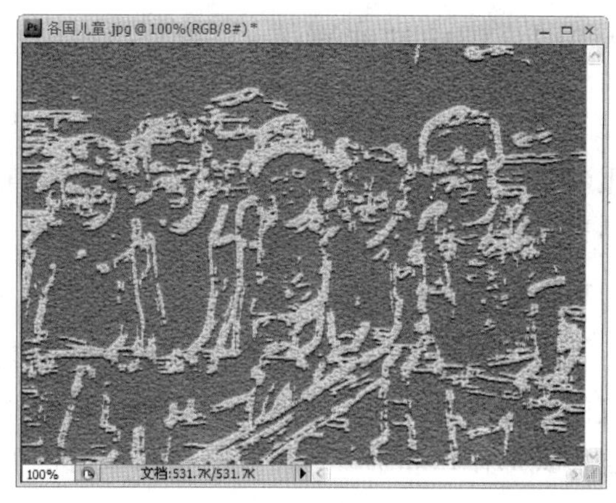

图 9-3-8

3. 重复使用滤镜

有时候应用一次滤镜并不能获得满意的效果，需要反复使用才行。在Photoshop中每使用一次滤镜，其将被放在“滤镜”菜单的顶部。用户只需选择该命令或按其快捷键“Ctrl+F”即可重复使用该滤镜，如图9-3-9所示。

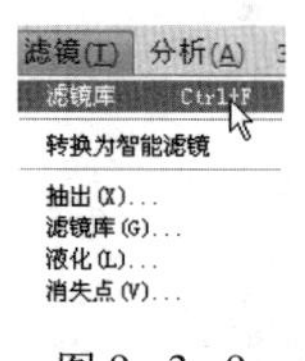

图 9-3-9

提示

在此通常使用快捷键“Ctrl+F”重复使用滤镜。

4. 渐隐滤镜效果

使用“渐隐”命令可以修改滤镜、绘画工具和颜色调整的应用结果。渐隐命令类似于在目标图层上建立一个校正图层，然后通过图层的不透明度和混合模式控制目标图层。渐隐滤镜的操作如下：

(1) 接着上例继续操作。选择“编辑/渐隐滤镜库”命令，如图9-3-10所示。

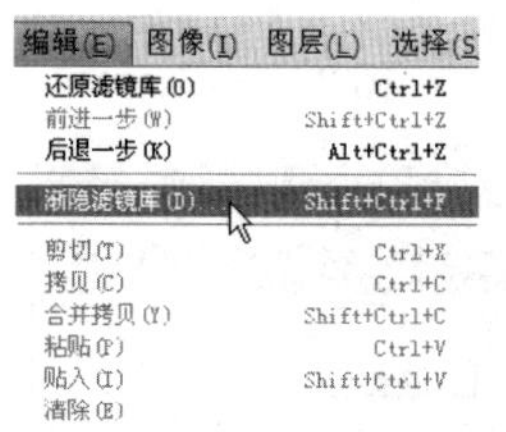

图 9-3-10

(2) 在弹出的“渐隐”对话框中首先勾选“预览”复选框，然后拖动参数控制滑块调整“不透明度”，并在“模式”选项栏中选择适当的混合模式，如图9-3-11所示。

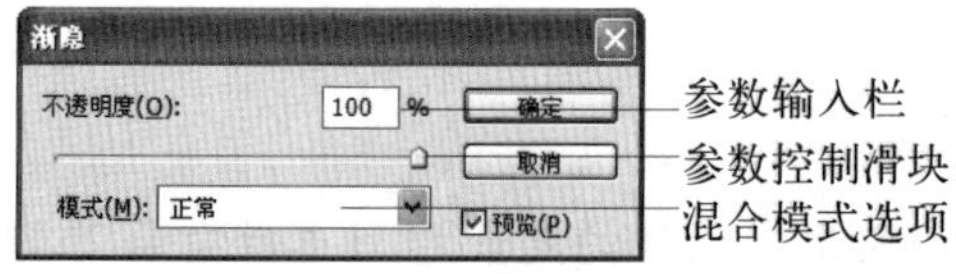

图 9-3-11

(3) 单击“确定”按钮即可调整滤镜的效果。

9.3.2 编辑智能滤镜

智能滤镜的编辑方法和普通滤镜的编辑方法还是有区别的，用户不仅可以对其进行重新修改参数、删除等常规操作，还可以有选择地利用智能滤镜中的图层蒙版对滤镜区域进行调整，其比普通滤镜编辑更加容易。

1.重新修改滤镜参数

为图像应用的智能滤镜都罗列在“图层”面板中对应的图层下方，就像图层样式排列的效果那样。智能滤镜的优点之一就是可以反复地进行修改，其修改方法也像修改图层样式那样，非常方便。其具体修改方法如下：

图 9-3-12

（1）按“Ctrl+O”组合键打开素材中的“聆听”文件，如图9-3-12所示。

图 9-3-13

（2）双击“图层”面板中要修改参数的滤镜名称，如图9-3-13所示。

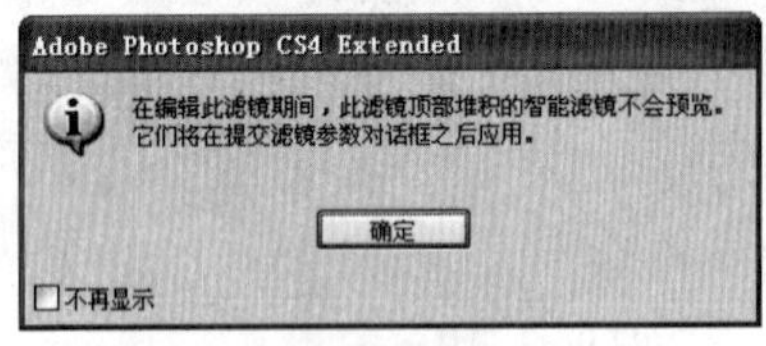

图 9-3-14

（3）在随即弹出的该滤镜对话框中进行修改参数即可。需要注意的是，在添加了多个智能滤镜时，如果编辑了先添加的智能滤镜，将会弹出一个图9-3-14所示的提示框。

提示

如果用户编辑的是最后（也就智能滤镜列表中最上面的滤镜命令）添加的智能滤镜则不会弹出提示对话框。

2. 编辑智能蒙版

智能蒙版的原理和图层蒙版的原理是一样的，都是用来显示或隐藏图像区域来制作图像效果的。

(1) 以上例为例继续进行操作。在“图层”面板中单击要编辑的智能蒙版，如图9-3-15所示。

图9-3-15

(2) 选择工具箱中的“画笔工具”，并在其选项栏中设置合适的“画笔”、“模式”等参数，如图9-3-16所示。

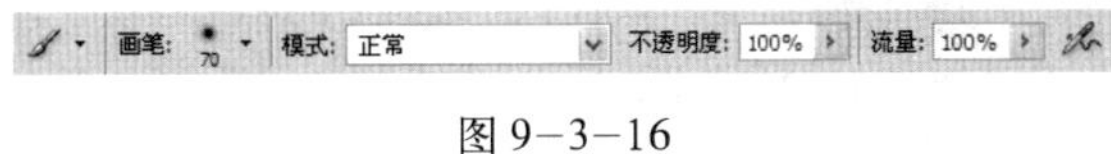

图9-3-16

(3) 再设置工具箱中的前景色为黑色，如图9-3-17所示。

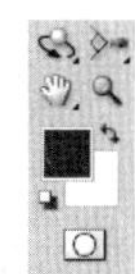

图9-3-17

(4) 移动鼠标指针到图像中的人物上涂抹，此时被画笔涂抹过的地方露出图像原先的效果，同时在蒙版中对应的位置也出现了绘制痕迹，如图9-3-18 (a) 和 (b) 所示。

(a)

(b)

图9-3-18

3. 编辑混合选项

通过编辑混合选项不仅能改变滤镜的不透明度，而且还可以让滤镜效果与原图像效果进行混合，其操作方法如下：

图 9-3-19

（1）双击智能滤镜名称后面的图标，如图 9-3-19 所示。

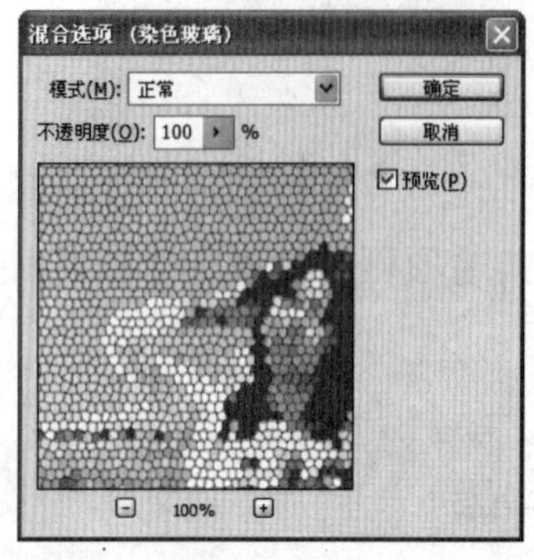
图 9-3-20

（2）在弹出的“混合选项”对话框中，可选择“模式”或设置“不透明度”，如图 9-3-20 所示。

4.删除智能滤镜

当不再需要智能滤镜时，可以将智能滤镜删除。删除智能滤镜分为两种，一种是删除单个智能滤镜，一种是删除所有智能滤镜。

（1）如果要删除一个智能滤镜，可直接在该滤镜名称上单击鼠标右键，在弹出的菜单中选择“删除智能滤镜”命令，如图 9-3-21 所示。

（2）如果要删除所有的智能滤镜，则可在智能滤镜上单击鼠标右键，在弹出的菜单中选择“清除智能滤镜”命令，如图 9-3-22 所示。

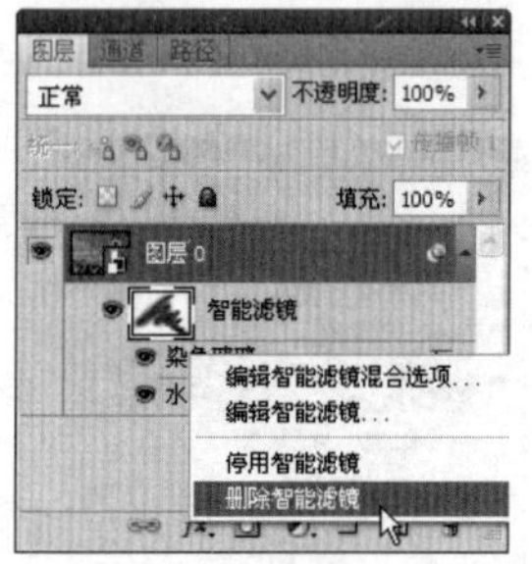
图 9-3-21

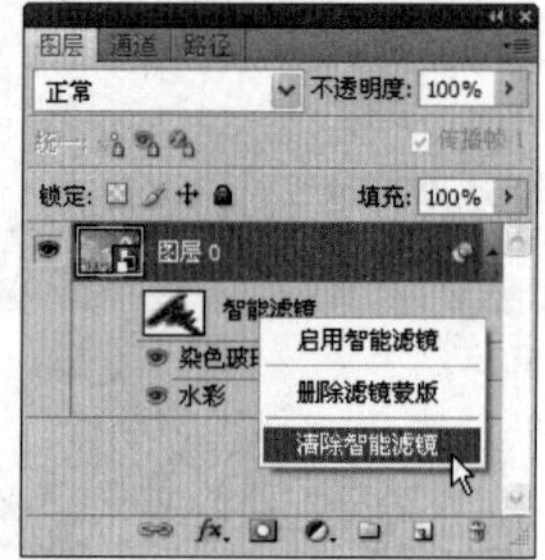
图 9-3-22

9.4 外 挂 滤 镜

本节将介绍外挂滤镜以及安装外挂滤镜的方法。Photoshop 除了可以使用它本身自带的滤镜之外，还允许安装使用其他厂商提供的滤镜。这些从外部装入的滤镜，我们称之为外挂滤镜。

9.4.1 外挂滤镜的作用

Photoshop外挂滤镜是由第三方软件销售公司创建的程序，它是一个独立存在的挂件，不是Photoshop本身所拥有的。这些外挂滤镜可以安装到Photoshop中进行使用，其主要有5个方面的作用：优化印刷图象、优化Web图象、提高工作效率、提供创意滤镜和创建三维效果。有了这些外挂滤镜，Photoshop用户如虎添翼，能高效地实现令人惊奇的效果。

9.4.2 外挂滤镜的安装

除了在第三方厂商那里购买外挂滤镜以外，用户还可以从网上下载一些免费的外挂滤镜。由于外挂滤镜很多，不同的外挂滤镜安装方法也有所不同，下面介绍两种常用的安装外挂滤镜的方法：

（1）一些外挂滤镜本身带有安装程序，此时可以像安装一般软件一样进行安装。方法是：双击该安装程序文件，然后根据安装程序的屏幕提示进行安装即可。

提示

一般滤镜在安装过程中会提示用户选择一个文件夹以便放置程序文件，此时应当将该位置设置成Photoshop安装目录下的Plug-Ins文件夹。例如，Photoshop的安装位置是C:/Program Files/Adobe/Photoshop CS4/Plug-Ins，那么安装外挂滤镜的位置就设成与此相同。

（2）另一种情况就是有些外挂滤镜本身不带有安装程序，而只是一些滤镜文件，滤镜的扩展名一般为8BF。对于这些外挂滤镜，用户可以直接把这些外挂滤镜文件复制到Photoshop安装目录下的Plug-Ins文件夹下，这样既可以使用Photoshop内置滤镜，又可以同时使用新安装的外挂滤镜。

根据以上操作完成安装后，启动Photoshop程序，就可以在滤镜菜单底部看到我们安装的外挂滤镜，如图9-4-1所示。

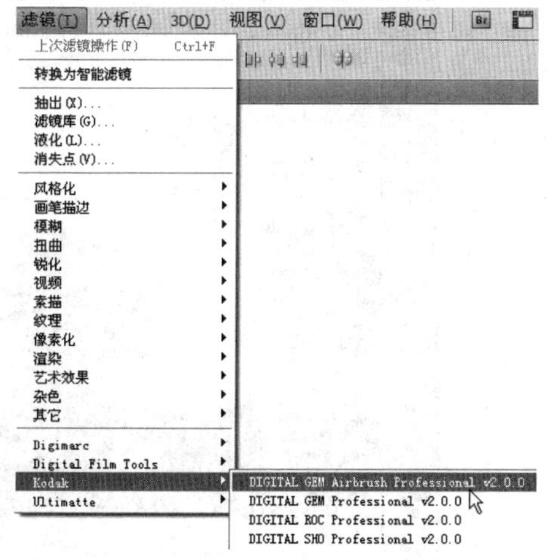

图9-4-1

9.5 应用滤镜

前面介绍了滤镜的使用和编辑操作，本节就来介绍一些滤镜的具体应用，看看它们各自都能表现什么样的效果。当然，应用滤镜时可以同通道、图层等联合使用，而不只是单一地使用一个滤镜功能。

9.5.1 抽出滤镜

“抽出”滤镜可以把不需要的背景擦除成透明区域，只留下被抽出的物体，达到抠取图像的目的。它的优点就是可以手动抠取比较纤细、复杂的图像。

图 9-5-1

（1）按“Ctrl+O”组合键打开素材中的“农田留影”文件，如图 9-5-1 所示。

（2）选择“滤镜／抽出”命令，打开“抽出”对话框。从对话框中选择“边缘高光器工具”，在“画笔大小”文本框中输入 3，勾出需要保留的区域边缘，轮廓如图 9-5-2 所示。

图 9-5-2

（3）选择“填充工具”，在绿色高光封闭轮廓内单击，填充颜色，如图 9–5–3 所示。

图 9–5–3

提示

在 Photoshop CS4 版本中“抽出”滤镜并没有预置在滤镜菜单中，用户可以把素材中提供的“ExtractPlus”滤镜文件拷贝到自己的计算机中。滤镜安装的位置一般在C:/Program Files/Adobe/Photoshop CS4/Plug-Ins/Filters 文件夹。

（4）单击“预览”按钮预览效果，满意后单击“确定”按钮，图像效果如图 9–5–4 所示。

（5）将抠出来的图像放入一个新背景中，效果如图 9–5–5 所示。

图 9–5–4

图 9–5–5

9.5.2 液化滤镜

“液化”滤镜可以对图像进行变形扭曲。根据这一特点，可以对图像进行各种变形。

本例就使用“液化”滤镜为人物图像进行美容。

图 9-5-6

（1）按“Ctrl+O”组合键打开素材中的“人物 2”文件，如图 9-5-6 所示。

（2）选择“滤镜 / 液化”命令，打开“液化”对话框。在对话框中选择“向前变形工具”，在“画笔大小”文本框中输入 100，按住鼠标左键向图 9-5-7 所示的方向拖动。

图 9-5-7

（3）移动鼠标指针到人物的右脸颊处，按住鼠标左键向图 9–5–8 所示的方向拖动。

图 9–5–8

（4）单击“确定”按钮，人物的脸型变瘦了，效果如图 9–5–9 所示。

图 9–5–9

提示

①在变形图像的时候，可以随意使用其他变形工具变形图像，而不是仅仅使用向前变形工具。

②在液化对话框中涂抹的时候，按“[”键可以减小画笔，按“]”键可以增大画笔。

（5）选择“滤镜／液化”命令，再次打开“液化”对话框。在对话框中选择“向前变形工具”，在“画笔大小”文本框中输入“100”，按住鼠标左键向图 9－5－10 所示的方向拖动。

图 9－5－10

图 9－5－11

（6）预览满意后单击“确定”按钮，人物的脸型变长了，效果如图 9－5－11 所示。

9.5.3 影印滤镜

“影印”滤镜使用工具箱中的前景色和背景色填充图像，可把照片或其他图像变成线

稿的形式。本例就根据“影印”滤镜的这个特点，模拟出了一幅速写画的效果。根据需要，用户可以将图像制作成黑白、单色或双色形式。

（1）按“Ctrl+O”组合键打开素材中的“思绪”文件，如图9–5–12所示。

图9–5–12

（2）拖动“背景”图层到“图层”面板底部的“创建新图层”按钮上，复制一个“背景 副本”图层，之后在“背景”图层上填充黄色（R：229，G：192，B：21），如图9–5–13所示。

图9–5–13

（3）单击“背景 副本”图层，准备在此图层上操作，如图9–5–14所示。

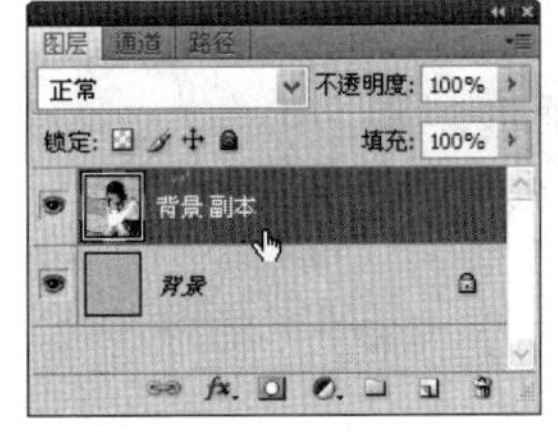

图9–5–14

（4）单击工具箱中的“默认前景色和背景色”按钮，将前景色和背景色恢复至默认颜色，如图9–5–15所示。

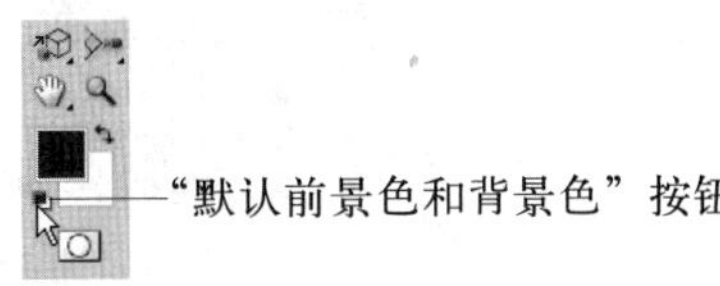

图9–5–15

（5）选择菜单栏中的“滤镜／素描／影印”命令，打开“影印”滤镜对话框。在其中设置“细节”为1，“暗度”为12，如图9–5–16所示。

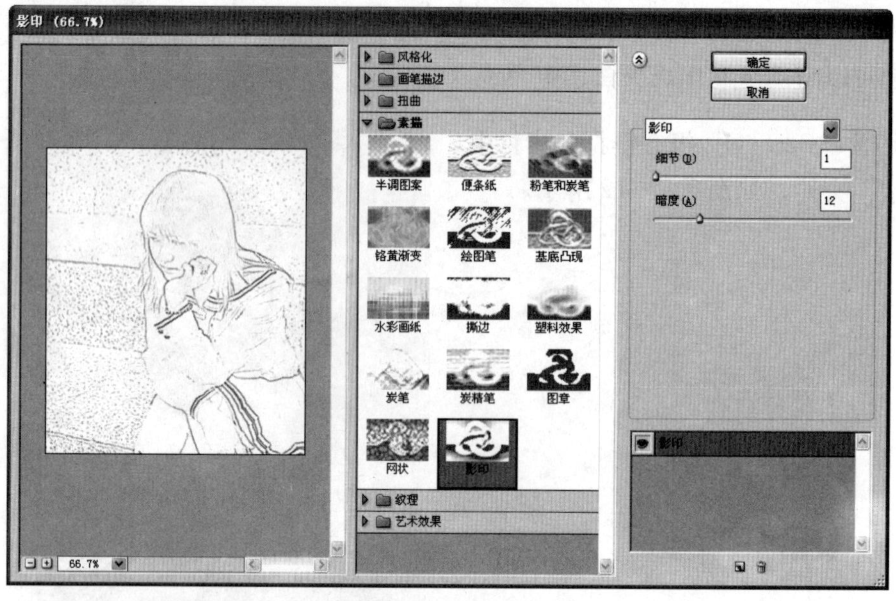

图 9-5-16

图 9-5-17

（6）单击“确定”按钮。设置“背景 副本”图层的“混合模式”为正片叠底，此时图像效果如图 9-5-17 所示。

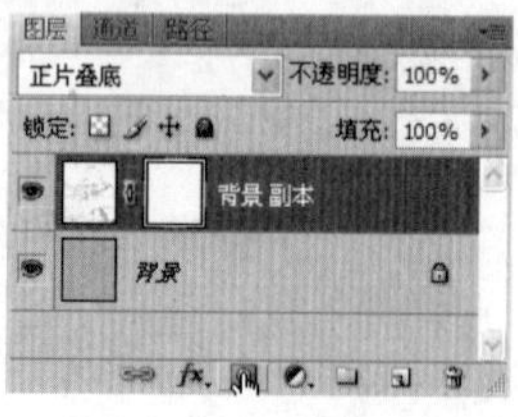

图 9-5-18

（7）单击“图层”面板下方的“添加图层蒙版”按钮，为“背景 副本”图层添加上一个图层蒙版，如图 9-5-18 所示。

图 9-5-19

（8）选择“画笔工具”，在选项栏中设置合适的“画笔”，“不透明度”和“流量”都设置为 100%，如图 9-5-19 所示。

(9) 使用黑色在人物以外的位置涂抹，将人物以外的图像全部擦除，如图9－5－20所示。

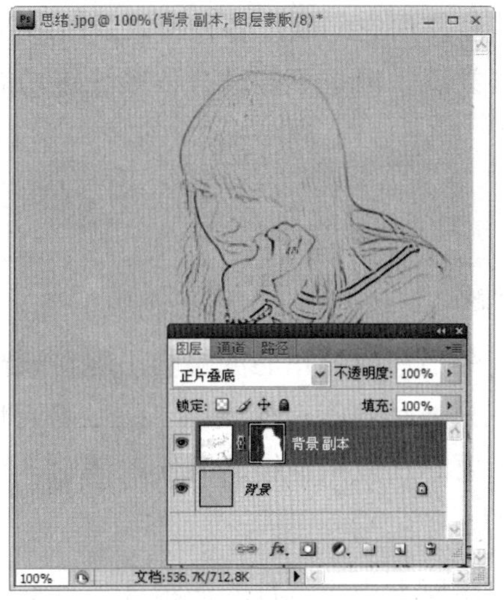

图 9－5－20

(10) 拖动“背景 副本”图层到“图层”面板底部的“创建新图层”按钮上，再复制一个“背景 副本2”图层。用画笔工具在其图层蒙版上将人物脸部以外的地方涂抹，使脸部的线条清晰，图层蒙版状态如图9－5－21所示。

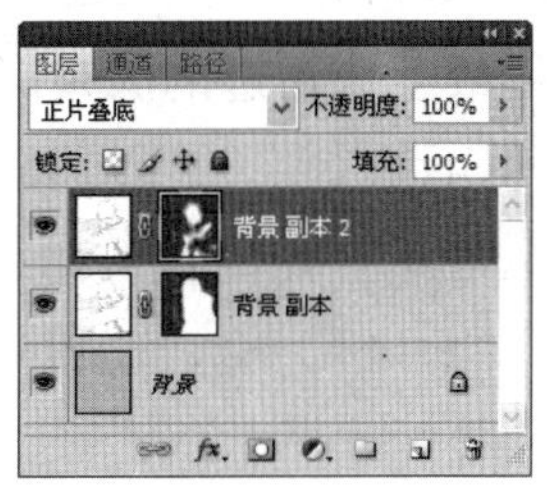

图 9－5－21

(11) 最后为图像添加上图像和文字信息，一幅速写效果的图像就制作出来了，如图9－5－22所示。

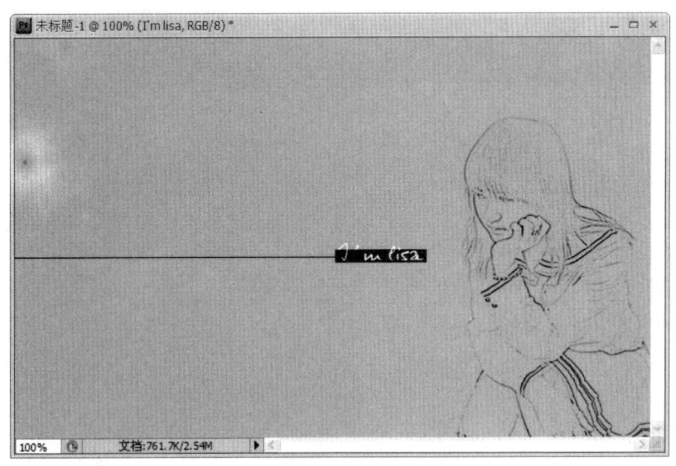

图 9－5－22

9.6　小　结

本章学习了滤镜的使用、编辑以及应用。通过本章的学习，读者对滤镜应有一定的认识，并能使用它们制作各种特效。Photoshop中的滤镜有很多种，学习滤镜的最好办法就是去尝试，但也不能过分依赖滤镜功能，而忽略了设计师的创造性。

9.7 练 习

一、填空题

（1）最后一次使用的滤镜会出现在滤镜菜单的__________位置。

（2）只要是智能对象__________都可以使用智能滤镜。

（3）要想在应用滤镜的时候取消它，可以按“__________”组合键。

二、选择题

（1）还原上一次执行的滤镜效果，可以按“_____”组合键。

A．Ctrl+Z　B．Ctrl+F　C．Ctrl+Alt+F　D．Ctrl+T

（2）要想重新应用最近使用过的滤镜以及它最后的数值，可以按“_____”组合键。

A．Ctrl+Z　B．Ctrl+F　C．Ctrl+Alt+F　D．Ctrl+B

（3）要想显示最后一个应用滤镜的对话框，可以按“_____”组合键。

A．Ctrl+Z　B．Ctrl+F　C．Ctrl+Alt+F　D．Ctrl+R

三、问答题

（1）滤镜的默认位置在哪儿？

（2）简述智能滤镜的特点。

（3）如果应用的滤镜效果过于强烈，用什么办法可以减弱它的效果？

第 10 章　动作和 3D

本章内容提要：

- 认识动作
- 动作的基本操作
- 动作应用
- 认识 3D 和 OpenGL 功能
- 3D 基本操作
- 导出和存储 3D 文件

10.1 认识动作

Photoshop 中提供的动作功能主要用于提高工作效率，帮助用户快速处理图像。在使用时，用户既可以选择 Photoshop 中的预设动作制作图像效果，也可以自己录制动作，制作出比较个性的效果。录制好动作后，如果以后再遇到同样的工作时，只需单击一下“播放”按钮或按一个组合键就能完成这项工作，这样就避免了很多的重复性劳动。不仅如此，用户还可以结合动作功能为图像进行批处理，同时完成几个特定的任务。

10.2 动作的基本操作

在使用一个新动作之前，必须经过一系列的录制过程——即创建动作，这样以后才能在此基础上制作图像、编辑图像。本节就分别来介绍一下动作的录制、播放和编辑，对动作的基本操作进行全面介绍。

10.2.1 录制动作

在记录动作之前一般需要新建一个组，以避免与 Photoshop 中的自带的动作混淆。录制方法如下：

（1）按“Ctrl+O”组合键打开素材中的“小 baby”文件（此文件的颜色模式是 RGB），如图 10-2-1 所示。

图 10-2-1

图 10-2-2

(2) 在“动作”调板中单击“创建新组”按钮，打开“新建组”对话框并命名新组为“模式转换”，如图 10-2-2 所示。单击“确定”按钮。

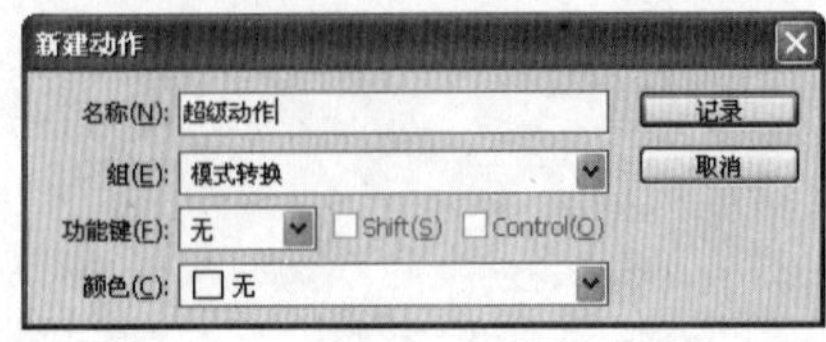

图 10-2-3

(3) 单击“动作”调板底部的“创建新动作”按钮，打开“新建动作”对话框，并将动作名称命名为“超级动作”，如图 10-2-3 所示。

对话框中各选项的含义如下：

名称：在此项右侧文本框中可输入新动作的名称，本例输入的名称为“超级动作”。

组：在此项中可指定将当前动作放入某个组。单击右侧的下拉按钮，会弹出所有组的名称。

功能键：用于选择执行动作功能时的组合键。共有 11 种组合键，从 F2～F12。选择其中任意一个功能键，其后的Shift与Control复选框即可选择。功能键与Shift键和Ctrl键组合后可产生 44 种组合键。

颜色：用于选择动作的颜色。此处设置的颜色，只在显示按钮模式的动作面板中被显示出来。

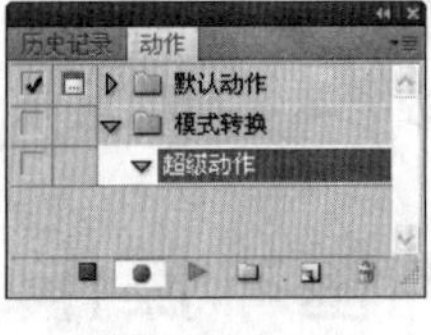

图 10-2-4

(4) 在新建动作对话框中设置完成后，单击“记录”按钮，即可进入记录状态。在记录状态下，“记录”按钮呈红色显示，如图 10-2-4 所示。

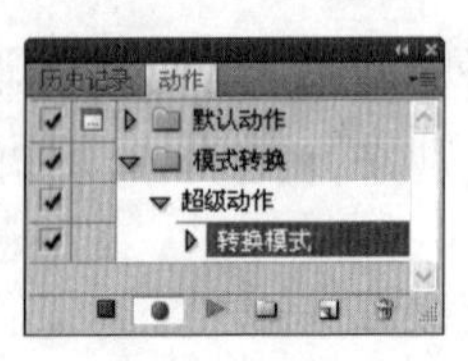

图 10-2-5

(5) 选择菜单中的“图像／模式／CMYK 颜色”命令，将当前图像的颜色模式转换为 CMYK 颜色模式。这一过程，Photoshop 会自动记录下来，如图 10-2-5 所示。

(6) 记录完成后，单击“停止播放／记录”按钮，这个模式转换动作就被成功地记录下来了。

提示

在“动作”面板上如果要更改序列或动作的名称，需双击该序列或动作名称。

10.2.2 播放动作

动作录制完成后，需要播放和使用这个动作，否则录制的动作将变得毫无意义。以上一节录制的动作为例：

（1）按“Ctrl+O”组合键打开素材中的“小女孩”文件（RGB 模式），如图 10−2−6 所示。

图 10−2−6

（2）在“动作”调板中选中要执行的动作：“超级动作”，如图 10−2−7 所示。

（3）单击“动作”调板底部的“播放”按钮 ，如图 10−2−8 所示。这样就可迅速地将一张 RGB 模式的图片转换为一张 CMYK 模式的图片。

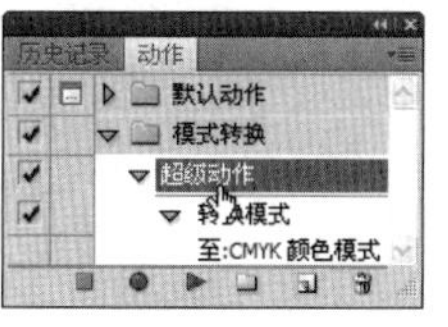

图 10−2−7

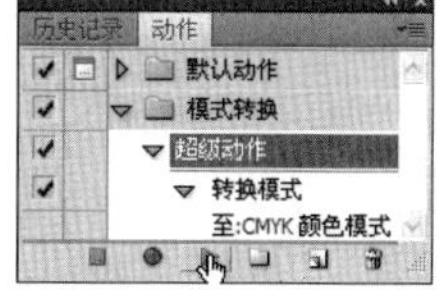

图 10−2−8

为了方便操作，在执行动作时，可将“动作”调板中的动作转换成按钮模式。这样在执行该动作时，只需单击一下按钮即可。

要想将“动作：调板中的动作转换为按钮模式，单击“动作”调板右上角的“菜单”按钮，在弹出的面板菜单中选择“按钮模式”命令即可，如图 10−2−9 所示。

转换后的“动作”调板如图 10−2−10 所示。

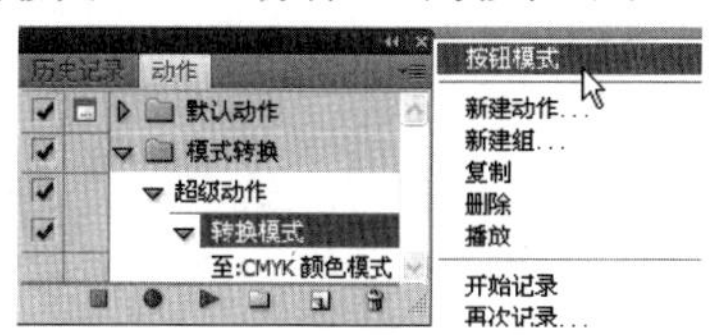

图 10−2−9

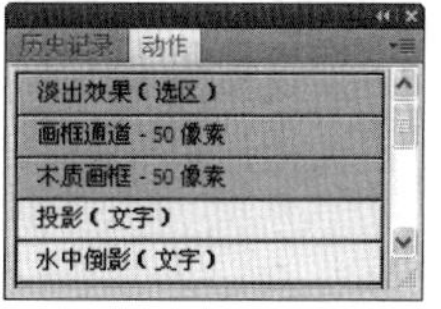

图 10−2−10

提示

在按钮模式下执行动作时，Photoshop 会执行动作中所有记录的命令，即使该动作中有些命令被关闭，也仍然会被执行。

此外，在播放动作时，经常会弹出一个对话框，告诉用户当前命令不可用等信息。造成这个问题的原因是播放动作的速度太快，计算机无法及时判断出错的根源。用户可以根据需要随时改变动作的播放速度。

单击“动作”调板右上角的“菜单”按钮，从弹出的下拉菜单中选择“回放选项”命令，打开“回放选项”对话框，如图 10−2−11 所示。

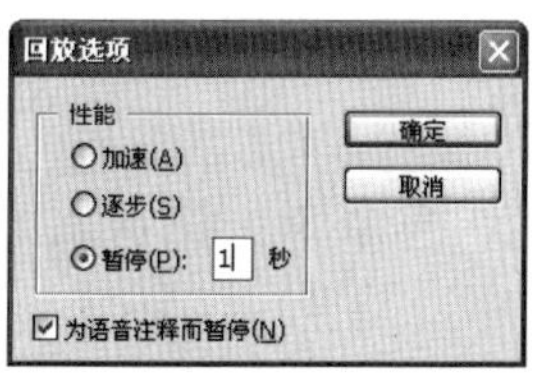

图 10−2−11

在“性能”选项组中有3个单选按钮，其含义分别是：

加速：选择此单选按钮，播放速度最快，也是Photoshop默认的选项。

逐步：选择此单选按钮，会一步一步地播放动作中的命令。

暂停：选择此单选按钮，可以在后面的文本框中输入暂停的时间，范围在1～60秒之间。播放动作时会在每一步作暂停，暂停时间由文本框内的数值决定。

勾选“为语音注释而暂停”复选框，在遇到有语音注释的命令时暂停。

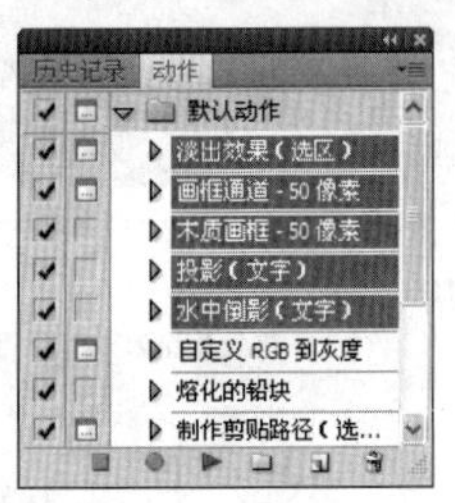

(a) 同时选择多个连续动作

(b) 同时选择多个不连续动作

图 10-2-12

提示

在Photoshop中可以同时播放多个动作。方法是：按住Shift键单击，可在同一个组中同时选中多个连续的动作；按住Ctrl键单击，可在同一个组中同时选中多个不连续的动作，如图10-1-12 (a) 和 (b) 所示。播放多个连续或不连续的组，其选择方法与选择多个动作的方法一样。

10.2.3 编辑动作

编辑动作可以避免播放动作时的一些麻烦，如不希望弹出某个对话框，或需要增加一个信息提示等；或在录制过程中出现错误，需要删除某个动作或增加某些操作等。

在讲解编辑动作前，还需要对“动作”调板上各个按钮功能和图标的含义进行了解。

(1) 按“Alt+F9”组合键快速打开“动作”调板，打开一个已经录制好的动作进行学习，如图10-2-13所示。

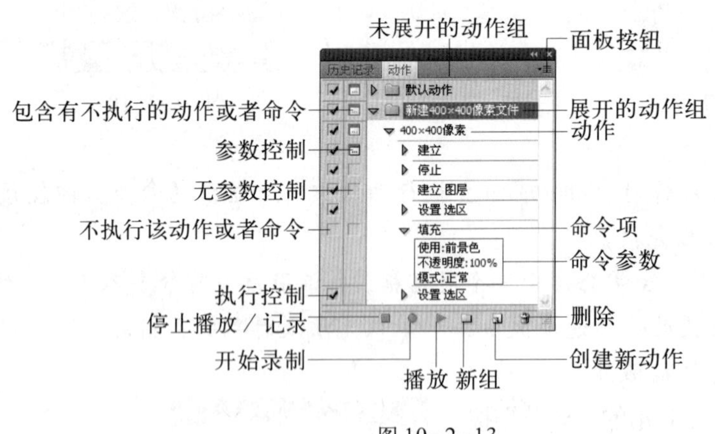

图 10-2-13

包含有不执行的动作或命令：显示此图标表示这个动作组或者某个动作中有不执行的动作或命令。

参数控制：显示此图标表示动作播放到这里会停止，并让用户输入参数或进行其他控制。

无参数控制：此项表示播放动作时将没有阻碍，连续播放。

不执行该动作或命令：此项表示播放动作时不执行该动作或命令。

执行控制：显示此图标表示执行该命令。

（2）单击“停止”命令前面的“√”号，使其隐藏，如图 10–2–14 所示。这样在播放动作的时候就不会执行该动作。

还可以在播放录制动作的时候更改一下填充的颜色。

（3）单击“填充”命令前面的空白处，使其出现“参数控制”图标，如图 10–2–15 所示。这样，动作播放到这里会停止，并弹出对话框让你重新设置颜色。

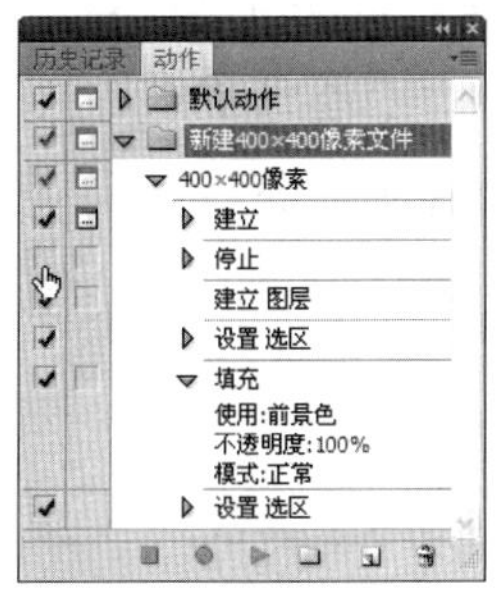

图 10–2–14

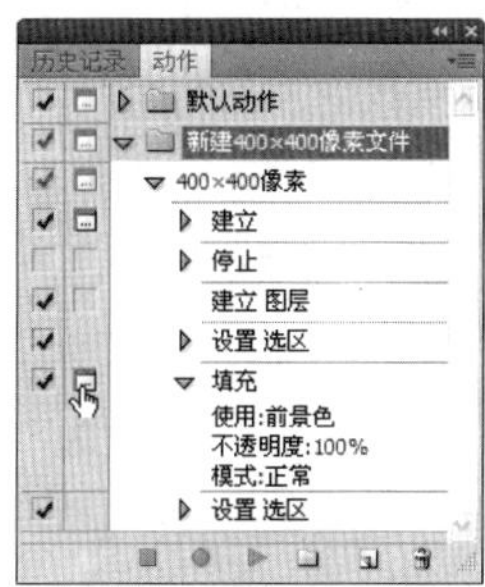

图 10–2–15

如果想为录制的动作再增加某些操作，比如想把新建的文件直接存储起来。

（4）选择“400 像素 × 400 像素”动作中的最后一个命令，并单击“开始记录”按钮，如图 10–2–16 所示（增加操作前）。

（5）选择“文件 / 存储”命令，再按“Ctrl+W”组合键将文件关闭，单击“停止记录”按钮，此时“动作”调板的状态如图 10–2–17 所示（增加操作后）。这时如果单击“播放”按钮，文件将被自动存储并关闭。

图 10–2–16

图 10–2–17

如果不需要某个动作或者命令，可以将它删除。

（6）删除操作：单击“建立图层”命令，将其拖动到“删除”图标上即可将此操作删除，如图 10–2–18 所示。

（7）复制操作：单击“填充”命令，并将其拖动到“创建新动作”图标上，此时即可复制这个操作，如图 10–2–19 所示。

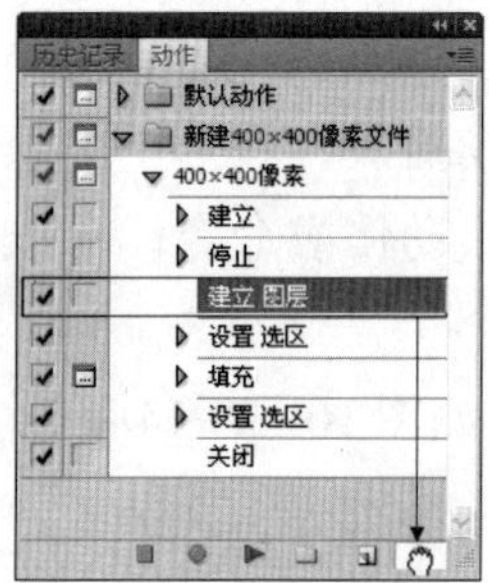

图 10-2-18

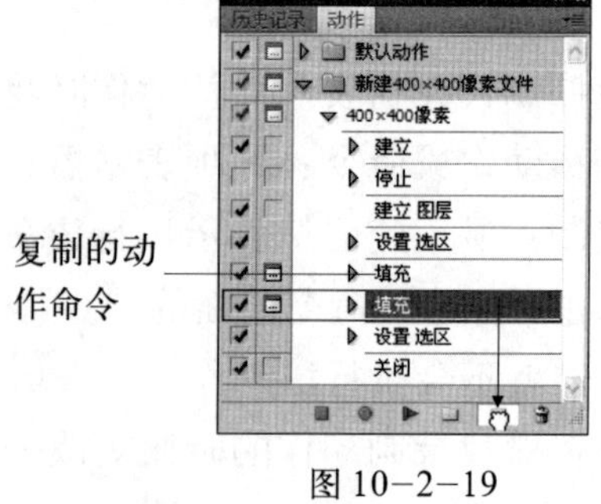

图 10-2-19

图 10-2-20

(8) 单击“播放”按钮，此时会弹出两次“填充”对话框，在对话框中选择一种图案，单击“确定”按钮，图像效果如图 10-2-20 所示。

提示

以上所讲的内容只涉及到部分动作的编辑操作。

10.3 动 作 应 用

本节介绍的动作应用包括两部分内容，一个是使用Photoshop中预设的动作，另一个是结合动作进行批处理操作。这两个应用看似区别不大，其实是在两个方面的应用，下面分别进行介绍。

10.3.1 应用预设动作

应用预设动作其实就是使用软件中自带的动作制作图像效果，这个看似不起眼的知识点，却往往使用户获益极大。本节就以Photoshop CS4中的一个预设动作为例，制作一个逼真的暴风雪图像效果。

（1）按“Ctrl+O”组合键打开素材中的“江边”文件，如图 10－3－1 所示。

图 10－3－1

（2）选择菜单中的“窗口／动作”命令，或按“Alt+F9”组合键快速打开“动作”调板，如图 10－3－2 所示。

图 10－3－2

（3）单击“动作”调板右上角的“菜单”按钮，从弹出的下拉菜单中选择“图像效果”命令，如图 10－3－3 所示。

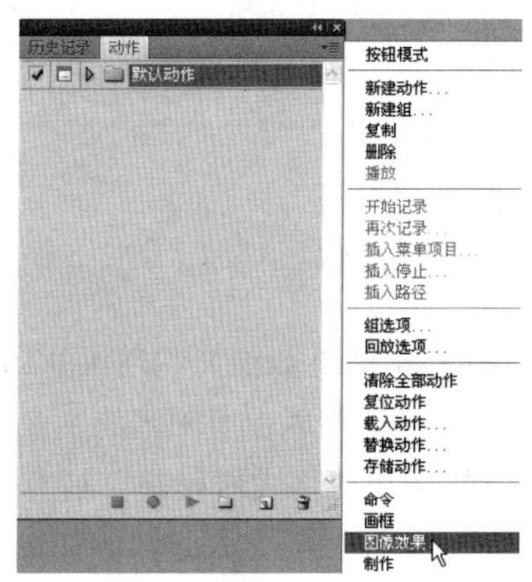

图 10－3－3

（4）此时“图像效果”动作组被调出来了。单击“图像效果”动作组前面的“三角”按钮，展开此动作组，如图 10－3－4 所示。

图 10－3－4

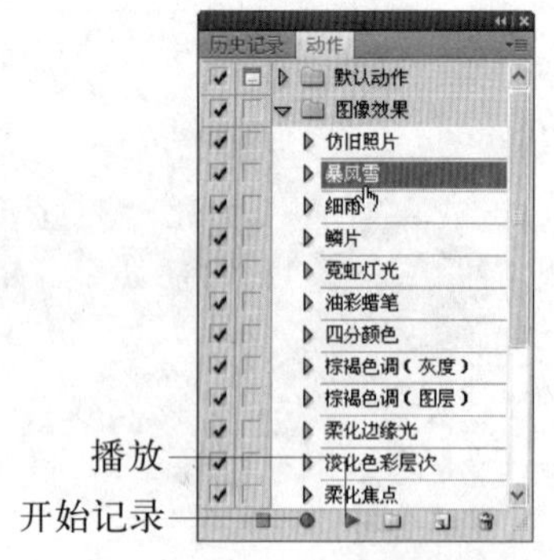

图 10-3-5

(5) 单击“图像效果”动作组中的“暴风雪”动作，并单击“动作”调板底部的“播放”按钮，如图 10-3-5 所示。

图 10-3-6

(6) 此时便为图像添加了暴风雪效果，如图 10-3-6 所示。

10.3.2 批处理文件

批处理文件必须结合前面我们所讲的动作来执行，它能自动为一个文件夹中的所有图像应用某一个动作，将成百上千幅的图像文件一次性处理好，从而实现自动化操作。本例将通过为 10 幅图片的格式转换来讲解有关批处理的方方面面。

图 10-3-7

(1) 按“Ctrl+O”组合键打开素材“批处理文件”文件夹中的“a”文件（此素材是 JPEG 格式），如图 10-3-7 所示。

提示

本书的素材中提供了 10 幅 JPEG 格式的素材图。

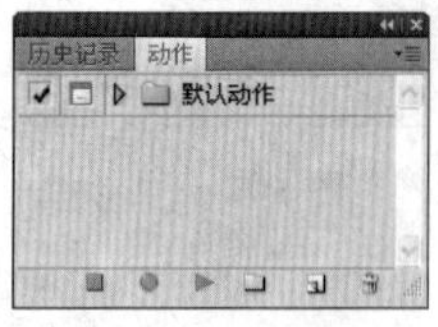

图 10-3-8

(2) 选择“窗口／动作”命令，调出“动作”调板，如图 10-3-8 所示。

(3) 单击“动作”调板底部的“创建新组”按钮，在弹出的“新建组”对话框中输入名称——“转换格式”，如图 10-3-9 所示。

图 10-3-9

(4) 单击“确定”按钮，再单击“动作”调板底部的“创建新动作”按钮，打开“新建动作”对话框，输入名称——“转换为 BMP 格式”，如图 10-3-10 所示。

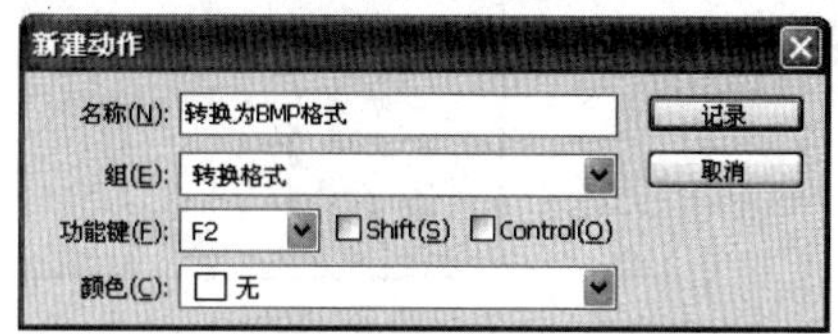

图 10-3-10

(5) 单击“开始记录”按钮，进入记录状态，如图 10-3-11 所示。

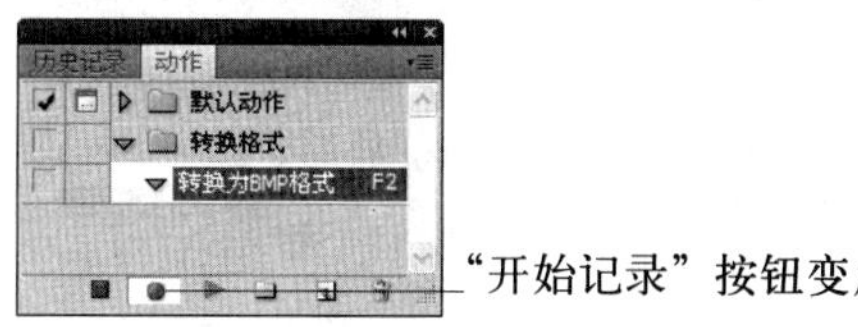

图 10-3-11

(6) 选择“文件 / 存储为”命令，打开“存储为”对话框，并在“格式”后面选择“BMP”格式，如图 10-3-12 所示。

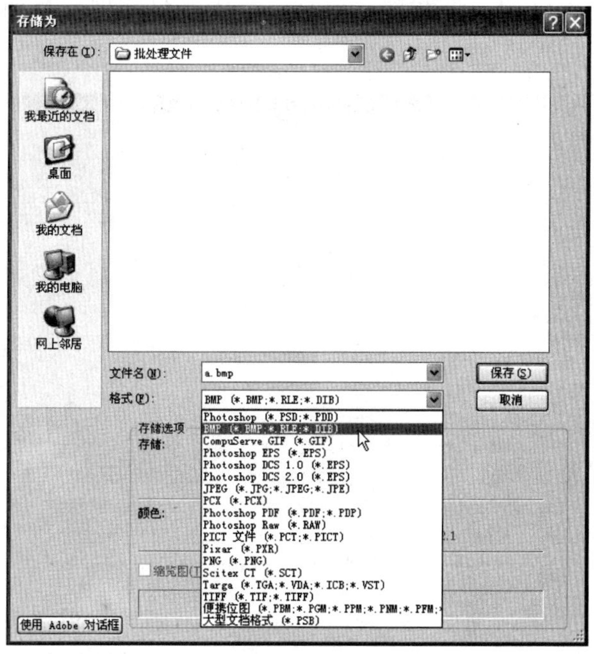

图 10-3-12

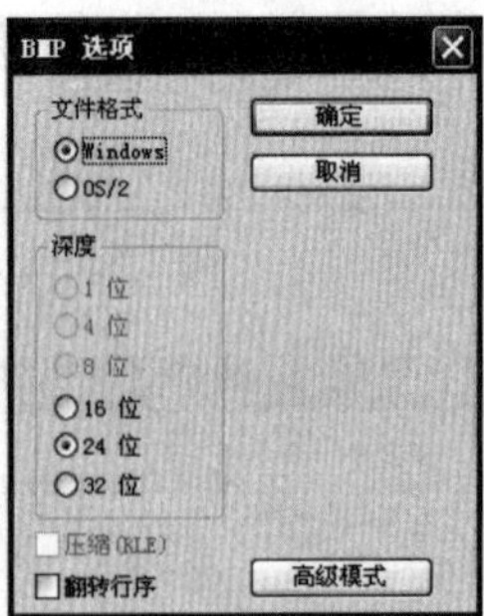

图 10-3-13

(7) 单击“保存”按钮，在弹出的“BMP 选项”对话框中保持默认设置，如图 10-3-13 所示。

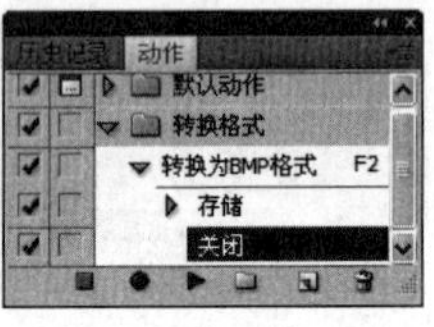

图 10-3-14

(8) 单击“确定”按钮，按“Ctrl+W”组合键关闭文件，单击“停止记录”按钮，停止记录，此时“动作”调板状态如图 10-3-14 所示。

提示

批处理前的动作录制过程到此就结束了，下面要进行的是批处理操作。

(9) 选择“文件 / 自动 / 批处理”命令，弹出“批处理”对话框，如图 10-3-15 所示。

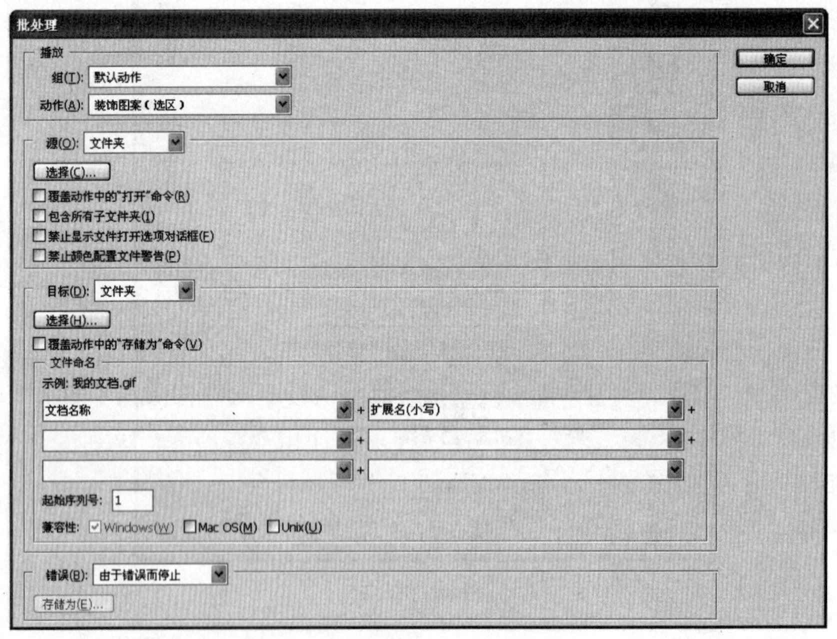

图 10-3-15

组：此处显示了“动作”调板中的所有动作组。单击右侧的下拉按钮会弹出所有动作组，从中选择要执行的动作组。

动作：此项中显示的是在“组合”下拉列表框中选定动作组后，所选动作组中包含

的所有动作。

源：在此项中可选择图片的来源。共有4种选择，分别是文件夹、导入、打开的文件和文件浏览器。

①选择“文件夹”选项，单击下方的“选取”按钮，打开“浏览文件夹”对话框，从中可以选择需要进行处理的文件夹。

②选择“导入”选项，可以从扫描仪或数码相机中获取文件。此选项只有安装了扫描设备后，才会被启用。

③选择“打开的文件”选项，可以对当前已经打开的图像文件进行处理。此项只有在打开图像后才能启用。

④选择“文件浏览器”选项，可对文件浏览器中选中的文件进行处理。

⑤勾选“覆盖动作中的‘打开’命令”复选框，可以按照“选取”按钮中设置的路径打开文件，而忽略在动作中记录的打开操作。

⑥勾选“包含所有子文件夹”复选框，可以对“选取”按钮中设置的文件夹及其所有子文件夹中的图片进行同一个动作处理。

⑦勾选“禁止显示文件打开选项对话框”复选框，在打开禁止打开的文件时将提出警告。

⑧勾选“禁止颜色配置文件警告”复选框，在进行批处理的过程中可以对出现的溢色问题提出警告。

目标：此项用于设置将要处理文件的保存位置。共有3个选项，分别是“无”、“存储并关闭”和“文件夹”。

①选择“无”选项，表示处理完文件后不保存并保持文件打开状态。

②选择“存储并关闭”选项，表示处理完文件后，文件自动保存并关闭。

③选择“文件夹”选项，可以将处理完的文件存储到某个指定的文件夹中。单击下面的“选择”按钮，从打开的浏览文件夹对话框中指定一个保存文件的路径即可。

④勾选“覆盖动作中的‘存储为’命令”复选框，可以按照在“选择”按钮中设置的路径保存文件，而忽略在动作中记录的保存路径操作。

文件命名：在各个下拉列表框中选择文件名组合方式。其元素包括文档名、序列号、字母、文件创建日期和文件扩展名等项。这些选项可让用户更改文件名各部分的顺序和格式。对于每个文件必须至少包括一个惟一的设置，例如，文件名、序列号或字母等，以防止文件相互覆盖。

错误：此项是用于设置批处理中出现错误时的操作。共有两个选项，分别是“由于错误而停止”和“将错误记录到文件”。

①选择“由于错误而停止”选项，在批处理中如果出现错误，将终止操作。

②选择“将错误记录到文件”选项，在批处理操作时如果出现错误，Photoshop将自动把错误信息记录下来，并保存到指定的文件中，继续进行批处理操作。选择此项后，下面的“存储为”按钮将变为可用，单击此按钮可指定存储错误的文件名和位置。

(10) 在"批处理"对话框中按照需要进行选择和设置，如图10-3-16所示。

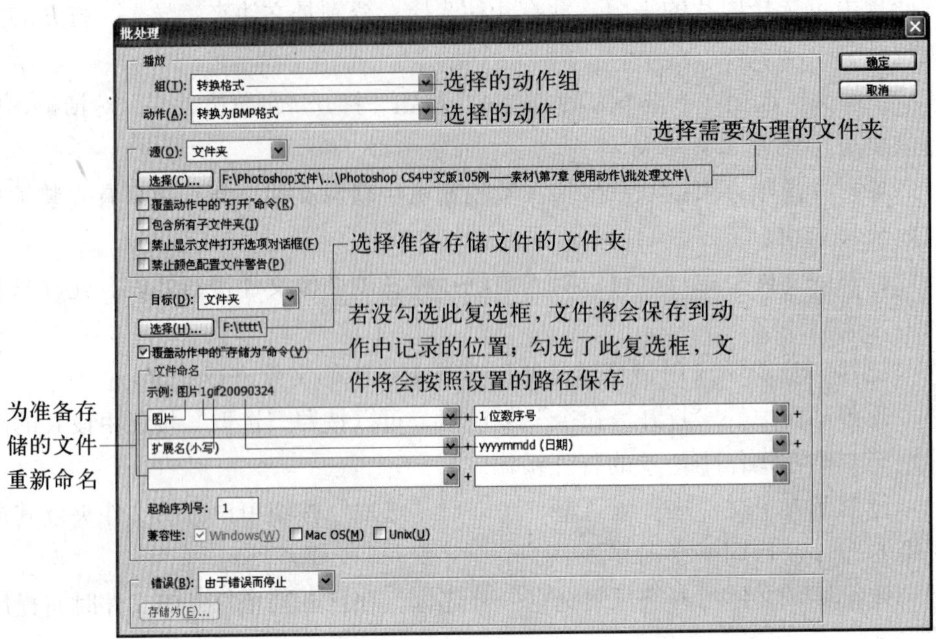

图10-3-16

(11) 单击"确定"按钮，可看到Photoshop窗口中的文件在不停地闪，处理结束后，打开设置的"目标"文件夹，会看到已经按照要求将JPEG格式的图像转换为BMP格式的图像，并且还按照设置重新进行了命名，如图10-3-17所示。

图10-3-17

10.4　认识 3D 和 OpenGL 功能

本节将对 Photoshop 中的 3D 和 OpenGL 功能进行介绍，让用户对 3D 和 OpenGL 功能有一个大致的了解。

10.4.1　认识 3D 功能

在 Photoshop CS4 版本中，Photoshop 在三维方面的改进可以说是巨大的。用户不仅可以打开和处理由 3D Max、Maya 以及 Google Earth 等程序创建的 3D 文件，而且还可以在 Photoshop 中独立创建 3D 模型、渲染和输出三维模型及贴图。如今 Photoshop 中的 3D 功能已经日趋成熟，变得越来越强大了。

10.4.2　认识 OpenGL 功能

OpenGL 是一种软件和硬件标准，可在处理大型或复杂图像（如 3D 文件）时加速视频处理过程。不过使用 OpenGL 功能需要你的显卡支持 OpenGL 的标准，如果显卡支持 OpenGL 功能，可按照下面的方法将其启用：

选择“编辑 / 首选项 / 性能”命令，弹出“首选项”对话框，在“GPU 设置”选项组中勾选“启用 OpenGL 绘图”复选框，单击“确定”按钮即可启用 OpenGL 绘图功能，如图 10-4-1 所示。

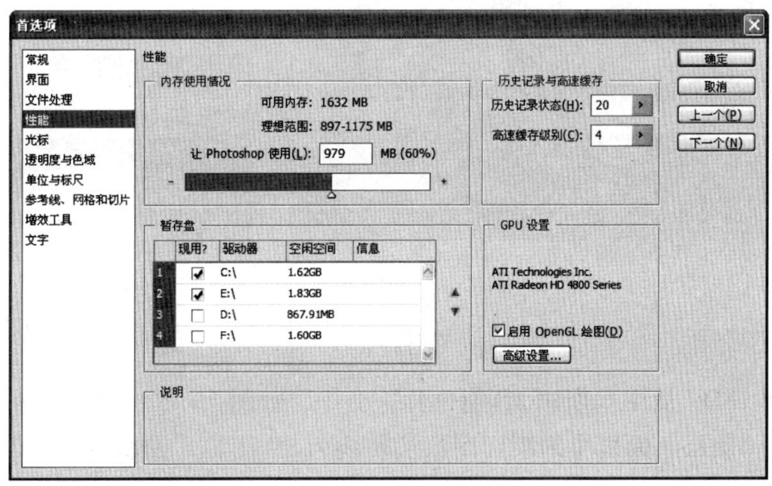

图 10-4-1

提示

如果显卡不支持 OpenGL 的标准，则不能勾选“启用 OpenGL 绘图”复选框，需要升级显卡驱动程序或重新更换新的显卡。

10.5 3D 基本操作

3D 图层功能是 Photoshop CS4 版本最新引入的一项技术，使用这个功能，用户可以很轻松地在Photoshop中创建三维图像，为平面图像增加三维元素。本节将介绍3D图像的创建、3D 对象的调整工具等关于 3D 的基本操作。

10.5.1 创建 3D 图像

在 Photoshop CS4 版本中可以通过好几种方式来创建 3D 图像，下面介绍 3 种常用的创建 3D 图像的方法。

1. 从 2D 图像创建 3D 图像

从 2D 图像创建 3D 图像就是将一幅平面图像作为起始点来创建 3D 图像。将平面图像转换为 3D 图像后，该平面图层也相应地被转换为 3D 图层，其创建方法如下：

(1) 按“Ctrl+O”组合键打开素材中的“女星”文件，此时图像效果和“图层”面板状态如图 10-5-1 (a) 和 (b) 所示。

(a)

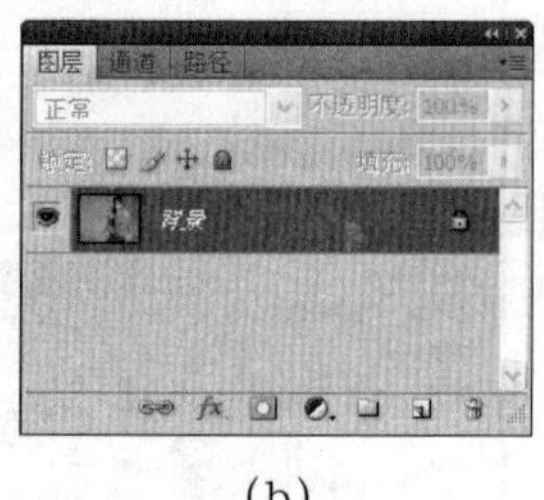

(b)

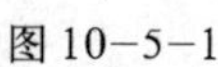

图 10-5-1

(2) 选择“3D/ 从图层新建 3D 明信片”命令，如图 10-5-2 所示。

(3) 此时“图层”面板中的平面图层被转换为 3D 图层，如图 10-5-3 所示。

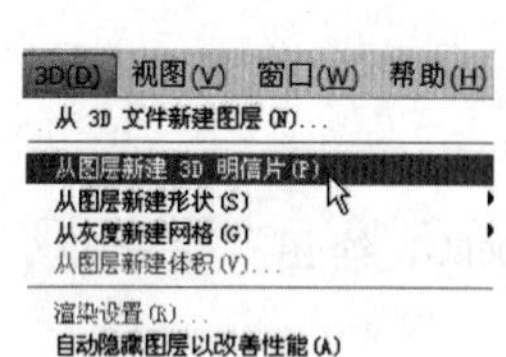

图 10-5-2

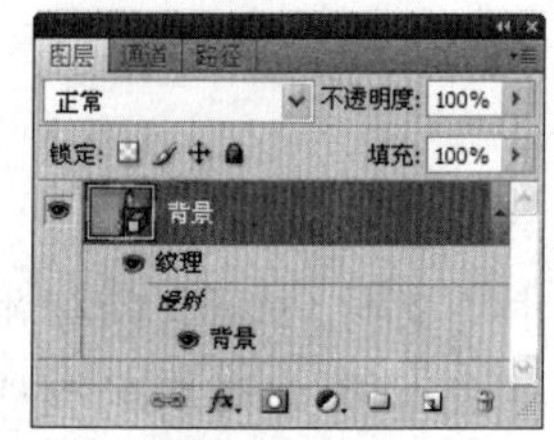

图 10-5-3

（4）选择工具箱中的“3D 旋转工具”，如图 10-5-4 所示。

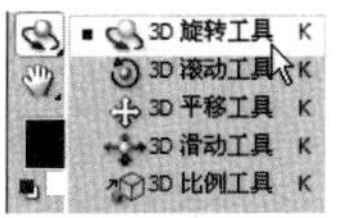

图 10-5-4

（5）移动鼠标指针到窗口内按住鼠标左键拖动，此时可以旋转这个 3D 图像，如图 10-5-5 所示。

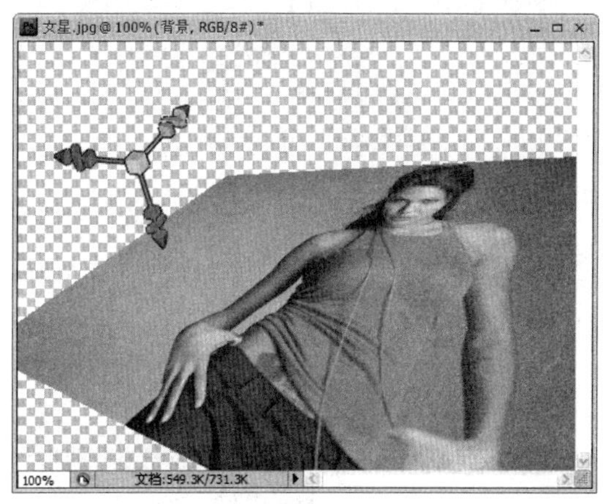

图 10-5-5

2. 从图层创建 3D 图像

从图层创建 3D 图像可以创建一些基本的 3D 图像，如锥形、立方体和圆柱体等，下面举例说明如下：

（1）按“Ctrl+N”组合键打开“新建”对话框，设置“宽度”为 450 像素，“高度”为 350 像素，“分辨率”为 72 像素／英寸，“颜色模式”为 RGB 颜色，“背景内容”为白色，如图 10-5-6 所示，单击“确定”按钮。

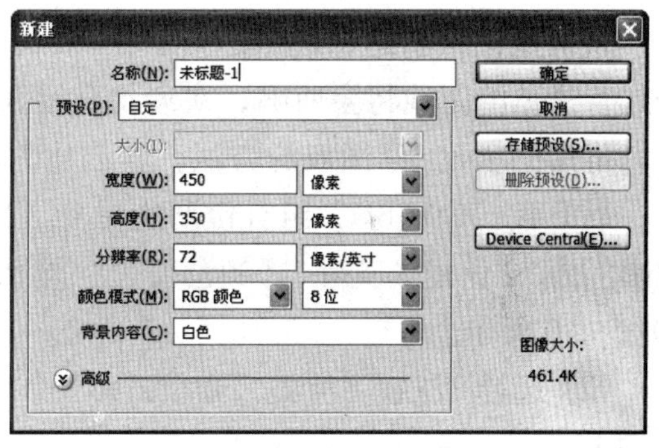

图 10-5-6

（2）选择“3D／从图层新建形状／锥形”命令，如图 10-5-7 所示。

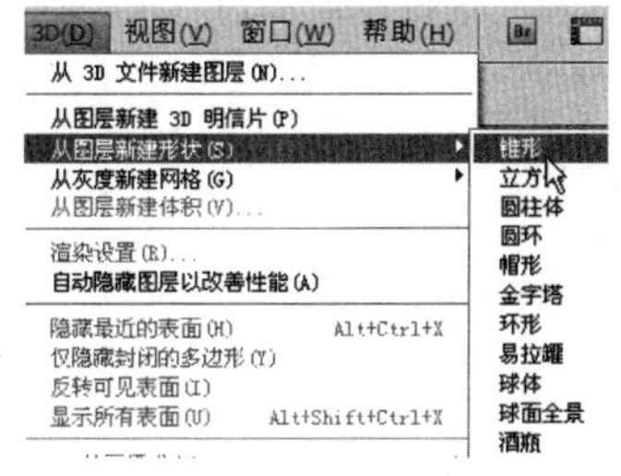

图 10-5-7

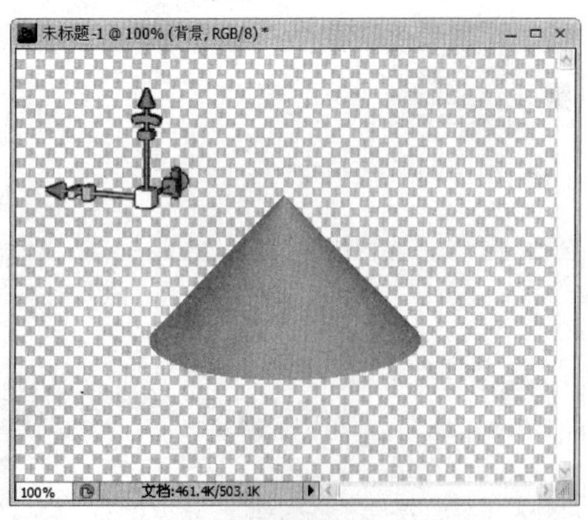

图 10–5–8

（3）此时便创建了一个锥形的 3D 图像，如图 10–5–8 所示。

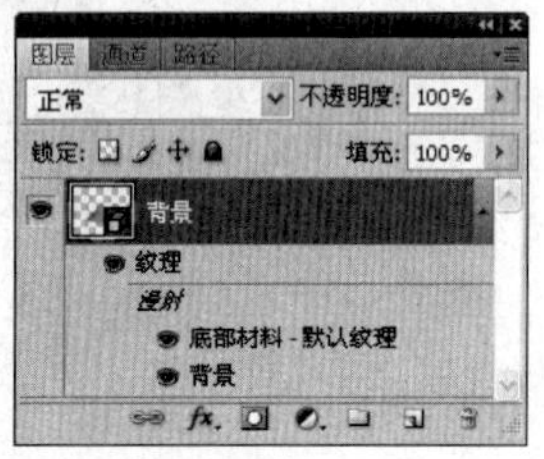

图 10–5–9

（4）“图层”面板中的平面图层也被转换为 3D 图层，如图 10–5–9 所示。

3. 从灰度图像创建 3D 图像

从灰度图像创建 3D 图像可以将一幅灰度图像转换为 3D 图像，其中白色的区域将会凸起，黑色的区域将会凹陷，灰度将会根据其具体程度进行凸起和凹陷。此种方法也是一种常用的创建 3D 图像的方法，其创建方法举例说明如下：

（1）按“Ctrl+N”组合键新建一个“宽度”为 450 像素，“高度”为 350 像素，“分辨率”为 72 像素 / 英寸，“颜色模式”为 RGB 颜色，“背景内容”为白色的文件，如图 10–5–10 所示。

（2）选择“滤镜 / 渲染 / 分层云彩”命令，制作出图 10–5–11 所示的黑白图像效果。

图 10–5–10

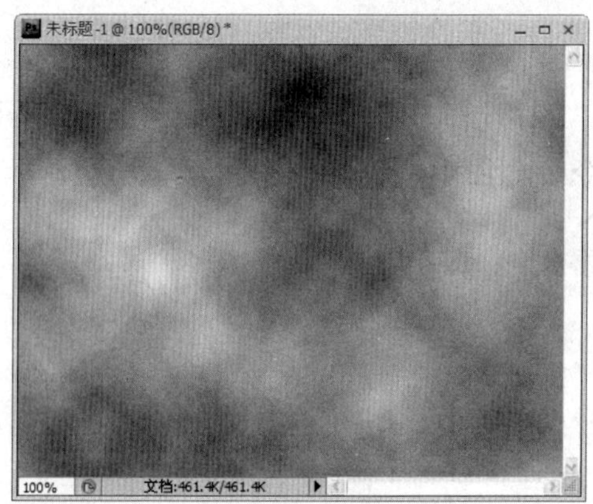

图 10–5–11

(3) 选择“滤镜／模糊／高斯模糊”命令，从弹出的“高斯模糊”对话框中设置一个合适大小的“半径”，如图10－5－12所示。

图 10－5－12

(4) 单击“确定”按钮，降低图像的对比度，效果如图 10－5－13 所示。

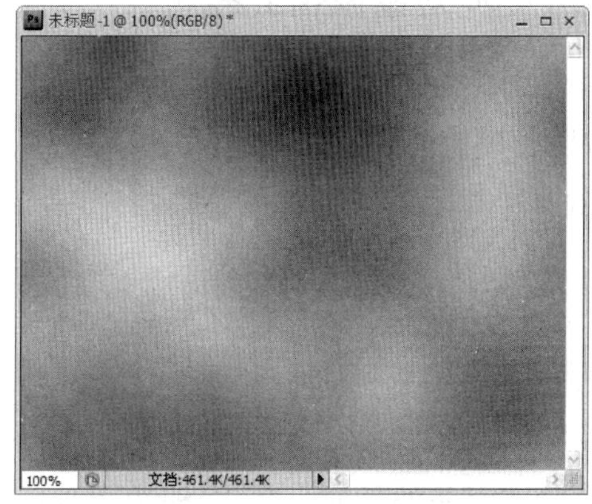

图 10－5－13

(5) 选择“3D／从灰度新建网格／平面”命令，如图 10－5－14 所示。

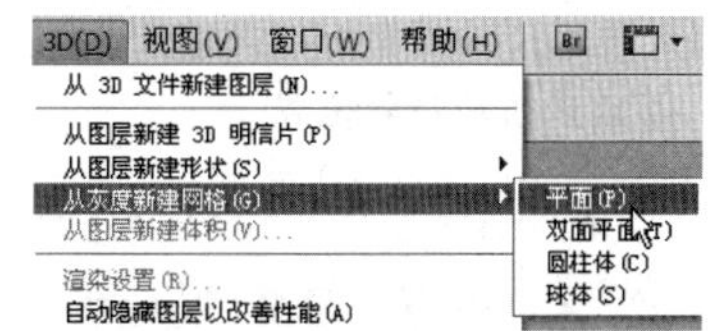

图 10－5－14

提示

用户在此也可以选择“双面平面”、“圆柱体” 和“球体”网格选项进行实验。

(6) 选择“3D旋转工具”，然后移动鼠标指针到窗口内按住鼠标左键并拖动，此时可以发现，我们已经创建了一个类似山脉的 3D 图像，如图 10－5－15 所示。

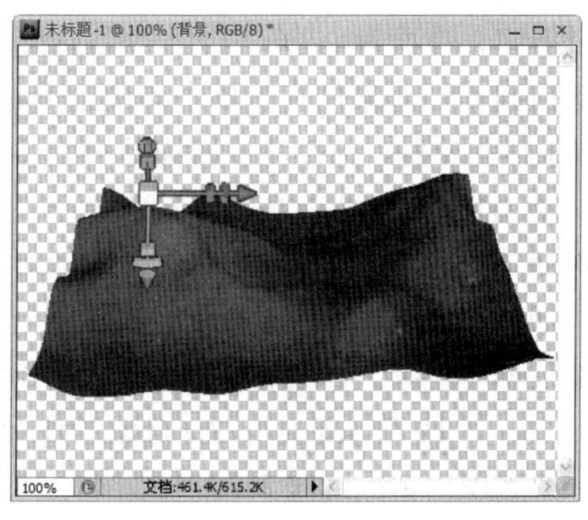

图 10－5－15

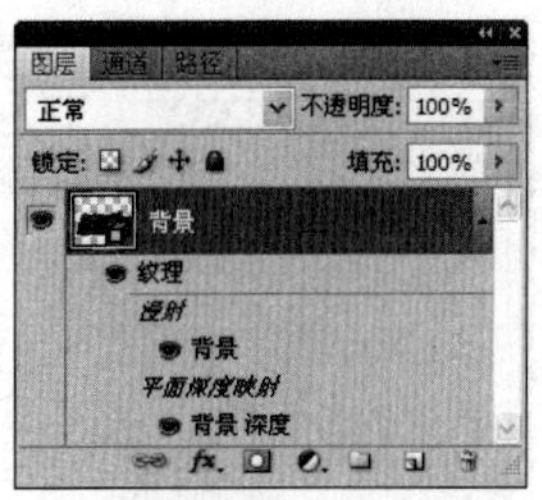

图 10-5-16

（7）此时“图层”面板中的平面图层也被转换为 3D 图层，如图 10-5-16 所示。

10.5.2　3D 对象调整工具

前面一节介绍了创建 3D 对象的方法，本节将介绍关于 3D 对象的调整工具，使用户可以对 3D 模型的位置或大小以及场景视图进行控制。

1. 3D 对象工具

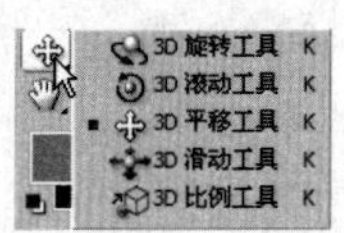

图 10-5-17

使用 3D 对象工具可以旋转、缩放模型或调整模型位置。3D 对象工具位于工具箱的下方，如图 10-5-17 所示。

选择工具箱的任何一个 3D 对象工具后，上方的工具选项栏将显示为图 10-5-18 所示的状态。

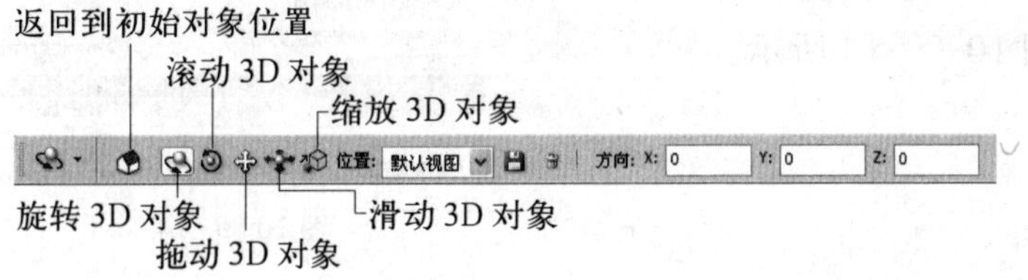

图 10-5-18

其中选项栏中的 5 个工具与工具箱中的 5 个工具作用、图标样式都相同，只有左侧的一个不同，下面对它们的作用分别进行介绍：

返回到初始对象位置：单击此按钮可将编辑过的对象返回到初始状态。

旋转 3D 对象：选择此工具拖动可以将对象进行旋转。

滚动 3D 对象：此工具是以对象中心点为参考点进行旋转。

拖动 3D 对象：使用此工具可以拖动对象，从而调整对象的位置。

滑动 3D 对象：使用此工具可以将对象向前或向后滑动。

缩放 3D 对象：使用此工具拖动可将模型放大或缩小。

图 10-5-19 所示是使用 3D 对象工具对三维模型进行的旋转、滚动和缩放操作，让帽子模型展现出不同的状态。

图 10—5—19

2. 3D 相机工具

使用3D相机工具可移动相机视图，同时保持3D对象位置固定不变。3D相机工具也位于工具箱的下方，如图10—5—20所示。

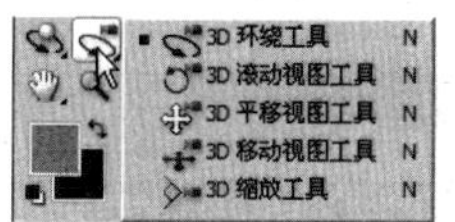

图 10—5—20

选择工具箱的任何一个 3D 相机工具后，上方的工具选项栏将显示为图 10—5—21 所示的状态。

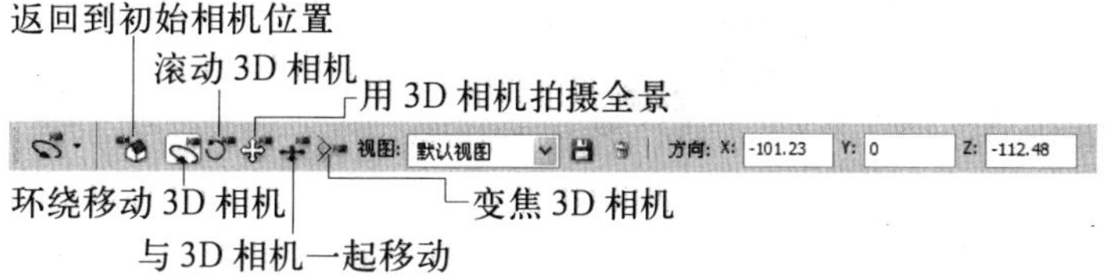

图 10—5—21

其中选项栏中的 5 个工具与工具箱中的 5 个工具作用、图标样式都相同，只有左侧的一个不同，下面对它们的作用分别进行介绍：

返回到初始相机位置：单击此按钮可以将编辑过的相机视图返回到初始状态。

环绕移动 3D 相机：选择此工具拖动可以围绕 3D 物体旋转相机。

滚动 3D 相机：选择此工具拖动，将以 3D 物体中心为参考点旋转 3D 相机。

用 3D 相机拍摄全景：使用此工具可以修改 3D 物体在相机中的平面位置。

与 3D 相机一起移动：使用此工具可以在 3D 相机视野内移动 3D 物体。

变焦 3D 相机：使用此工具可以通过相机变焦缩放 3D 物体的大小。

图 10—5—22 所示是使用 3D 相机工具对三维模型进行的环绕、滚动和变焦操作，让酒瓶模型在不同相机视图下展现出了不同状态。

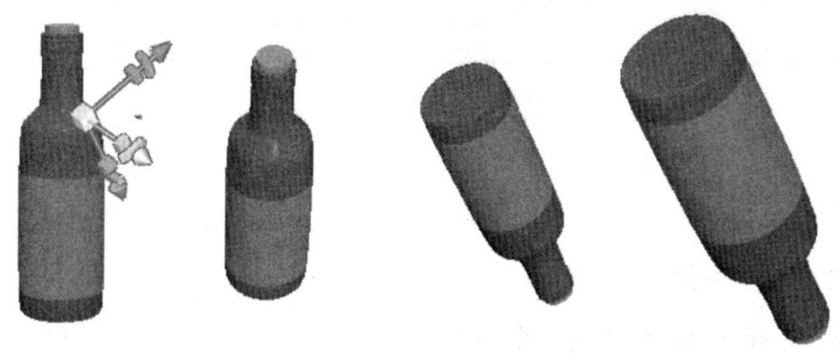

图 10—5—22

10.6 导出和存储 3D 文件

本节将介绍如何导出和存储 3D 文件，以及将创建的 3D 模型输出成其他三维软件能够处理的格式。下面分别进行介绍。

10.6.1 导出 3D 图层

导出 3D 图层可以将创建的 3D 模型和处理的贴图再次导出为三维格式，提供给 Maya、3ds Max 等其他的软件，以进行更进一步的合成或渲染操作。

(1) 按“Ctrl+O”组合键打开素材中的“添加 3D 材质”文件。之后移动鼠标指针到 3D 图层上单击鼠标右键，从弹出的快捷菜单中选择“导出 3D 图层”选项，如图 10-6-1 所示。

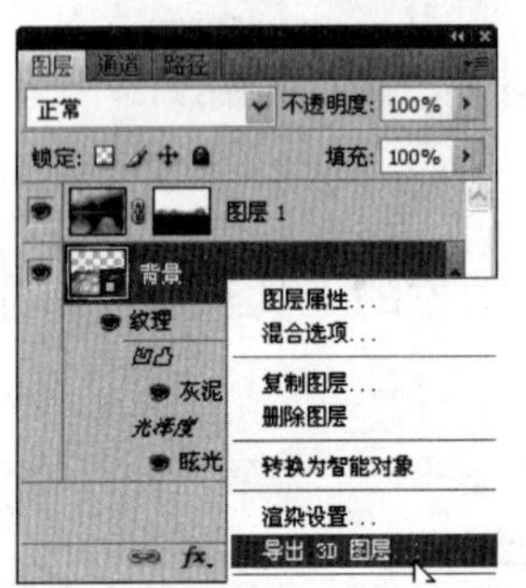

图 10-6-1

(2) 从弹出的“存储为”对话框中选择好保存位置后，在“格式”下拉列表中选择一种格式，如图 10-6-2 所示。

图 10-6-2

提示

只有 Collada DAE 格式会存储渲染设置。

U3D 和 KMZ 支持 JPEG 或 PNG 作为纹理格式。

DAE 和 OBJ 支持所有 Photoshop 支持的用于纹理的图像格式。

（3）单击“保存”按钮，在随即弹出的“3D 导出选项”对话框中保持默认的“原始格式”选项，如图 10-6-3 所示。

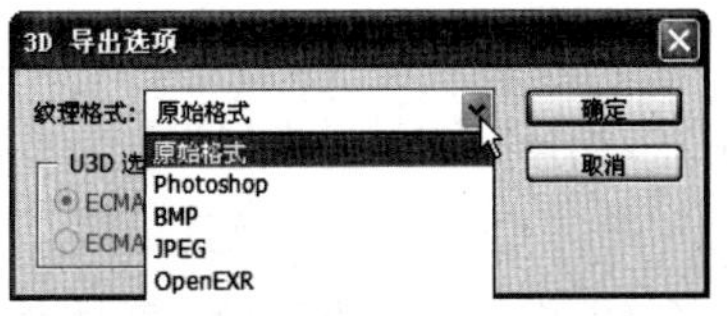

图 10-6-3

（4）单击“确定”按钮，即可将模型和贴图等文件导出，如图 10-6-4 所示。

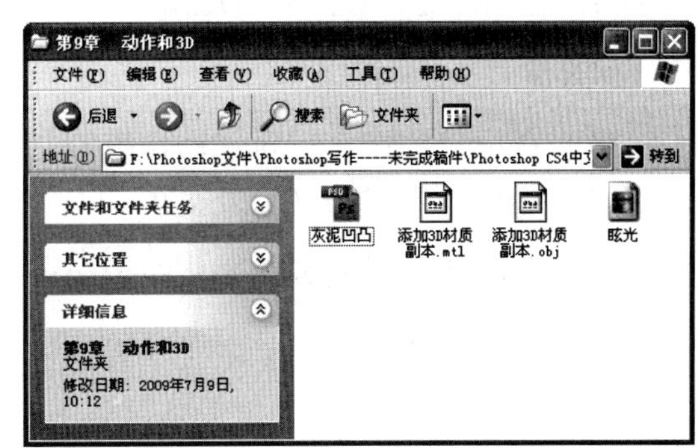

图 10-6-4

10.6.2　存储 3D 文件

如果不想导出为三维格式文件，用户也可以将 3D 文件保存起来，但只能保存 3D 模型的位置、光源、渲染模式和横截面，并且要以 PSD、PSB、TIFF 或 PDF 格式储存。

要存储 3D 文件，选择“文件 / 存储为”命令，从弹出的“存储为”对话框中选择相应的格式选项，并单击“保存”按钮即可。

10.7　小　结

本章主要讲解了 Photoshop 中的动作和 3D 功能，并对动作的记录、播放以及模型的创建、导出等内容作了介绍。通过本章的学习，用户不仅要学会将动作操作应用到实际工作中，还要学会在 Photoshop 中使用 3D 功能。

10.8　练　习

一、填空题

（1）打开 / 关闭“动作”调板的快捷键是“__________”。

（2）在“动作”调板中，如果序列前面打上黑色对号☑，表示__________。

（3）在“动作”调板中，如果序列前面的图标▭以红色显示，则表示此序列中只有部分动作或命令设置了__________操作。

二、选择题

（1）在“动作”调板菜单中，选择______命令，可以改变播放动作时的速度。

A．插入菜单项目　B．停止插入　C．动作选项　D．回放选项

（2）要在“动作”调板中同时选中多个不连续的序列或动作，可配合____键。

A．Shift　B．Ctrl　C．Alt　D．Tab

（3）本章介绍了____种创建 3D 图像的方法。

A．1　B．2　C．3　D．4

三、问答题

（1）在记录动作之前新建动作组的目的是什么？

（2）如何启用 OpenGL 功能？

（3）如何输出成三维模型和贴图以供其他三维软件继续使用？

第11章 打 印 文 件

本章内容提要：

- 设置打印机
- 设置页面和打印选项
- 打印图像

11.1 设置打印机

在打印之前，用户需要将打印机与计算机相连接，并安装打印机的驱动程序。下面介绍如何添加和选择打印机，使打印机能够正常工作。

11.1.1 添加打印机

要添加打印机，单击“开始／打印机和传真”，弹出“打印机和传真”对话框，在其左侧的“打印机任务”选项组中选择“添加打印机”，然后按照“添加打印机向导”中的步骤执行即可，如图 11-1-1 所示。

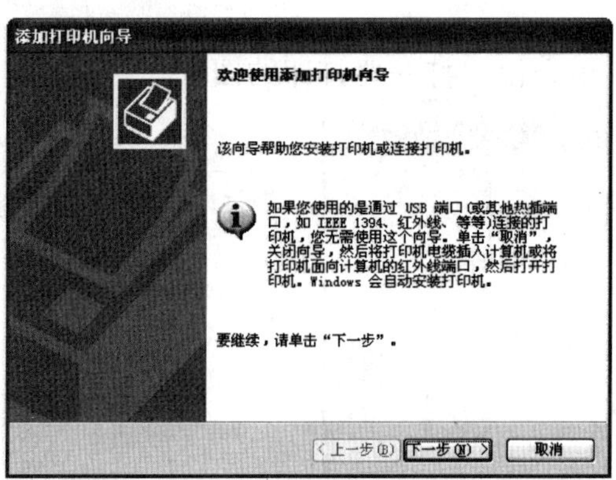

图 11-1-1

11.1.2 选择打印机

在多数 Windows 系统中选择打印机，一般执行“开始／设置／打印机”命令。右击选定的打印机，然后在弹出菜单中选择“设为默认打印机”选项。

在 Windows XP 下，选择“开始／控制面板”菜单命令，选择“打印机和传真”，在“打印机和传真”对话框中双击想要使用的打印机，然后在出现的窗口中选择“打印机／设为默认打印机”命令即可，如图 11-1-2 所示。

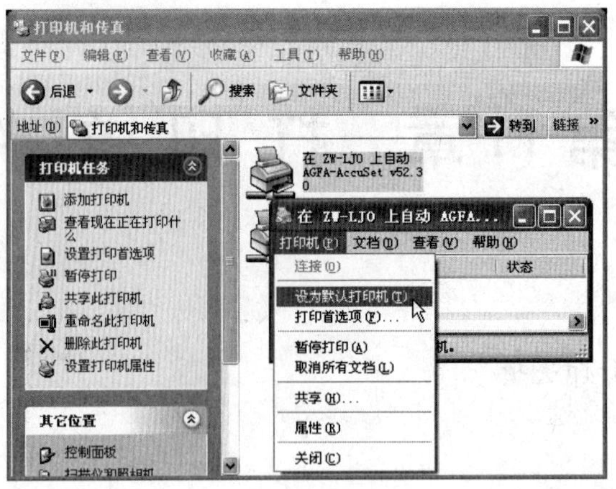

图 11-1-2

11.2 设置页面和打印选项

通过设置页面和打印选项可以进行打印纸张的大小、打印方向、打印标记等影响打印效果的设置，下面分别进行介绍。

11.2.1 设置页面

设置页面即设置纸张大小、纸张来源、打印方向以及页边距等，在打印中经常使用。举例说明如下：

（1）按“Ctrl+O”组合键，打开要打印的图像。

（2）选择“文件/页面设置”命令或按“Ctrl+Shift+P”组合键，打开“页面设置”对话框，如图 11-2-1 所示。

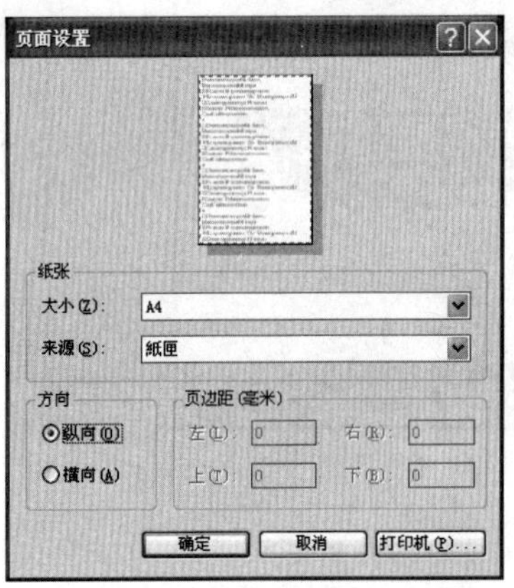

图 11-2-1

（3）单击“纸张”选项组中“大小”右侧的下拉按钮，根据需要选择一种合适的纸张类型。比如，打印机使用的纸张大小是 A4 纸，那么就在下拉列表中选择 A4。

（4）单击“来源”后面的下拉按钮，在弹出的下拉列表中选择一种进纸方式。一般情况下会自动选择。

（5）在“方向”选项组中选择纸张打印方向，选择“纵向”单选按钮，打印时纸张

以纵向打印；选择“横向”单选按钮，打印时纸张以横向打印。

（6）单击“页面设置”对话框右下角的“打印机”按钮，会弹出图11－2－2所示的“页面设置”对话框，该对话框中含有打印机名称选择框，如果计算机系统中安装的打印机不止一台，可以在这里选择想使用的打印机。单击对话框右上角的“属性”按钮，打开打印机的参数设置对话框，修改的参数将直接控制打印效果，根据打印机型号和驱动程序版本的不同，这些参数也可能不同。

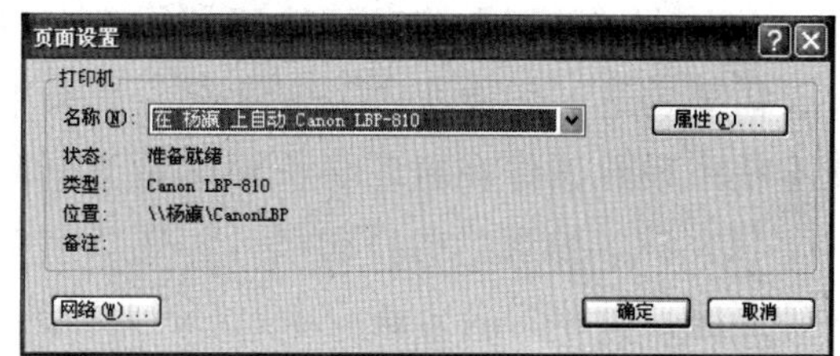

图11－2－2

（7）设置完成后，单击“确定”按钮完成页面设置操作。

11.2.2　设置打印选项

打印选项中包括了打印的基本设置、输出设置以及色彩管理等内容。在此不仅可以设置页面信息，而且还可以设置图像的位置、图像的尺寸等参数。通过输出和色彩管理选项还可以设置打印标记、文档色彩等内容。

1.基本设置选项

基本设置选项包括设置打印的份数、位置、尺寸等内容，举例说明如下：

（1）按“Ctrl+O”组合键，打开要打印的图像。

（2）选择“文件／打印”命令，或按“Ctrl+P”组合键打开“打印”对话框，如图11－2－3所示。

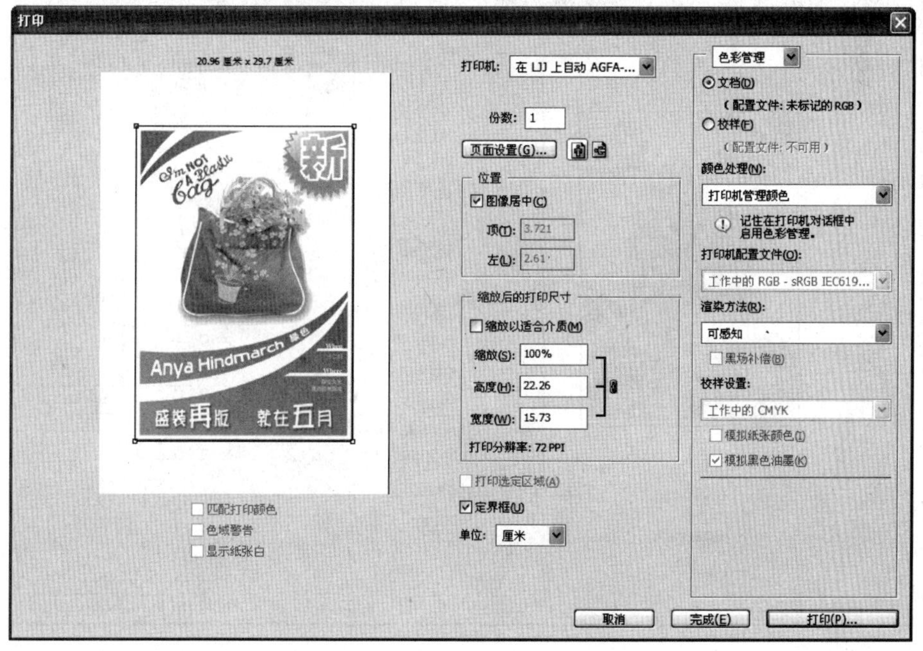

图11－2－3

（3）在“份数”后面的文本框中输入数值即可设置打印的份数。

（4）在“位置”选项组中设置图像在打印页面中的位置。要使图像在输出的页面中央，需要勾选“图像居中”复选框，如果不勾选此复选框，则可在“顶”和“左”两个文本框中设置图像在打印页面中的位置。

（5）在“缩放后的打印尺寸”选项组中缩放图像的打印尺寸。在打印时经常会出现这种情况：设计的内容是一个 A3 纸大小的文件，而使用的打印纸张大小是 A4 纸，那么此图像需要打印在两张 A4 纸上。为了便于查看，可将图像进行缩小打印，使 A3 纸大的文件能够在 A4 纸上打印出来。

要缩放图像的打印尺寸，可以在“缩放”后面的文本框内输入缩放比，或者在“高度”和“宽度”文本框中输入相应的高度和宽度值。设置后的结果将立刻显示在对话框左上方的预览框中。

勾选“缩放以适合介质”复选框，图像将以最合适的打印尺寸显示在打印区域。

勾选“打印选定区域”复选框，只打印在图像中选取的范围。

勾选“定界框”复选框，用户可以在预览窗口内手动调整图像的大小。

（6）单击“单位”右侧的下拉按钮，在其中有英寸、厘米、毫米、点、派卡 5 种单位选项。

2. 输出

单击“打印”对话框右上角的下拉按钮，从弹出的下拉选项中选择“输出”选项，可调出输出的相关的设置选项，如图 11-2-4 所示。下面对“输出”选项中的各项进行详细介绍。

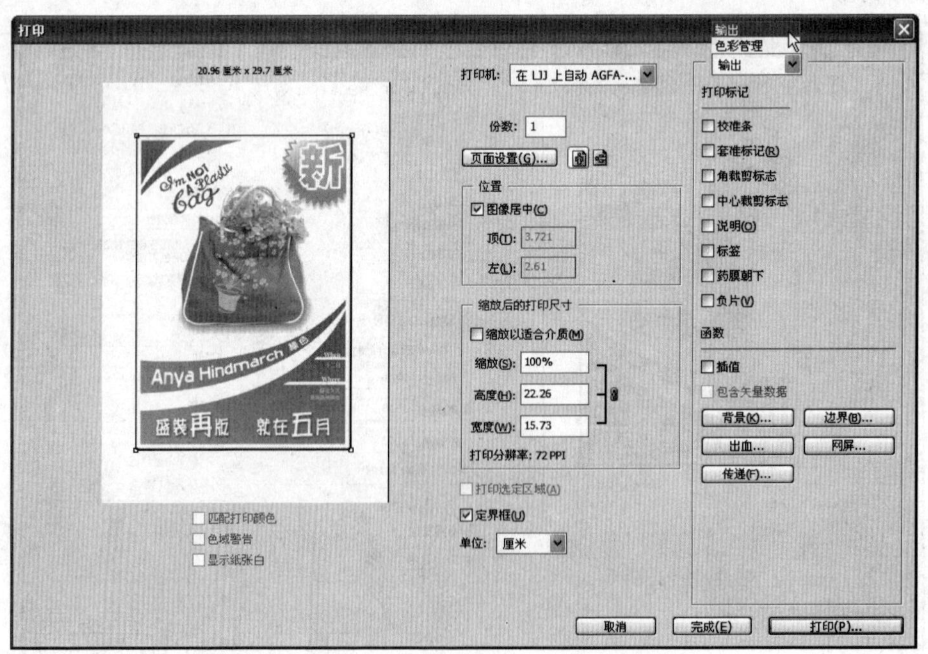

图 11-2-4

校准条：勾选此复选框，可以打印11级灰度，即按10%的增量从0%到100%改变浓度值。对于CMYK分色，渐变校正色标将打印在每个CMYK印版的左边，连续颜色条打印在右边，如图11–2–5所示。校准条的功能是保证所有的阴影都清楚、准确。如果阴影不是很明显，说明输出设备没有得到正确的调校，打印机的颜色设置出了毛病，需要专业人员来修理。

图11–2–5

套准标记：勾选此复选框，可在图像四周打印出⊕形状的对准标记，如图11–2–6所示。套准标记在进行分色打印时是必需的；它们提供的信息保证了青、洋红、黄和黑色打印版的精确性。

图11–2–6

角裁切标志：勾选此复选框，可在图像4个角上打印出8条很细的标记线，每个角两条，作为对打印后图像进行精确裁剪时的依据线，如图11–2–7所示。

图11–2–7

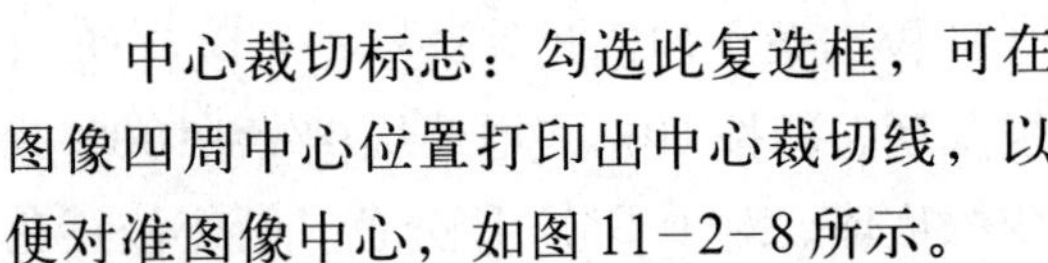

中心裁切标志：勾选此复选框，可在图像四周中心位置打印出中心裁切线，以便对准图像中心，如图 11-2-8 所示。

图 11-2-8

提示

只有当纸张尺寸比打印图像尺寸大时，才可以打印出校准条、套准标记、裁切标记和标签等内容。

说明：勾选此复选框，可将文件描述打印出来（注意：该描述为“文件简介”命令对话框中设定的描述，并非图像文件标题），如图 11-2-9 所示。

文件描述

图 11-2-9

图 11-2-10

标签：勾选此复选框，可打印出图像的文件名称和所在通道名称，如图 11-2-10 所示。

药膜朝下：勾选此复选框，可使感光层位于胶片或相纸的背面，即背对着感光层的文字可读。一般情况下，打印在纸上的图像是药膜朝上的，即感光层面对着用户时文字可读。要确定药膜的朝向，可在亮光下检查，暗的一面是药膜面，亮的一面为基面。药膜的方向，一般由印刷公司来决定。

负片：勾选此复选框，可以输出反相的图像。

插值：该选项用于在打印时自动向上重定像素，减少低分辨率图像的锯齿状外观。

提示

只有 PostScript Level 2（或更高）的打印机具备插值能力。如果打印机不具备插值能力，则该选项无效。

包含矢量数据：当用户选取此项时，Photoshop 将向打印机发送每个文字图层和每个矢量形状图层的单独图像。这些附加图像打印在基本图像之上，并使用它们的矢量轮廓剪贴。因此，即使每个图层的内容受限于图像文件的分辨率，矢量图形的边缘仍以打印机的全分辨率打印。

背景(R)...：单击此按钮，会打开“拾色器”对话框，从中选择颜色后可填充到图像以外的部分。该颜色不会对图像产生任何影响，只是作为预览窗口内的背景存在。

边界(B)...：单击此按钮，会打开“边界”对话框，如图 11−2−11 所示。在“宽度”文本框中输入数值可设定边界的宽度，这个边界宽度是指在打印后图像周围加上的边界，对当前屏幕显示的图像无影响，但在预览框中可预览效果。

图 11−2−11

出血(D)...：单击此按钮，会打开“出血”对话框，如图 11−2−12 所示。在“宽度”文本框中输入数值可设定打印图像的出血宽度。

图 11−2−12

网屏...：单击此按钮，会打开“半调网屏”对话框，如图 11−2−13 所示。在此对话框中可改变所打印的半调网屏单元的尺寸、角度和形状。各选项的含义如下：

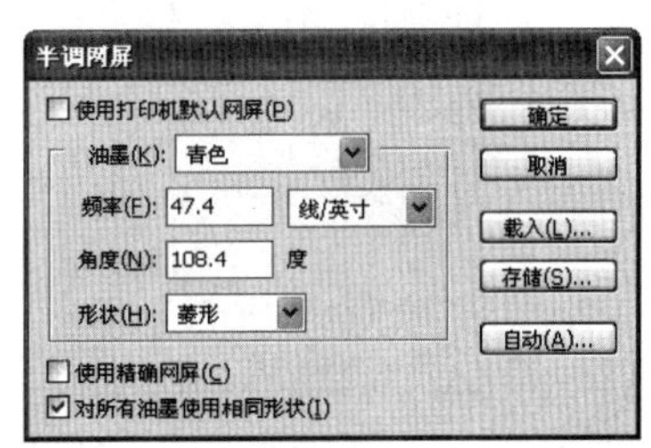

图 11−2−13

使用打印机默认网屏：勾选此复选框，将接受内置在打印机 ROM 中的默认大小、角度和形状设置。对话框中的其他所有选项将自动变灰，表示它们不可使用。

油墨：如果当前的图像是彩色的，可以从“油墨”下拉列表中选择想要调整的特定颜色的墨水。当处理的是灰度图像时，无弹出式菜单可用。

频率：在这个选项框中输入新的值可以改变打印的半调单元的数量。较大的值将产生更多、更小的单元；较小的值将产生更少、更大的单元。频率的单位通常是“每英寸线数”，但也可以改为每厘米线数，方法是在右侧的下拉列表中选择“线 / 厘米”。

角度：在“角度”选项框中输入新的值可以改变半调单元的线性方向。准确地说，Photoshop 接受正负 180 度之间的任何值。

形状：默认状态下，多数 PostScript 打印机依赖圆形的半调单元。可改变针对某种墨水的所有单元的形状，方法是从“形状”下拉列表中的 6 种可选形状中选择 1 种形状。

使用精确网屏：如果输出设备配备了 PostScript Level 2 或更高的版本，应选用这个选项来提交更新的网屏角度以获得全彩色的输出效果。否则，不要选择该选项。

对所有油墨使用相同形状：如果希望对所有颜色的墨水使用相同的大小、角度和形状的半调单元，可以选择这个选项。如果不是创建某种特殊的效果，不要选择该选项。打印灰度图像时此选项不可用。

自动：单击此按钮，将显示出自动挂网对话框，它能自动完成半调编辑过程。在“打印机”选项框中输入输出设备的分辨率，然后在“挂网”选项框中输入自动计算出用于所有墨水的优化的频率。这项功能在打印全彩色图像时是最有用的，因为Photoshop将自动完成半调编辑过程。

存储：选取存储设置的位置，输入文件名，并单击“存储”按钮。

载入：如要重用存储的设置，定位和选择设置，单击“载入”按钮即可。

提示

按住Alt键单击“存储”按钮可将设置还原为图像默认的大小、角度和形状设置；要恢复默认的网屏设置，可随时在按住Alt键时单击“载入”按钮。

传递(F)...：单击此按钮，可以打开“传递函数”对话框，如图11-2-14所示。它让用户可以重新分配打印图像中的阴影值。

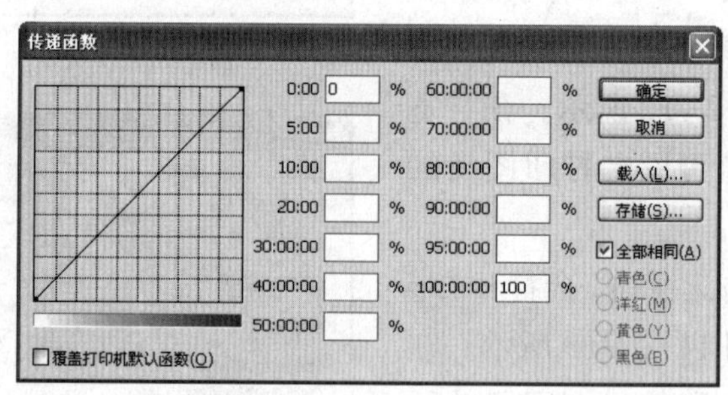

图11-2-14

3.色彩管理

单击“打印”对话框右上角的下拉按钮，从弹出的下拉选项中选择“色彩管理”选项，可调出色彩管理的相关设置选项，如图11-2-15所示。下面对“色彩管理”选项中的各项进行详细介绍。

文档：选择此单选按钮可以在下面的选项中为文档设置颜色配置。

校样：选择此单选按钮可以在下面的选项中为文档设置颜色校样。

颜色处理：在此下拉选项中可选择“打印机管理颜色”、“Photoshop管理颜色”、“分色”和“无色彩管理”几项来进行颜色处理。

打印机配置文件：在此可选择适用与打印机的配置文件。

渲染方法：在此可选择一种用于将颜色转换为目标色彩空间的渲染方法。

黑场补偿：勾选此复选框，在转换颜色时将调整黑场中的差异。

校样设置：在此下拉选项中可以选择以本地方式存在于硬盘驱动器上的任何自定校样。

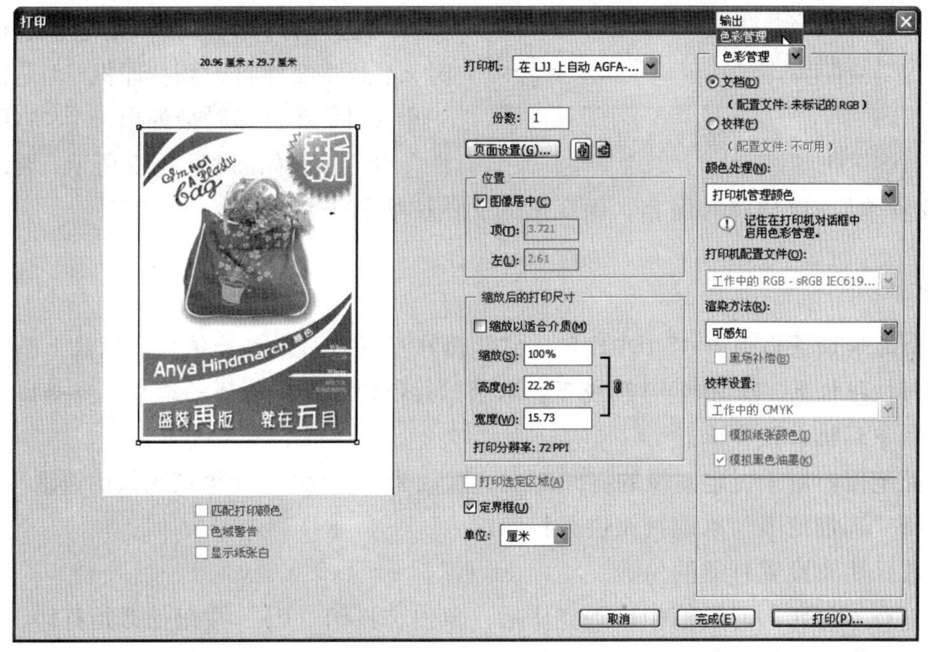

图 11-2-15

模拟纸张颜色：勾选此复选框，校样将会模拟纸张颜色。

模拟黑色油墨：勾选此复选框，校样将会模拟黑色油墨颜色。

11.3　打 印 图 像

设置好页面和打印选项后，就可以打印图像了。本节将分别介绍 3 种打印图像的方法，分别是打印整幅图像、打印指定图层的图像和打印选择范围内的图像。

11.3.1　打印整幅图像

打印整幅图像就是打印文件中的所有内容，其操作方法如下：

(1) 在“打印”对话框中设置好各项后，单击其下方的“打印（P）…”按钮，打开图 11-3-1 所示的“打印”对话框。

图 11-3-1

选择打印机：在此选项组中选择打印机。若用户的计算机只安装了一台打印机，则不用选择，使用默认设置即可；如果安装了多台打印机，则可在下拉列表中指定打印机。

图 11-3-2

勾选“打印到文件”复选框进行打印时，不是将文件打印到打印机，而是保存为一个文件。在打印时会弹出一个“打印到文件”对话框，如图 11-3-2 所示，要求输入“输出文件名”，以便将其保存，保存后的文件扩展名为 prn。

提示

这个选项仅适用于 PostScript 打印，它让用户可以将图像文件保存到磁盘上而不是直接打印到打印机上。在 Windows 环境下，取消“打印到文件”选项的选择可以将图像像往常那样打印到输出设备上。

页面范围：用于设定图像的打印范围，默认为“全部”。如果在图像中选取了范围，则可选择“选定范围”单选按钮进行打印。

份数：用来设置打印的份数。

(2) 在“打印”对话框中设置完毕后，单击“打印（P）”按钮便开始打印，稍后，在屏幕上显示的图像就通过打印机打印出来了。

11.3.2 打印指定的图层图像

本小节将介绍 Photoshop 的另一种打印方法——打印指定的图层图像。打印指定的图层虽然不经常使用，但作为Photoshop的一种特殊打印方法，用户还是有必要掌握的。

图 11-3-3

(1) 按“Ctrl+O”组合键打开素材中的“和你一起”文件，如图 11-3-3 所示。

(2) 按 F7 键调出“图层”面板。在图层”面板中可以看出，这个文件共包括 6 个图层，如图 11-3-4 所示。

(3) 单击每个图层前面的眼睛图标，将“手”图层之外的所有图层都隐藏，如图 11-3-5 所示。

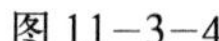
图 11-3-4

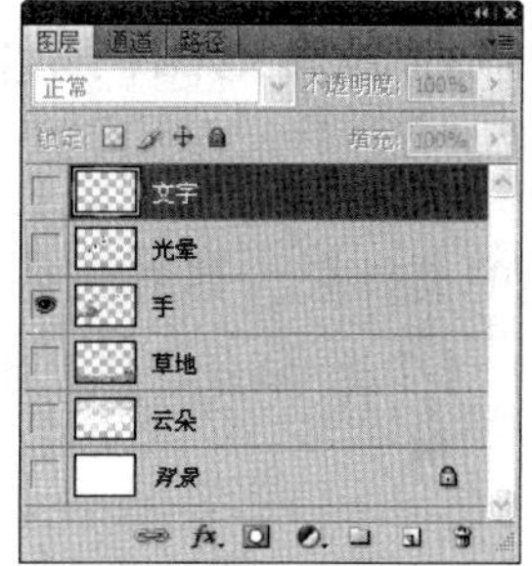

图 11-3-5

（4）选择“文件／打印”命令，在弹出的“打印”对话框中选择打印机和纸张方向，之后在“缩放后的打印尺寸”中设置打印尺寸，如图 11-3-6 所示。

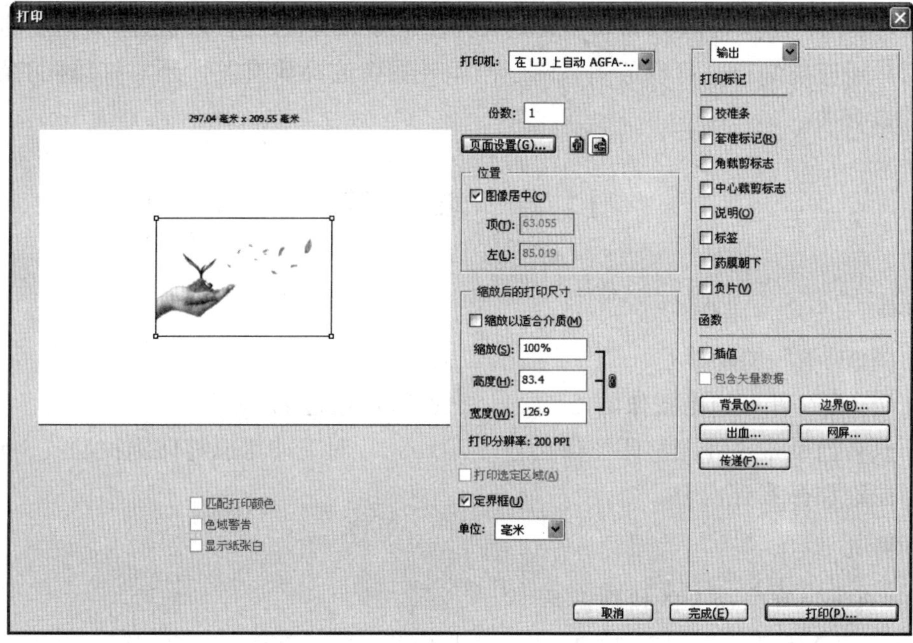

图 11-3-6

（5）单击其右下角的“打印（P）…”按钮，即可将“手”图层中的图像单独打印出来。用户在此也可以分别显示不同的图层来进行打印实验，如图 11-3-7（a）和（b）所示。

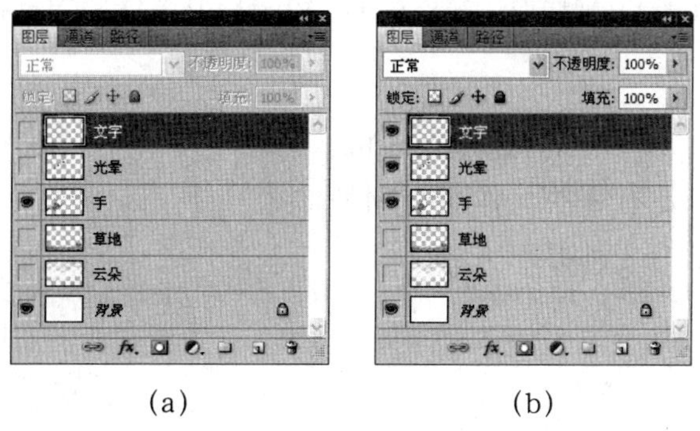

（a）　　　　（b）

图 11-3-7

11.3.3 打印选择范围内的图像

在Photoshop中不仅可以打印整幅图像和指定图层的图像，还可以根据需要打印出图像文件中的某部分。其方法是：用选框工具在图像中创建出需要打印的图像区域，再选择“文件／打印”命令，在弹出的“打印”对话框中勾选“打印选定区域”复选框，之后进行打印即可。

11.4 小　结

本章介绍了在Photoshop中设置打印机、页面和打印选项等有关打印的知识。通过本章的学习，用户不仅可以更加顺利的完成打印工作，而且还可以确保达到预期的效果。同时，用户还应该知道，打印的效果除了与原始图像的品质有关，还与打印机的配置和所用的纸张有关。

11.5 练　习

一、填空题

（1）“校准条”的功能是______________________________。

（2）“标签”可打印出图像的________和所在通道名称。

（3）只有当纸张尺寸比打印图像尺寸________时，才可以打印出校准条、套准标记、裁切标记和标签等内容。

二、选择题

（1）“页面设置”命令的快捷键是“____”。

A．Ctrl+Alt+P　B．Ctrl+P　C．Shift+P　D．Ctrl+Shift+P

（2）“打印”命令的快捷键是“____”。

A．Ctrl+Shift+P　B．Ctrl+Alt+P　C．Ctrl+P　D．Ctrl+Shift+Alt+P

（3）“打印一份”命令的快捷键是“____”。

A．Alt+P　B．Ctrl+Alt+P　C．Ctrl+Shift+P　D．Ctrl+Shift+Alt+P

三、问答题

（1）在Windows XP下如何选择打印机？

（2）常用的打印标记有哪些，作用分别是什么？

（3）简述本章介绍的几种打印方法。

第12章　综 合 实 例

本章内容提要：

📖 图像处理

📖 平面设计

12.1　图 像 处 理

图像处理是Photoshop软件的一个重要功能，它可以很轻松地将几张图片合成为一幅崭新的作品。本节将介绍两个关于图像处理的实例，学习不同的图像处理方法，使用户能够综合应用图像处理技术。

12.1.1　地产广告

在现在的生活中，各种平面广告出现的频率是非常高的。地产广告因其设计精美而受到很多学习者的喜爱，下面就以一例来介绍其中的图像是如何处理的。

（1）按“Ctrl+N”组合键打开“新建”对话框，设置图12−1−1所示的参数后，单击“确定”按钮，新建一个“宽度”和“高度”都为800像素的“地产广告”文件。

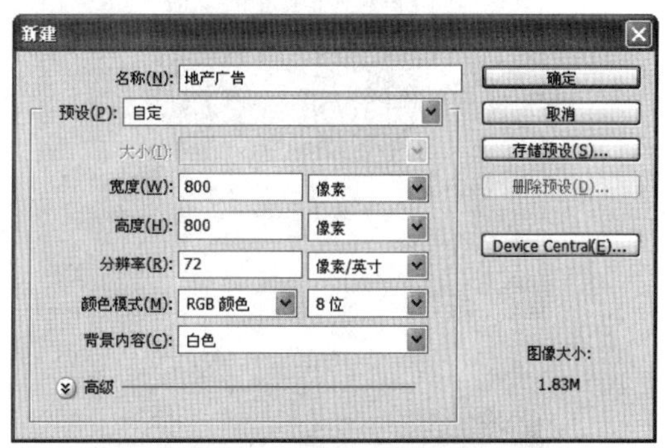

图 12−1−1

（2）按“Ctrl+O”组合键打开素材中的“光晕”文件，如图12−1−2所示。

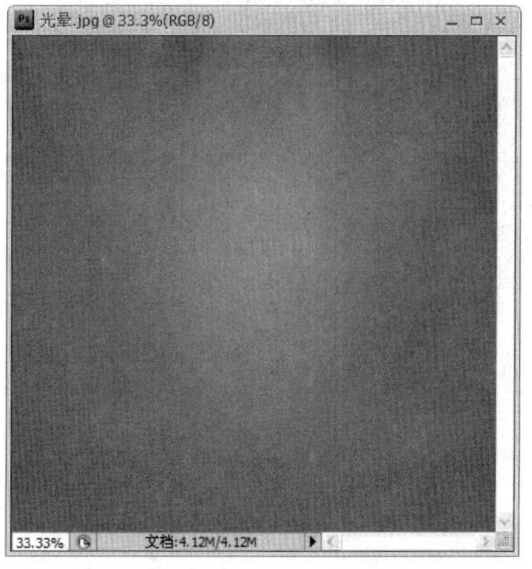

图 12−1−2

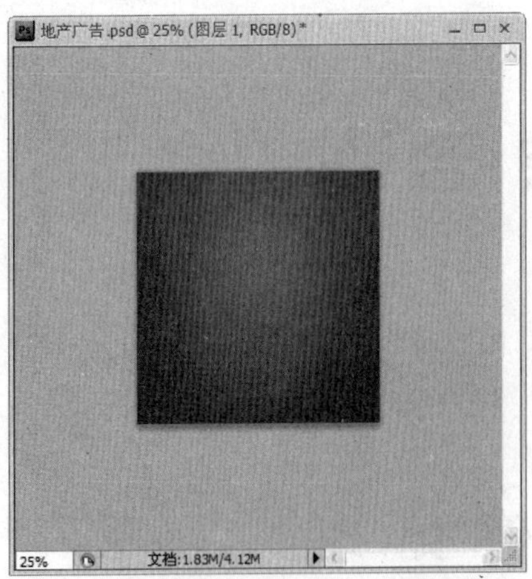

图 12-1-3

（3）选择工具箱中的“移动工具”，按住Shift键拖动“光晕”图像到新建的文件中。之后按住Ctrl键再按两次“-”号键，将图像缩小，如图12-1-3所示。

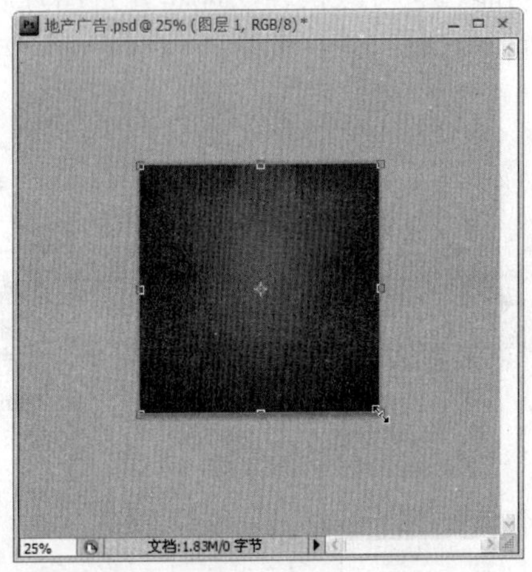

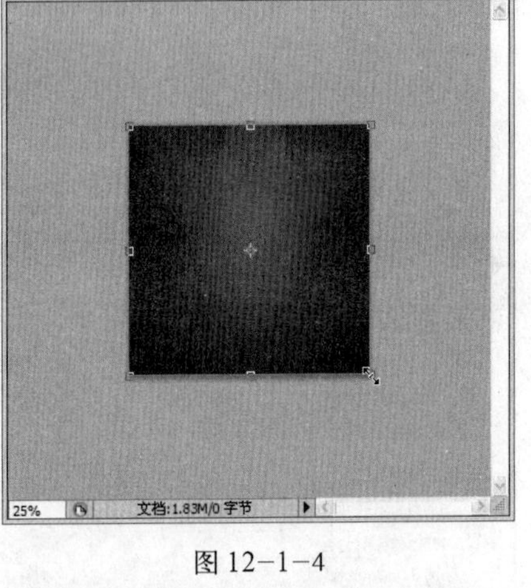

图 12-1-4

（4）按“Ctrl+T”组合键执行自由变换命令，再按住“Shift+Alt”组合键的同时向中间拖动边角的控制框，将图像等比例缩小，如图12-1-4所示。

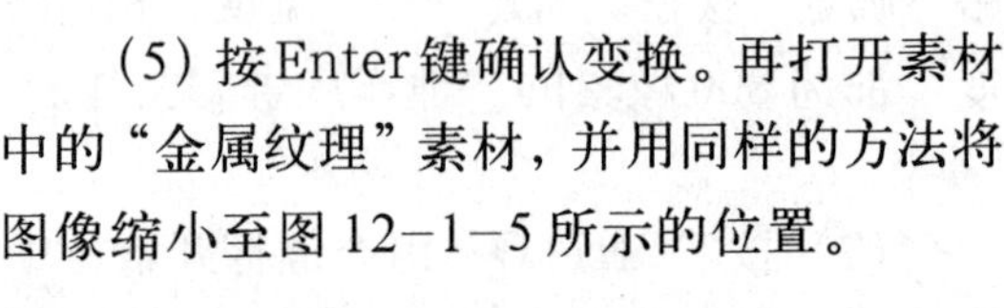

图 12-1-5

（5）按Enter键确认变换。再打开素材中的“金属纹理”素材，并用同样的方法将图像缩小至图12-1-5所示的位置。

(6) 确认在“图层2”上工作，之后“设置图层的混合模式”为“叠加”，如图12-1-6所示。

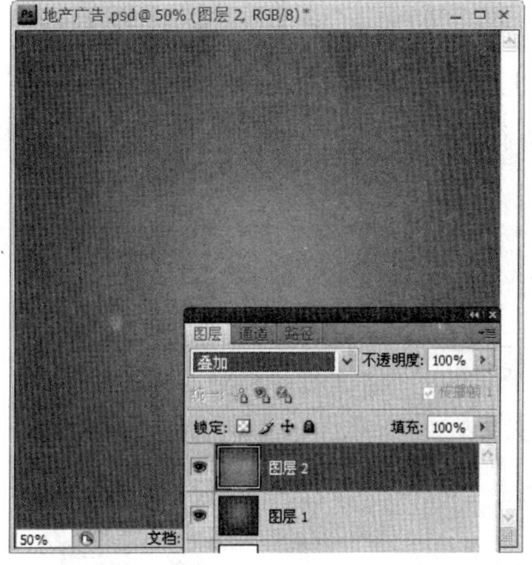

图12-1-6

(7) 按“Ctrl+O”组合键打开素材中的“石头”文件，如图12-1-7所示。

图12-1-7

提示

此文件是一个包含两个图层的PSD格式文件。

(8) 选择工具箱中的“移动工具”，将“石头”图像移动到新建的文件中。按“Ctrl+T”组合键执行自由变换命令，将图像稍稍缩小，如图12-1-8所示。

图12-1-8

（9）按“Ctrl+O”组合键打开素材中的“流水”文件，如图 12−1−9 所示。

（10）选择工具箱中的“移动工具”，将“流水”图像移动到新建的文件中。按“Ctrl+T”组合键执行自由变换命令，将图像缩放到图 12−1−10 所示的位置。

图 12−1−9

图 12−1−10

（11）确认在“图层 3”上工作。单击图层面板底部的“添加图层蒙版”按钮，为此图层添加一个图层蒙版，如图 12−1−11 所示。

图 12−1−11

（12）选择“画笔工具”，在选项栏中设置“画笔”为“柔角100像素”，“不透明度”和“流量”都设为“50%”。设置前景色为黑色，按住鼠标左键在溪水旁边的区域涂抹，将不需要的地方隐藏，如图 12−1−12 所示。

图 12−1−12

（13）选择“横排文字工具”，并在其选项栏中设置字体为“叶根友毛笔行书简体”，设置字体大小为“58.85 点”，字体颜色为砖红色（R：164，G：81，B：50），如图 12−1−13 所示。

R：164，G：81，B：50 “创建文字变形”按钮

叶根友毛笔行… 58.85 点 平滑

图 12-1-13

提示

如果用户没有该字体，可以将素材中提供的字体文件拷贝到控制面板中的“字体”文件夹中，以增加该字体。

(14) 用文字工具在画面中的石头处单击并输入“天地人和”文字，如图12-1-14所示。

图 12-1-14

(15) 单击文字选项栏中的“创建文字变形”按钮，在弹出的“变形文字”对话框中设置“样式”为扇形，并将“弯曲”度设置为 +21%，如图 12-1-15 所示。

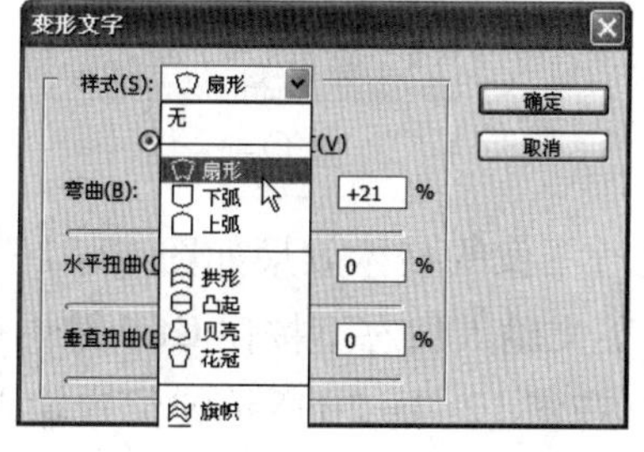

图 12-1-15

(16) 单击“确定”按钮，确认为文字变形的效果，如图 12-1-16 所示。

图 12-1-16

(17) 双击文字图层后面的空白处，在弹出的“图层样式”对话框中设置“内阴影”样式，具体参数如图 12-1-17 所示。

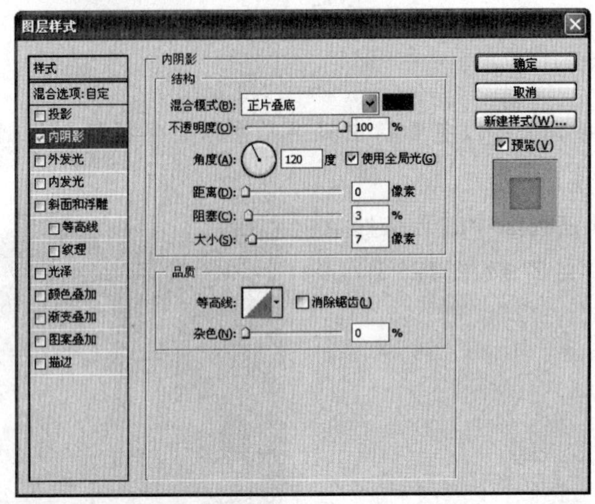

图 12-1-17

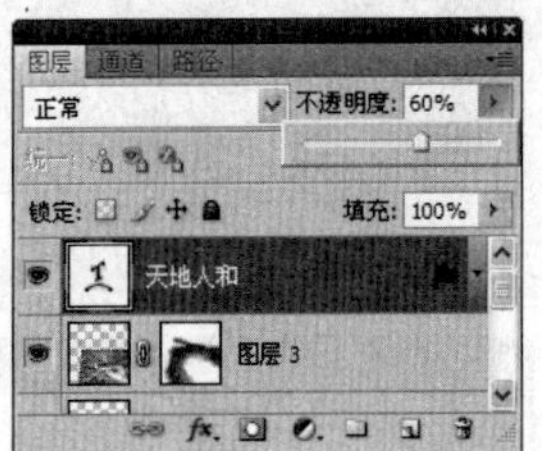

图 12-1-18

(18) 单击“确定”按钮后，再将该图层的“不透明度”降低至60%，如图 12-1-18 所示。

(19) 此时图像的整体效果如图 12-1-19 所示。

(20) 在英文输入状态下按住 Ctrl 键再按“+”键两次，将图像放大。之后再用“横排文字工具”在图 12-1-20 所示的位置输入汉语拼音“TIANDIRENHE”文字，其颜色和样式都和“天地人和”的文字一样。

图 12-1-19

图 12-1-20

（21）选择“横排文字工具”。最后在画面的正上方输入相应的文字，这幅地产广告作品就制作完成了，效果如图 12-1-21 所示。

图 12-1-21

12.1.2　儿童照片处理

儿童照片处理在照片处理中经常会出现，本例将主要使用路径和剪贴蒙版的功能为一幅儿童照片进行后期制作，使照片在内容和形式上更为精彩。

（1）按“Ctrl+N”组合键打开“新建”对话框，新建一个图 12-1-22 所示大小的文件，之后单击“确定”按钮。

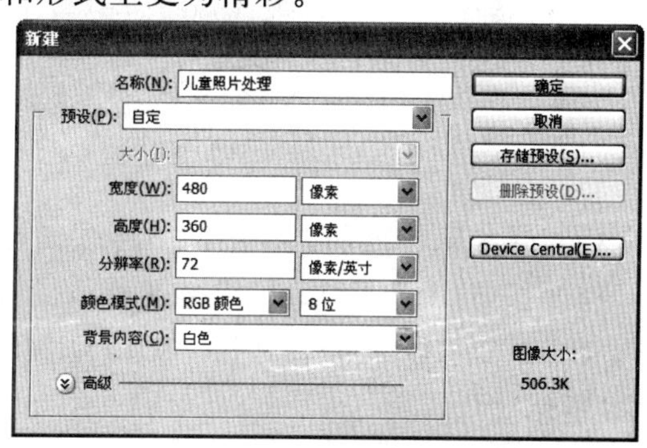

图 12-1-22

（2）设置工具箱中的前景色为白色（R：255，G：255，B：255），背景色为粉红色（R：253，G：225，B：236），如图 12-1-23 所示。

（3）选择“滤镜 / 渲染 / 云彩”命令，制作出图 12-1-24 所示的效果。

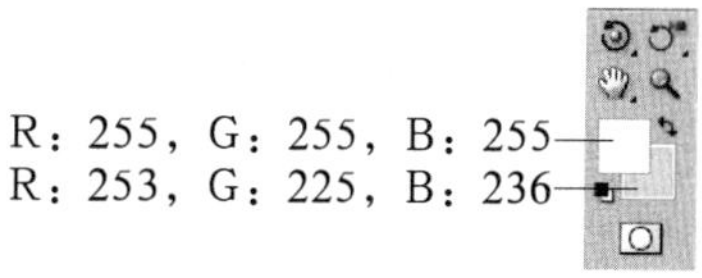

图 12-1-23

图 12-1-24

提示

按“Ctrl+F”组合键可重复执行上次的滤镜。

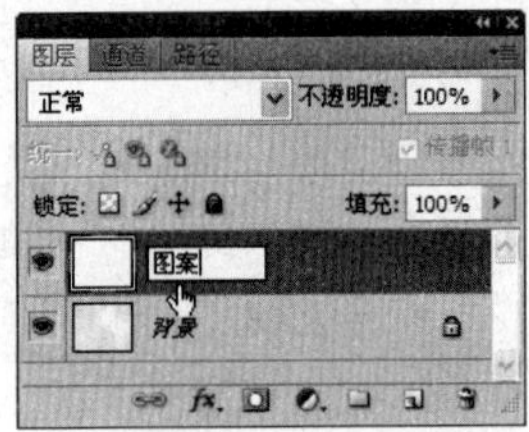

图 12-1-25

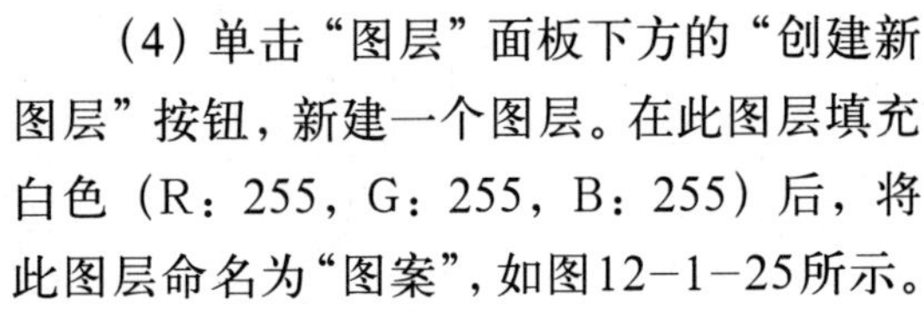

（4）单击“图层”面板下方的“创建新图层”按钮，新建一个图层。在此图层填充白色（R：255，G：255，B：255）后，将此图层命名为“图案”，如图12-1-25所示。

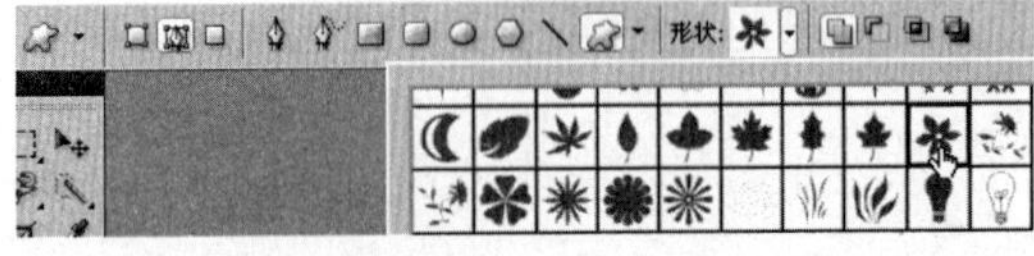

图 12-1-26

（5）选择工具箱中的“自定形状工具”，在其选项栏中单击“路径”按钮，并选择“花 1”形状，如图 12-1-26 所示。

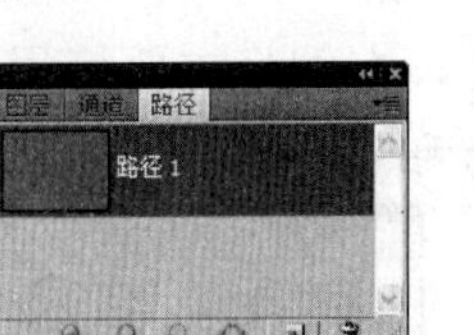

图 12-1-27

（6）单击“路径”面板下方的“创建新路径”按钮，新建一个“路径 1”图层，如图 12-1-27 所示。

（7）按住鼠标拖动，在画面中连续创建出几个“花 1”形状，如图 12-1-28 所示。

（8）按“Ctrl+Enter”组合键将路径快速转换成选区。设置前景色为粉红色（R：249，G：202，B：204），并按“Alt+Delete”组合键将前景色填充至选区内，如图 12-1-29 所示。

图 12-1-28

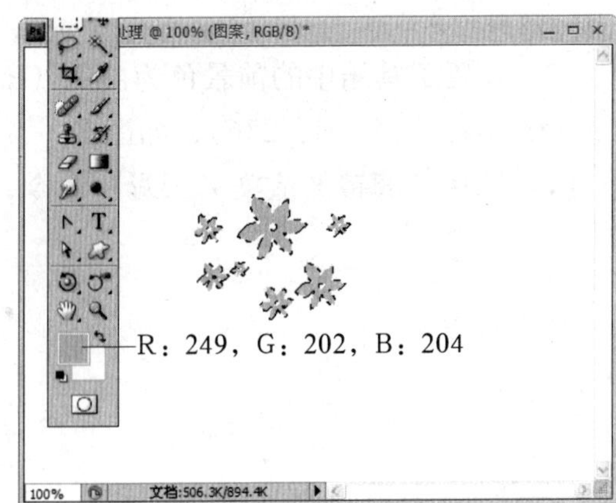

图 12-1-29

(9) 选择"矩形选框工具"，确定其选项栏中的"羽化"为0px，之后将图案框选，如图12-1-30所示。

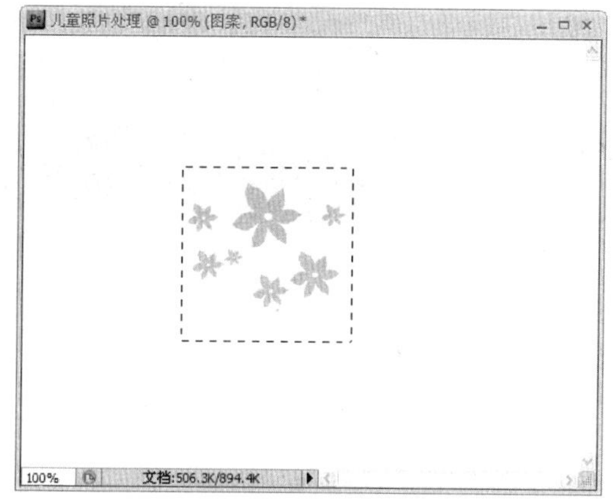

图 12-1-30

(10) 选择"编辑/定义图案"命令，在弹出的"图案名称"对话框中输入"名称"为图案，如图12-1-31所示，单击"确定"按钮。

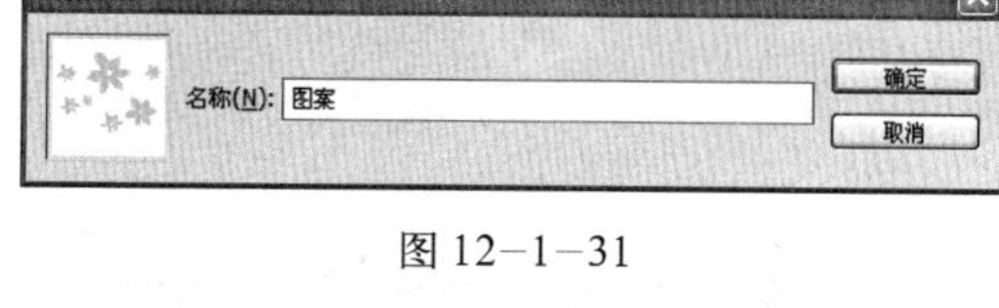

图 12-1-31

(11) 按"Ctrl+D"组合键取消选区，选择"编辑/填充"命令，在弹出的"填充"对话框中选择刚才定义的图案，如图12-1-32所示。

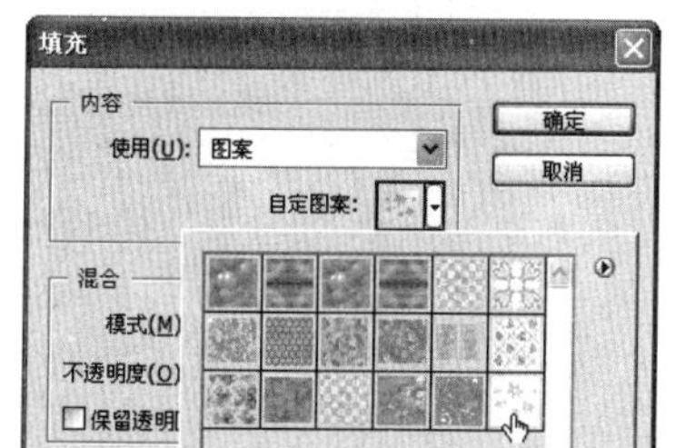

图 12-1-32

(12) 单击"确定"按钮，将图案填充至"图案"图层中，并将其图层的"不透明度"设置为10%，如图12-1-33所示。

直接在"图案"图层中填充图案，新填充的图案将会覆盖"图案"图层中原有的图案。

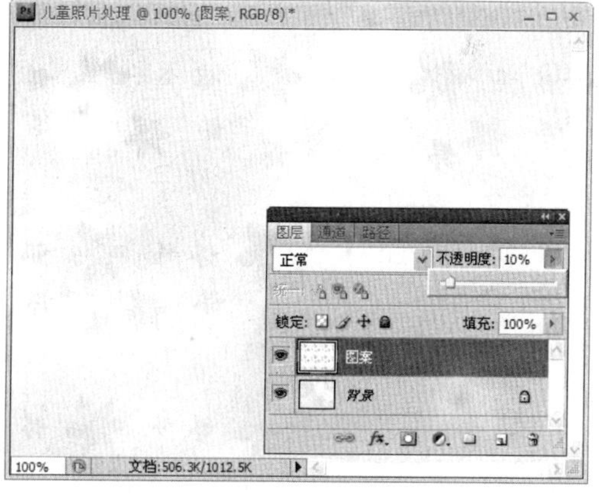

图 12-1-33

(13) 选择工具箱中的"自定形状工具"，在其选项栏中单击"形状图层"按钮，并选择"红心形卡"形状，设置颜色为粉红色（R：249，G：202，B：204），如图12-1-34所示。

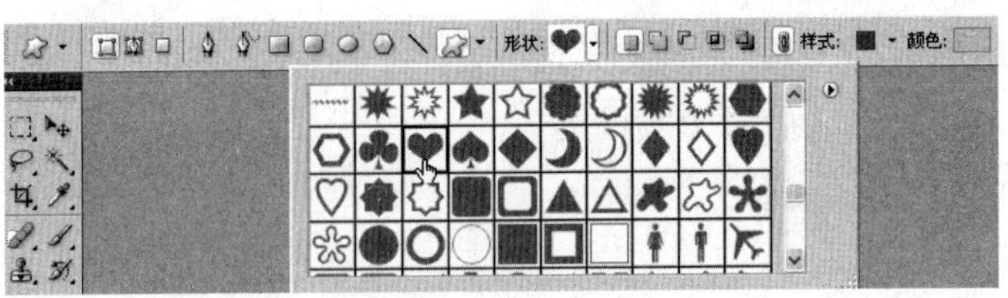

图 12-1-34

(14) 移动鼠标指针到画面中，按住鼠标拖动，在图 12-1-35 所示的位置创建一个心形形状。

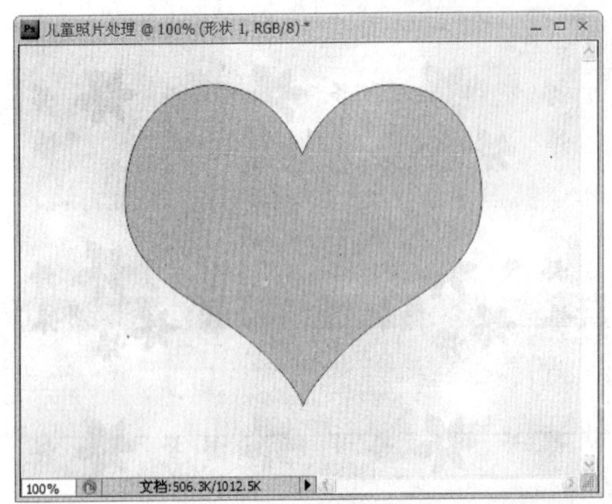

图 12-1-35

(15) 拖动“形状 1”图层到图层面板底部的“创建新图层”按钮上，复制一个“形状 1 副本”图层，如图 12-1-36 所示。

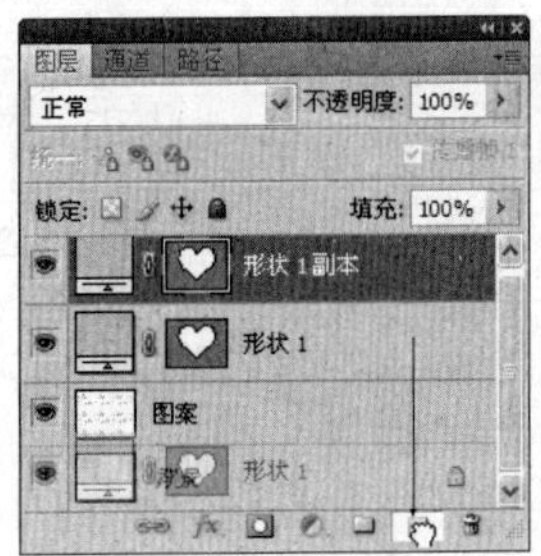

图 12-1-36

(16) 在“形状 1 副本”图层上操作。按“Ctrl+T”组合键执行自由变换命令，移动参考点到控制框的下方中央，之后在控制框右下角处向上拖动鼠标指针，将上面的心形形状稍稍旋转，如图 12-1-37 所示。

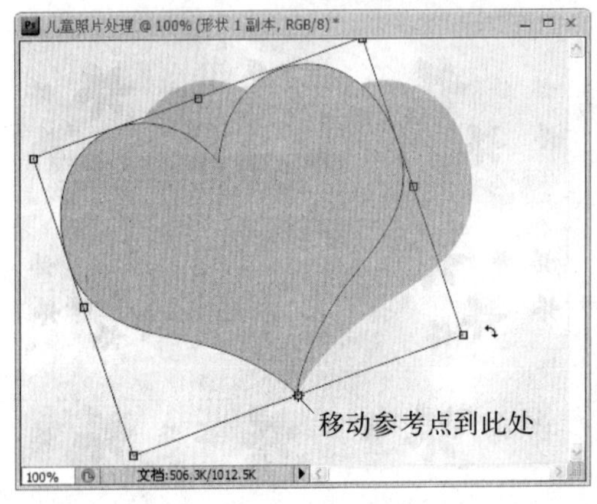

图 12-1-37

(17) 按 Enter 键确认变换。双击“形状 1 副本”图层后面的空白处，从弹出的“图层样式”对话框中设置“内阴影”参数，如图 12-1-38 所示。

(18) 单击左侧的“外发光”样式，并设置图 12-1-39 所示的参数。

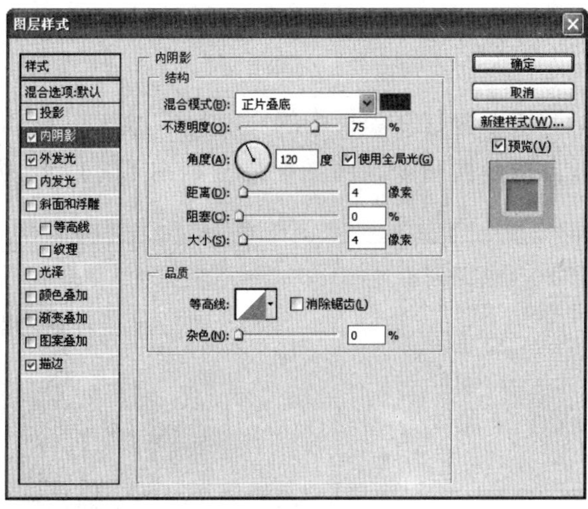

图 12-1-38

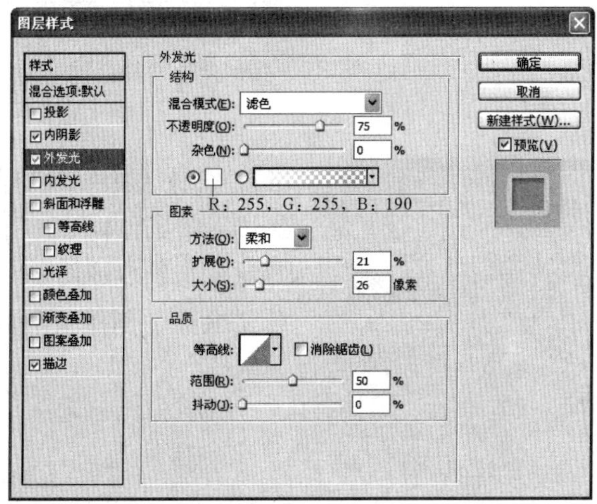

图 12-1-39

（19）单击左侧的“描边”样式，并设置图 12-1-40 所示的参数。

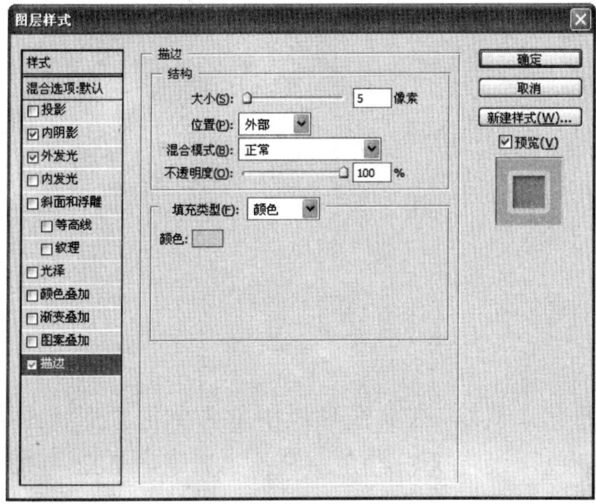

图 12-1-40

（20）单击“确定”按钮，为前面的形状添加图层样式，此时图像效果如图 12-1-41 所示。

（21）按“Ctrl+O”组合键打开素材中的“baby”文件。拖动到新建的文件中后按“Ctrl+T”组合键执行自由变换命令，将图像缩放到图 12-1-42 所示的位置。

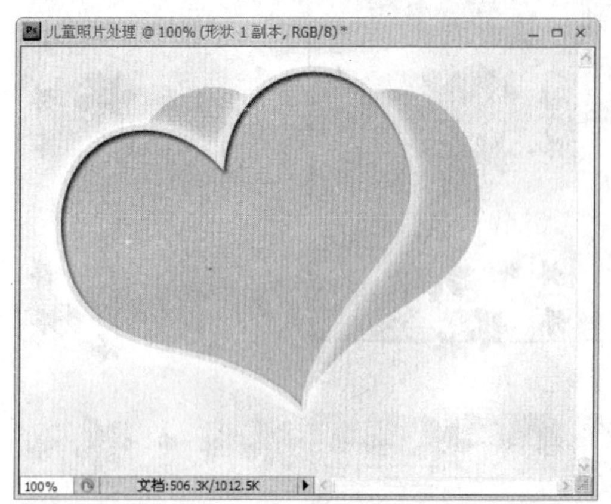

图 12-1-41

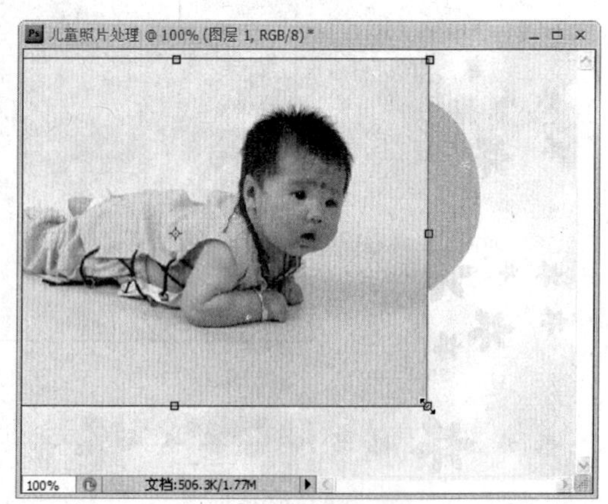

图 12-1-42

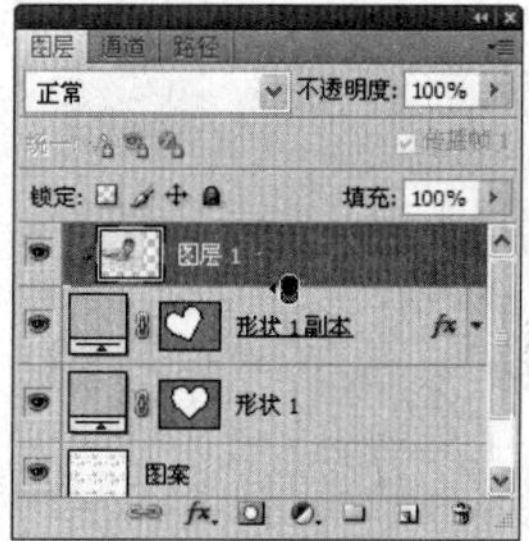

图 12-1-43

（22）按住 Alt 键的同时移动鼠标指针到“形状 1 副本”和“图层 1”的中间位置，等鼠标指针变成图 12-1-43 所示的状态后单击鼠标，创建一个剪贴蒙版。

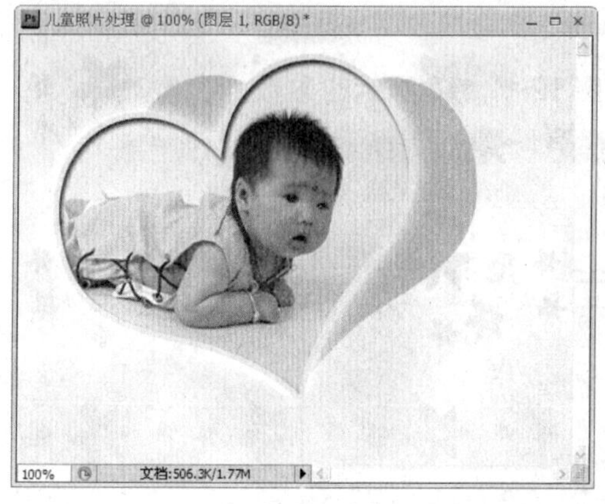

图 12-1-44

（23）此时图像的效果如图 12-1-44 所示。

（24）选择“自定形状工具”，在其选项栏中首先单击“形状图层”按钮，然后选择“红心”形状，再将“颜色”设置为粉红色（R：249，G：202，B：204），如图 12-1-45 所示。

图 12−1−45

（25）按住 Shift 键拖动鼠标，在画面中绘制一些大小不一的心形形状，并按“Ctrl+T”组合键执行自由变换命令，将形状的角度适当旋转，如图 12−1−46 所示。

（26）按“Ctrl+O”组合键打开素材中的“加菲猫”文件，并将其中的加菲猫图像拖动到到新建的文件中，位置如图 12−1−47 所示。

图 12−1−46

图 12−1−47

（27）最后在画面的右上角输入主题文字，一幅关于儿童照片的作品就制作完成了，效果如图 12−1−48 所示。

图 12−1−48

12.2　平 面 设 计

图像处理属于 Photoshop 的一个功能，而平面设计则属于更高级更专业的一项工作。用户不仅可以单独在 Photoshop 软件中设计作品，还可以结合其他软件共同设计，如 3ds Max、Illustrator 软件等。本小节将介绍两个平面设计的实例，分别是名片设计和手提袋设计，并且由 Photoshop 软件单独完成。

12.2.1　名片设计

设计名片的目的不言而喻。设计精美的名片不但能起到交流的作用，而且还能加深别人对自己的印象。小小名片，看似简单，但要想设计好也并非易事，这不仅仅是名片具有尺寸面积的问题，用户还要考虑所用印刷方式、颜色、信息内容、排版设计，后期加工等一系列问题。本例将介绍一个常规名片的设计及制作方法——即带有出血的彩色名片，目的就是让用户掌握规范的名片设计流程。

图 12-2-1

(1) 按“Ctrl+N”组合键打开“新建”对话框，输入“名称”为名片设计，“宽度”设为96毫米，“高度”为61毫米，“分辨率”为300像素/英寸，“模式”为RGB颜色，“背景内容”为白色，如图12-2-1所示。

提示

①一般名片的成品尺寸为 90mm × 55mm。因为这款名片需要大量印刷，所以在设计制作的时候需要在每边加上3毫米（mm）出血的宽度，因此最终设置的纸张大小应该是 96mm × 61mm。

②一般用于印刷的作品需要将分辨率设置为300像素/英寸；只在屏幕上显示的图像，分辨率设置为72像素/英寸即可。

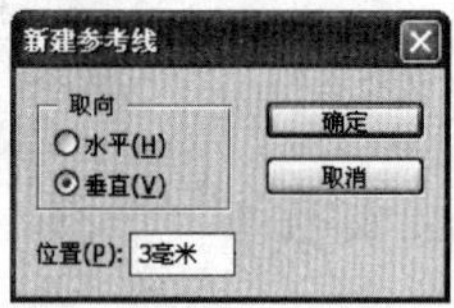

图 12-2-2

(2) 单击“确定”按钮，新建一个96mm × 61mm的空白文件。按“Ctrl+R”组合键显示标尺，选择“视图/新建参考线命令”，在弹出的“新建参考线”对话框中选择“垂直”单选按钮，在“位置”后面的文本框中输入“3毫米”，如图12-2-2所示。

(3) 单击“确定”按钮。并按此方法分别在“垂直”3毫米和93毫米，“水平”3毫米和58毫米的位置添加辅助线，如图12-2-3所示。

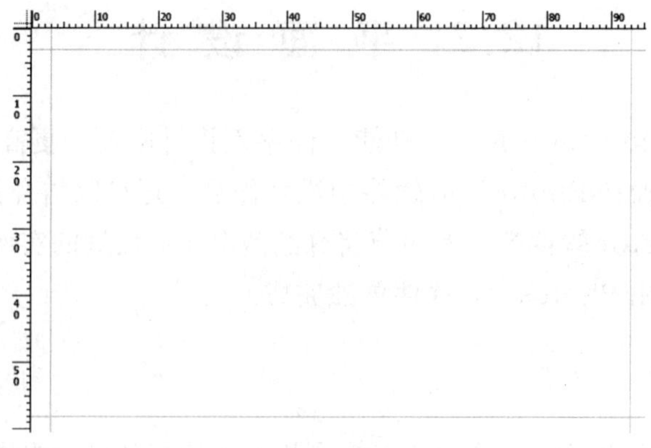

图 12-2-3

提示

刚才添加的辅助线即是后期裁切的位置。辅助线以外的部分将来会被剪切掉，辅助线以内的内容将会保留。因为裁切的机器操作时并不是那么精确，所以之前在每边多设计了3毫米的宽度就是确保在裁切时不会影响到名片的内容。

(4) 按“Ctrl+R”组合键隐藏标尺。之后单击“图层”调板底部的“创建新图层”按钮，新建一个图层并命名为“长条”，如图12-2-4所示。

图12-2-4

(5) 选择工具箱中的“矩形选框工具”，并在其选项栏中设置“羽化”值为0px，如图12-2-5所示。

图12-2-5

(6) 移动鼠标指针到画面的左上角，按住鼠标左键并拖动，创建出一个矩形长条选区，如图12-2-6所示。

图12-2-6

(7) 选择工具箱中的“渐变工具”，设置前景色为黄色（R：247，G：204，B：1），设置背景色为白色，并在其选项栏中选择“前景到背景”渐变，其他设置如图12-2-7所示。

图12-2-7

(8) 在“长条”图层上操作。移动鼠标指针到矩形选区的左边，按住Shift键向右侧拖动，创建出黄色到白色的渐变，如图12-2-8所示。

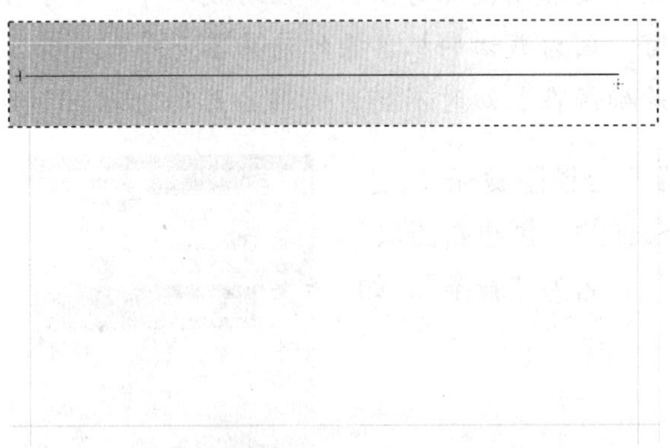

图12-2-8

图12-2-9

(9) 按“Ctrl+D”组合键取消选区。拖动“长条”图层到“图层”调板底部的“创建新图层”按钮上，复制一个“长条 副本”图层，如图12-2-9所示。

(10) 在“长条 副本”图层上操作。按“Ctrl+T”组合键进行自由变换，压扁“长条 副本”图像，如图12-2-10所示。

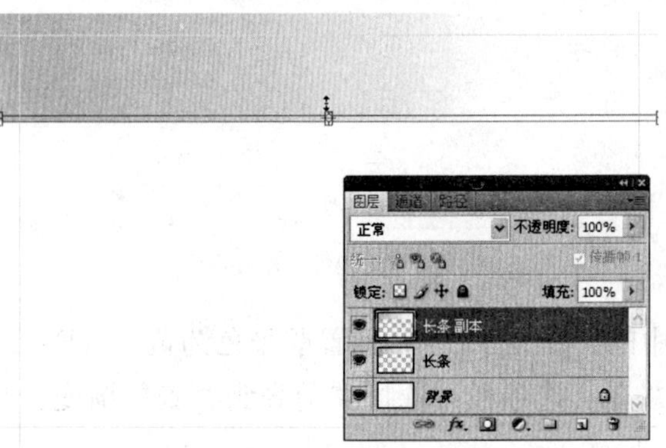

图12-2-10

(11) 按Enter确认变换，按方向键↓将“长条 副本”图像移到图12-2-11所示的位置。

(12) 拖动“长条 副本”图层到“图层”调板底部的“创建新图层”按钮上，再复制出一个“长条 副本2”图层，如图12-2-12所示。

图 12−2−11

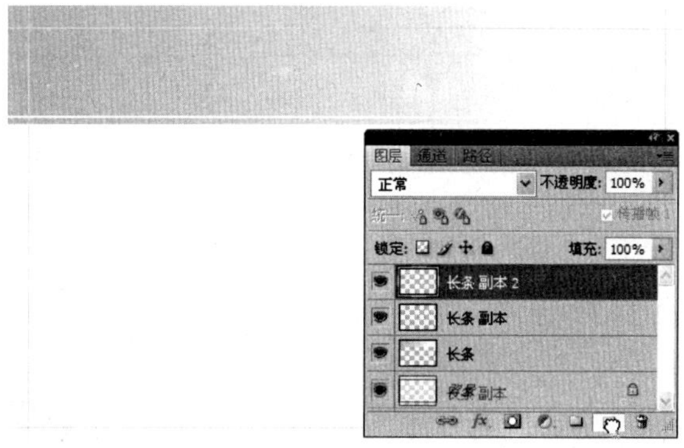

图 12−2−12

(13) 在“长条 副本 2”图层上操作。将图像移动到画面的底部并按“Ctrl+T”组合键进行自由变换，把“长条 副本 2”图像拉宽，如图 12−2−13 所示。

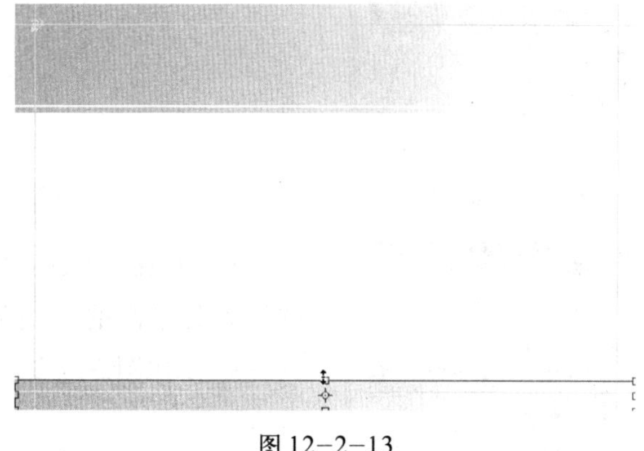

图 12−2−13

(14) 按 Enter 确认变换。选择“文件 / 置入”命令，将素材中的“图标”文件置入其中，按住 Shift 键拖动其中的一个顶角控制点，将图标等比例缩小，如图 12−2−14 所示。

(15) 按 Enter 确认变换。之后将图像移到图 12−2−15 所示的位置。

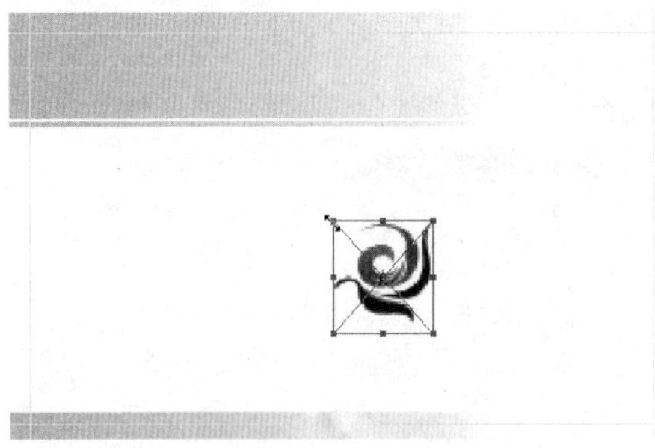

图 12-2-14

图 12-2-15

图 12-2-16

(16) 确认当前选择的图层是“标志”图层，如图 12-2-16 所示。

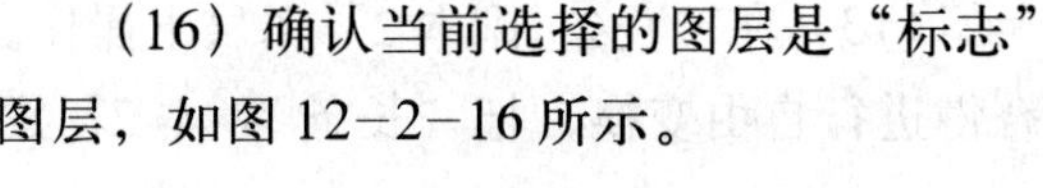

图 12-2-17

(17) 按“Ctrl+E”组合键将“标志”图层和其下面的“长条 副本 2”图层合并到一起，如图 12-2-17 所示。

(18) 按住 Ctrl 键单击“长条 副本 2”图层前面的缩览图，将图像的轮廓载入为选区，如图 12-2-18 所示。

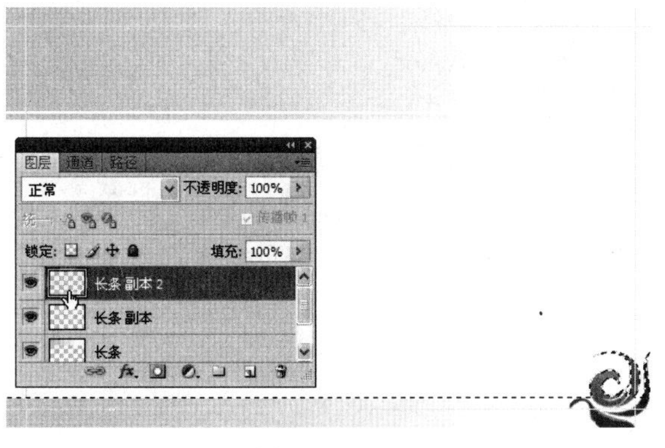

图 12-2-18

(19) 单击“图层”调板底部的“创建新图层”按钮，新建一个“图层 1”图层，并隐藏“长条　副本 2”图层，如图 12-2-19 所示。

图 12-2-19

(20) 在“图层 1”图层上操作，并保持选区没有取消。使用“渐变工具”在选区内填充黄色（R：247，G：204，B：1）到白色的渐变，如图 12-2-20 所示。

图 12-2-20

(21) 在“图层 1”图层上操作。按“Ctrl+D”组合键取消选区，并设置“图层不透明度”为 50%，如图 12-2-21 所示。

(22) 选择“文件／置入”命令，将素材中的“标志”文件置入其中，按住 Shift 键拖动其中的一个顶角控制点，将图标等比例缩小，如图 12-2-22 所示。

(23) 按 Enter 确认变换，用“移动工具”将图像移动到图 12-2-23 所示的位置。

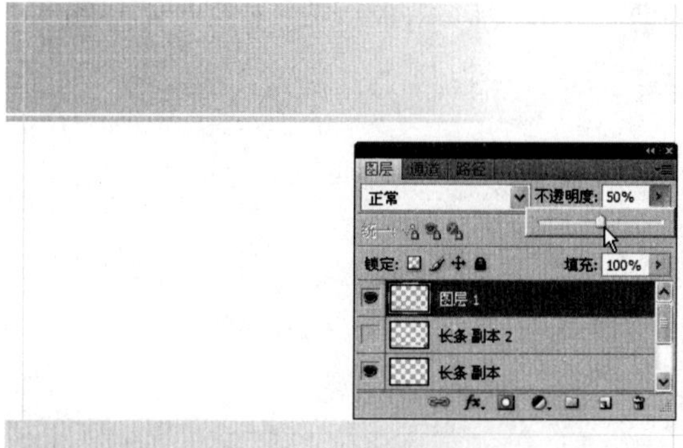

图 12-2-21

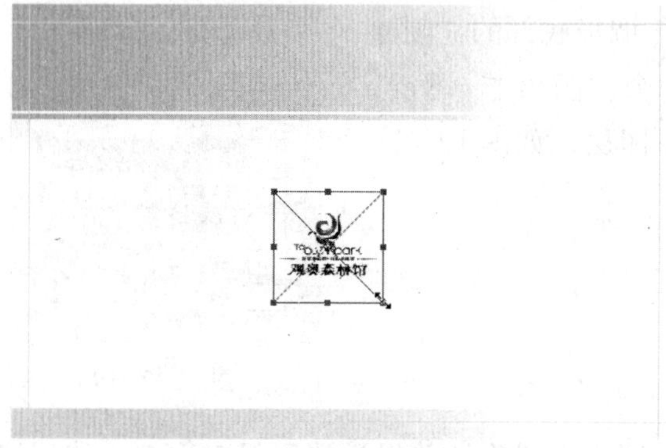

图 12-2-22

图 12-2-23

（24）选择“文件／置入”命令，用同样的方法置入素材中的“门楼”文件，如图 12-2-24 所示。

（25）选择工具箱中的“横排文字工具”，在右侧输入文字信息，文字的颜色为赭石色（R：117，G：98，B：7），如图 12-2-25 所示。

提示

文字信息的排列也要有节奏，要有大小和面积的对比。

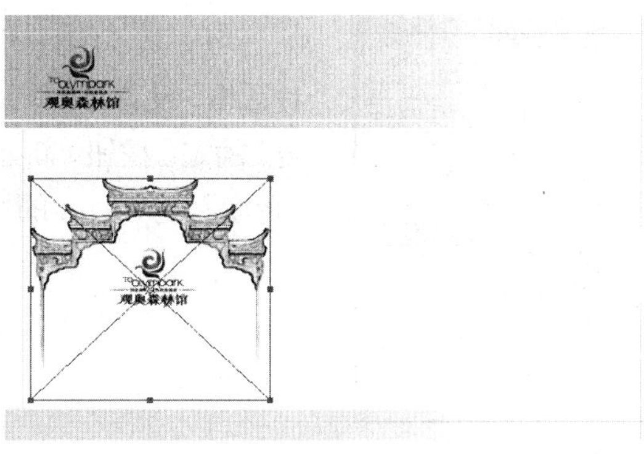

图 12-2-24

图 12-2-25

（26）按“Ctrl+S”组合键打开“存储为”对话框，选择适当的位置将文件保存，名片设计完毕。名片成品的最终效果如图 12-2-26 所示。

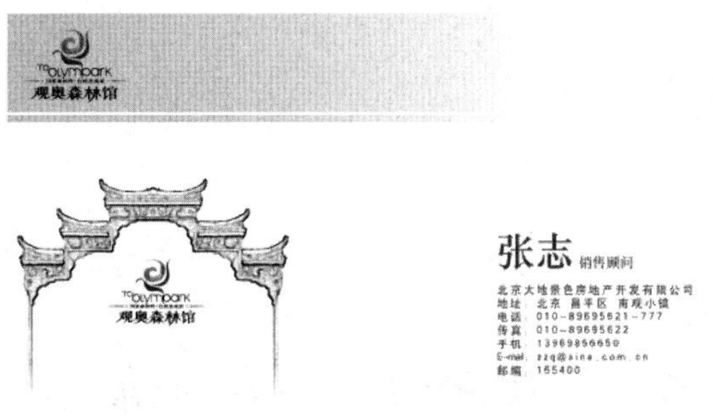

图 12-2-26

12.2.2　手提袋设计

手提袋设计属于包装设计中的一种，其宣传性和实用性都得到了商家和消费者的青睐。本例将从手提袋的尺寸和结构入手，完整地介绍手提袋的设计过程。

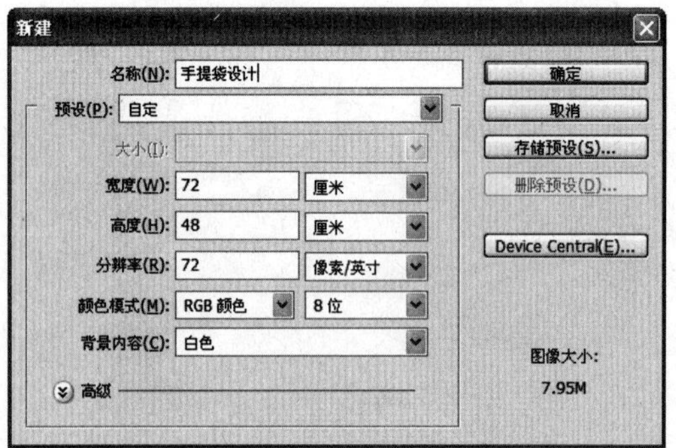

图 12-2-27

（1）按“Ctrl+N”组合键打开“新建”对话框，设置图12-2-27所示的参数后，单击“确定”按钮，新建一个“宽度”为72cm，“高度”为48cm的文件。

图 12-2-28

（2）按“Ctrl+R”组合键显示标尺。选择“视图/新建参考线命令”，在弹出的“新建参考线”对话框中选择“垂直”单选按钮，在“位置”后面的文本框中输入“26 厘米”，如图 12-2-28 所示。

（3）单击“确定”按钮，并按此方法分别在 35 厘米、61 厘米和 70 厘米的位置添加辅助线，如图 12-2-29 所示。

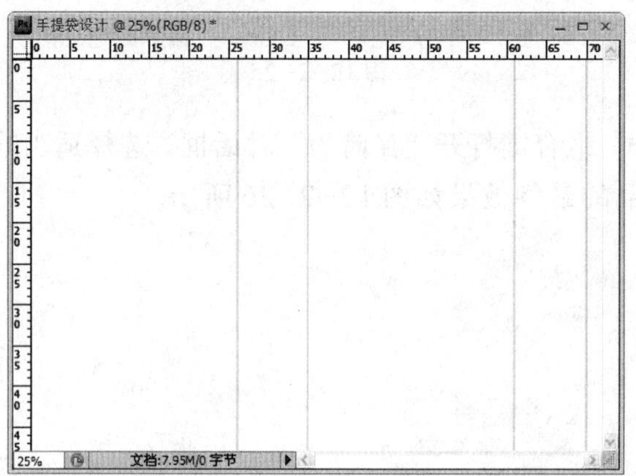

图 12-2-29

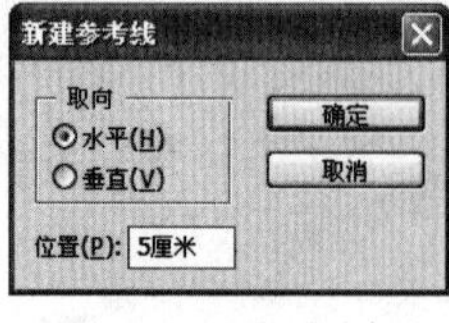

图 12-2-30

（4）选择“视图/新建参考线”命令，在弹出的“新建参考线”对话框中选择“水平”单选按钮，并在“位置”后面的文本框中输入“5 厘米”，如图 12-2-30 所示。

（5）单击“确定”按钮。用同样的方法在水平 41 厘米的位置也加上辅助线。这样，手提袋的结构就被划分出来了，如图 12-2-31 所示。

（6）按“Ctrl+O”组合键打开素材中的“熏衣草”文件。将其拖动到新建的文件中后按“Ctrl+T”组合键执行自由变换命令，将图像缩放至和新建文件一样大小，如图 12-2-32 所示。

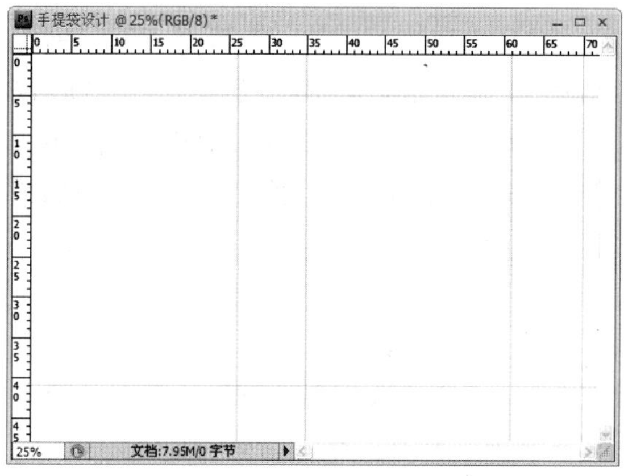

图 12-2-31

图 12-2-32

(7) 设置工具箱中的前景色为红色(R：248，G：26，B：83)，背景色为白色(R：255，G：255，B：255)，如图 12-2-33 所示。

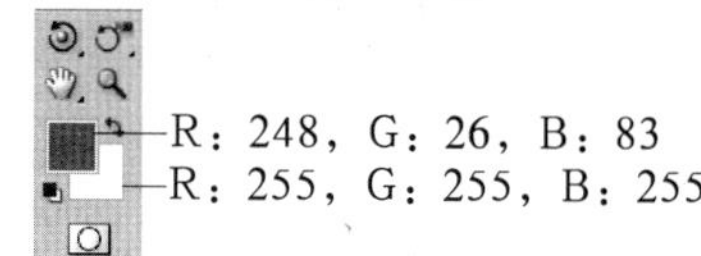

图 12-2-33

(8) 选择“图像／调整／渐变映射”命令，并从弹出的“渐变映射”对话框中选择“前景色到背景色渐变”，如图 12-2-34 所示。

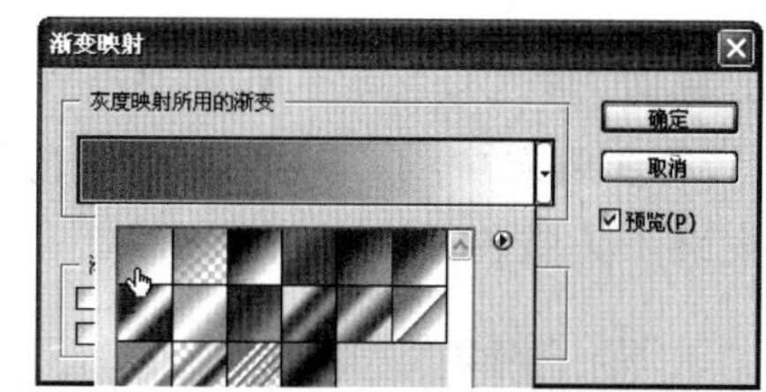

图 12-2-34

(9) 单击“确定”按钮，图像的颜色得到了改变，效果如图 12-2-35 所示。

图 12-2-35

提示

用户在设计图像的过程中按“Ctrl+;”组合键，可快速隐藏或显示出辅助线。

图 12-2-36

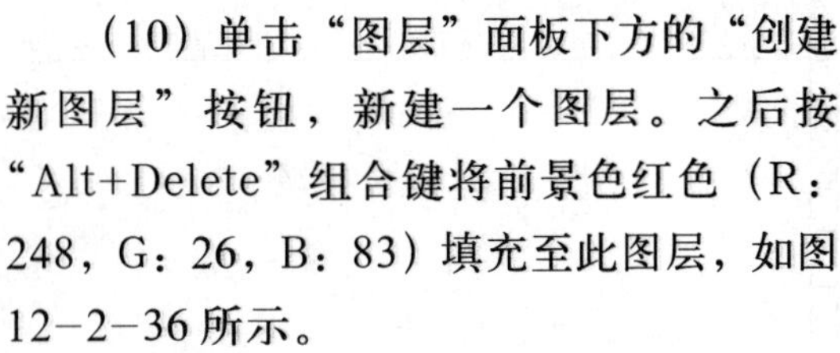

(10) 单击“图层”面板下方的“创建新图层”按钮，新建一个图层。之后按“Alt+Delete”组合键将前景色红色（R：248，G：26，B：83）填充至此图层，如图 12-2-36 所示。

图 12-2-37

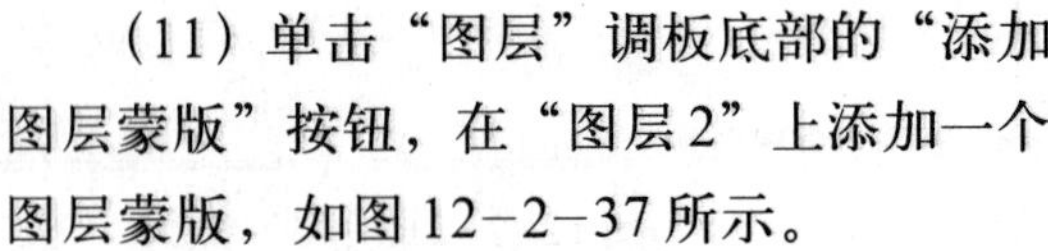

(11) 单击“图层”调板底部的“添加图层蒙版”按钮，在“图层 2”上添加一个图层蒙版，如图 12-2-37 所示。

提示

为“图层 2”填充红色后，红色将会覆盖住整个画面。

(12) 选择工具箱中的“渐变工具”，在其选项栏中选择“黑、白渐变”，并单击“线性渐变”按钮，其他各项设置如图 12-2-38 所示。

图 12-2-38

图 12-2-39

(13) 按住 Shift 键从上向下拉出渐变，距离如图 12-2-39 所示，将底下的图像显示出来。

（14）单击“图层”面板下方的“创建新的图层”按钮，新建一个图层并命名为“渐变”，如图 12-2-40 所示。

图 12-2-40

（15）选择工具箱中的“矩形选框工具”，在其选项栏中设置“羽化”为0px，样式为“正常”，如图 12-2-41 所示。

图 12-2-41

（16）移动鼠标指针到手提袋的正面，按住鼠标左键并拖动，在图 12-2-42 所示的位置创建一个矩形选区。

图 12-2-42

（17）设置前景色为白色（R：255，G：255，B：255），选择工具箱中的“渐变工具”。在其选项栏中选择“前景色到透明渐变”，并单击“线性渐变”按钮，其他各项设置如图 12-2-43 所示。

图 12-2-43

（18）按住Shift键从上向下拉出渐变，距离如图 12-2-44 所示，创建出白色到透明的渐变。

图 12-2-44

图 12–2–45

（19）按“Ctrl+D”组合键取消选区，再按“Ctrl+O”组合键打开素材中的“百合花”文件，如图 12–2–45 所示。

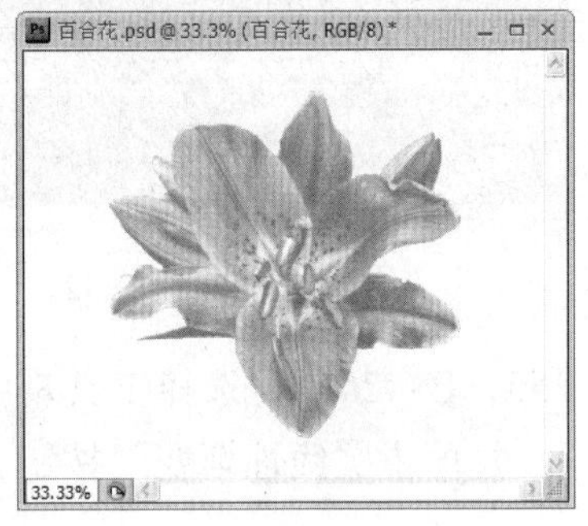

图 12–2–46

（20）继续保持工具箱中的前景色为红色（R：248，G：26，B：83），背景色为白色（R：255，G：255，B：255）不变。选择“图像／调整／渐变映射”命令，并从弹出的“渐变映射”对话框中选择“前景色到背景色渐变”，如图 12–2–46 所示。

（21）单击“确定”按钮，图像的颜色变成了粉红色，如图 12–2–47 所示。

百合花.psd @ 33.3% (百合花, RGB/8) *

图 12–2–47

图 12–2–48

（22）选择“移动工具”，将百合花图像拖动到手提袋文件中，之后按“Ctrl+T”组合键进行自由变换，再按住 Ctrl 键拖动各个顶角的控制点，将图像变形，如图 12–2–48 所示。

（23）单击“确定”按钮确认变换。将“百合花”图层的不透明度降低至“50%”后，按住Alt键移动鼠标指针到“渐变”和“百合花”图层的中间位置，等鼠标指针变成图12-2-49所示的状态后单击，创建一个剪贴蒙版。

图 12-2-49

（24）此时图像的效果如图12-2-50所示。

图 12-2-50

（25）按“Ctrl+O”组合键打开素材中的“蝴蝶”文件，并用同样的方法将蝴蝶调整成粉红色，如图12-2-51所示。

图 12-2-51

（26）选择“移动工具”，将蝴蝶图像拖动到手提袋文件中，之后按“Ctrl+T”组合键进行自由变换，将图像缩小。制作出两只蝴蝶翩翩起舞的形态，如图12-2-52所示。

图 12-2-52

提示

如果有必要，用户可以将蝴蝶的不透明度降低一些，以使画面的层次明显。

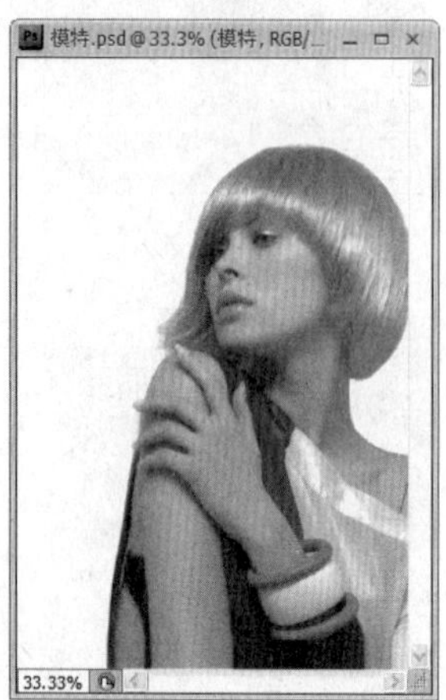

图 12-2-53

(27) 按“Ctrl+O”组合键打开素材中的“模特”文件，如图 12-2-53 所示。

提示

此文件是一个包含两个图层的 PSD 格式文件。

图 12-2-54

(28) 选择“移动工具”，将模特图像拖动到手提袋文件中，并摆放在图 12-2-54 所示的位置。

图 12-2-55

(29) 选择工具箱中的“文字工具”，在手提袋的正面输入图 12-2-55 所示的文字，字体为“方正黄草简体”，字体颜色为红色（R：248，G：26，B：83）。

(30) 最后在手提袋的侧面和背面分别输入相应的文字，字体颜色都为白色（R：255，G：255，B：255），如图 12-2-56 所示。至此，手提袋的平面效果就设计完成了。

图 12-2-56

(31) 如果用户有兴趣，还可以制作出手提袋的立体效果，如图 12-2-57 所示。

图 12-2-57

12.3　小　结

本章学习了图像处理和平面设计的一些综合实例。通过本章的学习，用户应该学会图像处理和平面设计的一些方法和技巧。在处理图像的时候一定要注意，不能一味地追求视觉效果和艺术个性，而忽略了受众心理；在设计平面作品的过程中，则要注意设置正确的印刷尺寸和分辨率。

12.4 练 习

上机练习

（1）根据“12.1.1 地产广告”的方法制作一幅海报。

（2）根据“12.1.2 儿童照片处理”的方法处理一幅儿童照片。

（3）根据“12.2.1 名片设计”的方法设计一个规范尺寸的名片。

（4）根据“12.2.2 手提袋设计”的方法任意设计一个主题的手提袋。

附录1　快 捷 键

工　具

工具名称	快捷键
矩形选框工具组	M（按住Shift键的同时按M键，可在矩形选框工具和椭圆选框工具间切换）
移动工具	V
套索工具组	L（按住Shift键的同时按L键，可在套索工具间切换）
快速选择工具组	W（按住Shift键的同时按W键，可在快速选择工具和魔棒工具间切换）
裁剪工具	C（按住Shift键的同时按C键，可在裁剪工具和切片工具间切换）
吸管工具组	I（按住Shift键的同时按I键，可在其工具组中切换工具）
污点修复画笔工具组	J（按住Shift键的同时按J键，可在修复画笔工具间切换）
画笔工具组	B（按住Shift键的同时按B键，可在画笔工具间切换）
图章工具组	S（按住Shift键的同时按S键，可在图章工具间切换）
历史记录画笔工具组	Y（按住Shift键的同时按Y键，可在历史记录画笔工具间切换）
橡皮擦工具组	E（按住Shift键的同时按E键，可在橡皮擦工具间切换）
渐变工具组	G（按住Shift键的同时按G键，可在渐变工具和油漆桶工具间切换）
减淡工具组	O（按住Shift键的同时按O键，可在减淡、加深和海绵工具间切换）
钢笔工具组	P（按住Shift键的同时按P键，可在钢笔工具和自由钢笔工具间切换）
文字工具组	T（按住Shift键的同时按T键，可在文字工具间切换）
路径选择工具组	A（按住Shift键的同时按A键，可在路径选择工具和直接选择工具间切换）
矩形工具组	U（按住Shift键的同时按U键，可在其工具组切换工具）
3D旋转工具组	K（按住Shift键的同时按K键，可在其工具组切换工具）
3D环绕工具组	N（按住Shift键的同时按N键，可在其工具组切换工具）
抓手工具	H
缩放工具	Z
切换前景色和背景色	X
默认值颜色	D

续 表

工具名称	快捷键
以快速蒙版方式编辑	Q
屏幕显示模式切换	F

文件操作

命令名称	快捷键	命令名称	快捷键
新建文件	Ctrl+N	存储为Web所用格式	Alt+Ctrl+Shift+S
打开文件	Ctrl+O	打印设置	Alt+Ctrl+P
关闭文件	Ctrl+W	打印	Ctrl+P
存储文件	Ctrl+S	退出	Ctrl+Q
存储为	Ctrl+Shift+S		

编辑操作

命令名称	快捷键	命令名称	快捷键
还原	Ctrl+Z	填充前景色	Alt+Delete
前进一步	Ctrl+Shift+Z	填充背景色	Ctrl+Delete
后退一步	Alt+Ctrl+Z	内容识别比例	Alt+Ctrl+Shift+C
剪切	Ctrl+X	自由变换	Ctrl+T
拷贝	Ctrl+C	颜色设置	Ctrl+Shift+K
合并拷贝	Ctrl+Shift+C	键盘快捷键设置	Alt+Ctrl+Shift+K
粘贴	Ctrl+V	菜单设置	Alt+Ctrl+Shift+M
贴入	Ctrl+Shift+V	与前一图层编组	Ctrl+G
打开填充对话框	Shift+F5	常规设置	Shift+K

选区操作

命令名称	快捷键	命令名称	快捷键
全选	Ctrl+A	添加选区	按住Shift+框选
取消选择	Ctrl+D	减去选区	按住Alt+框选
重新选择	Ctrl+Shift+D	相交选区	按住Alt+Shift框选
反向	Ctrl+Shift+I	两个图层相加	Ctrl+Shift +单击图层
调整边缘	Alt+Ctrl+R	图层选区相交部分	Alt+Ctrl+ Shift+单击图层
羽化选区	Shift+F6	两个图层相减	Alt+Ctrl+单击图层

色彩调整

命令名称	快捷键	命令名称	快捷键
色阶	Ctrl+L	色相/饱和度	Ctrl+U
自动色阶	Ctrl+Shift+L	色彩平衡	Ctrl+B
自动对比度	Alt+Ctrl+Shift+L	黑白	Alt+Ctrl+Shift+B
自动颜色	Ctrl+Shift+B	反相	Ctrl+I
曲线	Ctrl+M	去色	Ctrl+Shift+U

滤镜操作

命令名称	快捷键	命令名称	快捷键
重复上次滤镜操作	Ctrl+F	渐隐	Ctrl+Shift+F
打开上次滤镜操作对话框	Alt+Ctrl+F		

调板操作

命令名称	快捷键	命令名称	快捷键
显示或隐藏画笔调板	F5	显示或隐藏动作调板	F9
显示或隐藏颜色调板	F6	显示或隐藏工具箱、选项栏和调板	Tab
显示或隐藏图层调板	F7	显示或隐藏调板	Shift+Tab
显示或隐藏信息调板	F8		

辅助操作

命令名称	快捷键	命令名称	快捷键
放大	Ctrl+ +	显示或隐藏标尺	Ctrl+R
缩小	Ctrl+ –	启用对齐	Ctrl+Shift+;
图像和窗口一起放大	Alt+Ctrl+ +	锁定参考线	Alt+Ctrl+;
图像和窗口一起缩小	Alt+Ctrl+ –	显示或隐藏参考线	Ctrl+;
按屏幕大小缩放	Ctrl+0	关闭窗口	Ctrl+Shift+W
实际像素	Ctrl+1	切换至下一幅图像	Ctrl+Tab
显示额外	Ctrl+H	切换至上一幅图像	Ctrl+Shift+Tab
显示或隐藏网格	Ctrl+’		

附录2 售后服务

图附 2–1

在购买本教材后，若有疑问，可登录网站“www.todayonline.cn”，进入网站后，首页如图附 2–1 所示。

图附 2–2

单击“学习论坛”，进入图附 2–2 所示的“今日在线学习论坛”界面。

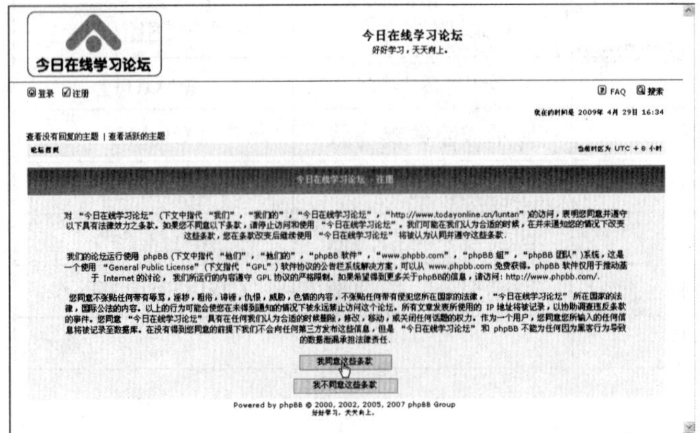

图附 2–3

单击“注册”，进入图附 2–3 所示的界面，然后根据情况选择以下三个条款，这里以第一个条款为例。

单击“我同意以上条文（而且我已满13周岁）”，进入图附2-4所示的界面。

图附2-4

输入“注册信息”和“个人资料”，全部输入完毕后，单击“提交”按钮，如图附2-5所示。

注册成功后，将你的问题提交到论坛上，我们将在一周之内予以回复。

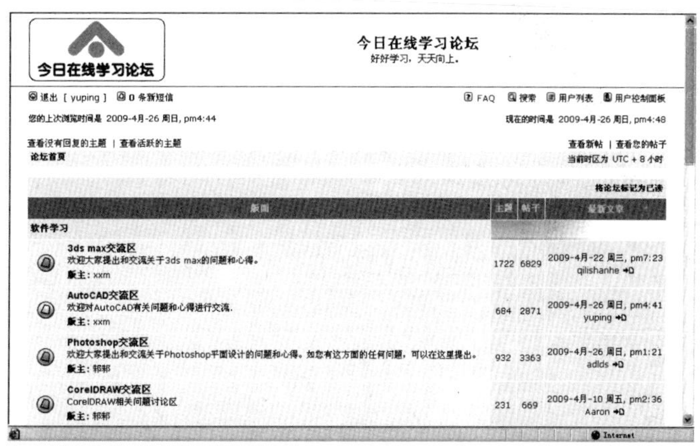

图附2-5

书中所使用的素材和范例源文件，请登录www.todayonline.cn下载。当登录到该网站时，单击“资源共享”，进入图附2-6所示的界面进行下载。

如果该页面中没有显示所需素材，请单击“更多内容”按钮，在弹出的页面中有全部素材列表。

文件下载后请用Winzip软件解压。

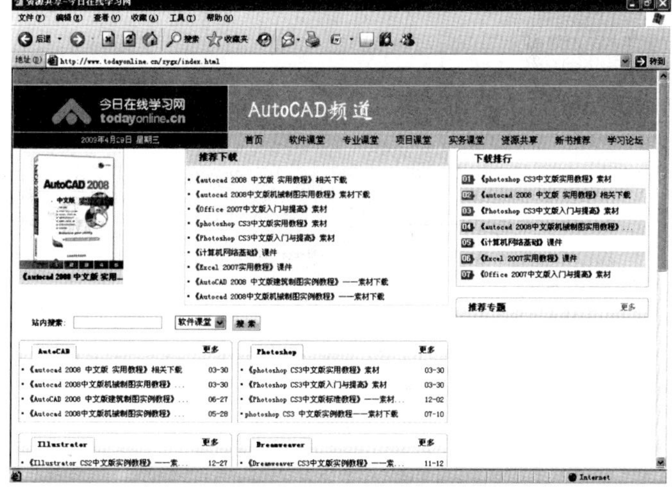

图附2-6